MICHAEL BOCKHORST

Mit Vollgas in die Energiekrise ...

MICHAEL BOCKHORST

Mit Vollgas in die Energiekrise ...

ENERGIE.
KRISE!
ZUKUNFT?

Bibliographische Information Der Deutschen Bibliothek:
Die Deutsche Bibliothek verzeichnet diese Publikation in der Deutschen Na-
tionalbibliographie; detaillierte bibliographische Daten sind im Internet über
<http://dnb.ddb.de> abrufbar.

Kontakt zum Autor: bockhorst@energieinfo.de
Web-Site zum Buch: http://www.energieinfo.de/energiekrise

Ebenfalls von Michael Bockhorst erschienen:
ABC Energie, Eine Einführung mit Lexikon . . .
ISBN 3-8311-4083-9
http://www.abc-energie.de

Copyright **2006** by Dr. Michael Bockhorst
Umschlagsfoto: Sam Schmitz

Herstellung und Verlag: Books on Demand GmbH, Norderstedt

ISBN: 3-8334-5155-6

Inhaltsverzeichnis

Vorwort – Mit Vollgas in die Energiekrise

1. Energie.   **1**

    1.1. Energie in der heutigen Welt 2

Energie und Mensch 2 ● Energie und Gesellschaft 4 ● Erdöl 5 ● Elektrischer Strom 7

    1.2. Dimensionen des Ressourcenbedarfs 8

Energie 9 ● Nicht-energetische Ressourcen 14 ● Energie ist unerbittlich 17

2. Krise!   **23**

    2.1. Wege in die Krise 24

Grenzen des menschlichen Verstehens 24 ● Wahrnehmung von Energie und Bewertung des Bedarfs 30 ● Beschleunigung und Komplizierung 36 ● Permanenz und Virtualisierung 39 ● Muster der Globalisierung 43

    2.2. Kernkrisen der Energiekrise 49

Versorgungskrise – Ausfälle und Verknappung 49 ● Umweltkrise – unmittelbare Schäden durch Energienutzung 54 ● Klimakrise – Klimawandel, Extremwetterereignisse, Klima-GAU? 62

    2.3. Nebenkrisen der Energiekrise 74

Die Wissens-, Verstehens- und Wahrnehmungskrise 75 ● Energie, Wirtschaft und Arbeit 77 ● Subtilere Wirkungsketten 79 ● Die Dimension der Krise 82

3. Zukunft?   **87**

    3.1. Ziele einer zukünftigen Energieversorgung 88

Wie wollen wir leben? 88 ● Grenzen und Einschränkungen 100 ● Ideale Energieträger, -speicher und Energiewandler 105 ● Ideale und optimale Energieversorgung 109

    3.2. Energietechnik heute und der kurzfristige Ausblick 113

Wärmeversorgung – Alternativen sind vorhanden 114 ● Kraftstoffversorgung – Suche nach Alternativen zum Öl 118 ● Stromversorgung – wie den steigenden Bedarf meistern? 125 ● Prinzipielle Grenzen der heutigen Energietechnik 129

    3.3. Wir brauchen eine zukunftsfähige Energieversorgung . . . 131

Der Weg in die Energiekrise ist vorprogrammiert 131 ● Eine zukunftsfähige Energieversorgung gestalten 136 ● Institutionalisierung von Energie 141

Nachwort – Haben wir überhaupt eine Zukunft?

Anhang

A. Energie –
Einführung in physikalische und technische Begriffe   153

Energie und Leistung 154 ● Energiearten, Umwandlungen und Wirkungsgrad 155 ●
Energiespeicherung und -transport 159 ● Ganzheitliche Energie- und Ressourcenbi-
lanzen 163 ● Reserven, Ressourcen und kumulativer Verbrauch 167

B. Bildtafeln   171

Bildtafel 1: Ressourcenbedarf Deutschland/Emissionen/Flächen (172)
Bildtafel 2: Reichweiten/Synthetisches Szenario (173)
Bildtafel 3: Globale Emissionen und Auswirkungen (174)
Bildtafel 4: Klimawandel im System Erde/Strahlungshaushalt (175)
Bildtafel 5: Wirkungsgefüge der Energiekrise (176)
Bildtafel 6: Global verteilte Produktion/Versorgungsnetze in Deutschland (177)
Bildtafel 7: Rohstoff-Verteilung/Energie-Potentiale (178)
Bildtafel 8: Ressourcenbedarf für die Energieversorgung (179)
Bildtafel 9: Heutiger Werkzeugkasten der Energieversorgung: Abhängigkeiten (180)
Bildtafel 10: Einschätzung von Gefahren – Subjektiv und objektiviert (181)
Bildtafel 11: Umrechnungsfaktoren/Eigenschaften von Kraftwerken (182)

Literaturverzeichnis

Stichwortverzeichnis

Vorwort – Mit Vollgas in die Energiekrise

Energie ist so stark mit unserem Leben verzahnt, daß wir sie kaum wahrnehmen. Wenn man sich jedoch bewußt macht, wo, wann und wie sich Energie in unserem Leben manifestiert, wird man feststellen, daß Energie überall wirkt und ihre Spuren hinterläßt.

Die aktuellen Entwicklungen der Menschheit kulminieren in einem stets zunehmenden Bedarf an Energie. Der Bedarf, besonders aber die immer stärker werdenden Folgen dieses steigenden Energiebedarfs, gehen schon heute über die Belastbarkeit unseres Planeten hinaus.

Das vorliegende Buch beschreibt die zahlreichen Aspekte unseres Umgangs mit Energie und ordnet sie in ein Wirkungsgefüge ein, um das Phänomen Energie und seine Bedeutung für uns Menschen leichter begreifbar zu machen.

Je besser wir das Wirkungsgefüge unseres Umgangs mit Energie und seinen teils bedrohlichen Folgen kennen, desto eher können wir die Herausforderungen meistern. Auf dieser Grundlage werden Wege zur Gestaltung einer zukunftsfähigen Energieversorgung aufgezeigt.

Die Lage ist ernst, aber nicht hoffnungslos: Wenn wir weiter wie bisher mit Vollgas in die Energiekrise rasen, erwartet uns eine wenig erstrebenswerte und wenig lebenswerte Zukunft. Oder wir verspielen sogar unsere Zukunft. Noch haben wir aber die Chance, in die Bremse zu treten oder das Steuer herumzureißen!

* * *

Den wichtigen Lesebarkeits-Test haben Kirsten Nothbaum, Günter Bockhorst, Dr. Dietmar Durek und Stefan Schmitt durchgeführt und mit ihrer „Testfahrt" Fehler sowie Stolperstellen identifiziert. Ihre Hinweise und Ratschläge habe ich gerne berücksichtigt und möchte mich an dieser Stelle dafür bedanken!

Michael Bockhorst, Bonn im Juni 2006

1. Energie.

Energie ist so eng mit unseren täglichen Erfahrungen verwoben, daß es schwierig ist, sie als eigene Größe aus dieser Erfahrungswelt herauszulösen. Energie ist dabei das Lebenselixier heutiger Industriegesellschaften, welches unser tägliches Leben, wenn auch kaum bewußt wahrgenommen, prägt.

Die Brennpunkte sind die Versorgung mit Kraftstoffen, heute in absoluter Dominanz das Erdöl und seine Produkte sowie die Versorgung mit elektrischem Strom, der für den Betrieb vieler Geräte und Industrieanlagen notwendig, für den Betrieb von Kommunikationsanlagen und Computern durch nichts ersetzt werden kann.

Neben diesen beiden Bereichen der Energieversorgung spielen auch die Dimensionen der Energienutzung eine Rolle: Der pro Person steigende Energiebedarf im Verbund mit der immer noch steigenden Zahl von Menschen auf der Erde sowie die Konkurrenz zwischen der Energiegewinnung und der Nutzung anderer Ressourcen.

Der stets steigende Ressourcenbedarf muß als natürliche Entwicklung aufgefaßt werden, als eine logische Konsequenz aus der Evolution der Spezies Mensch. Naturgesetze legen den Energiebedarf für bestimmte Tätigkeiten rigoros fest und beschränken in vielen Fällen die Effizienz von Energieumwandlungen. Der Umgang mit Energie und anderen Ressourcen gehorcht damit unerbittlichen Gesetzmäßigkeiten, die wir nicht außer Kraft setzen können.

1.1. Energie in der heutigen Welt

Energie und Mensch

Energie ist für den Menschen schwer zu „begreifen", da sie nicht materiell ist. Der Zugang zu dem Phänomen Energie kann nur durch unsere Sinneserfahrungen in Verbindung mit dem Verständnis von Zusammenhängen gefunden werden. Gerade weil energetische Prozesse so unsichtbar mit unserem täglichen Leben verwoben sind, uns wie von Geisterhand am Leben erhalten, ist es wichtig, sich diese Zusammenhänge bewußt vor Augen zu führen.

Energetische Vorgänge in der ursprünglichen menschlichen Erfahrungswelt

Nahrungsaufnahme und Bewegung sind die Vorgänge bei Lebewesen, die am offensichtlichsten mit energetischen Prozessen verknüpft sind. Nahrungsaufnahme ist die Energieversorgung eines Individuums, Bewegung, etwa Laufen, ist die Energienutzung für Mobilität. Dies wird uns selten bewußt, auch wenn in der Sprache der Energiebegriff durchaus eine Rolle spielt: Ob man einer Person ein „energisches" Auftreten bescheinigt oder ein „Energietrunk" in der Werbung angepriesen wird.

Selbst in sogenannten Ruhephasen verbraucht jeder Mensch Energie, um die Innentemperatur seines Körpers auf etwa 37 Grad Celsius zu halten. Dies ist notwendig, damit die ganze Maschinerie zum Erhalt des physischen Lebens in ausreichender Weise ablaufen kann. Die Leistung, die ein Mensch in Ruhe umsetzt, liegt bei etwa 100 Watt. Ein Spitzensportler setzt während seiner Aktivität schnell das 3–4-fache dieser Leistung um.

Weniger direkt, jedoch in zweifacher Hinsicht, sind die Prozesse der Sinneswahrnehmung mit energetischen Prozessen verbunden. Licht, das auf die Netzhaut des Auges trifft, ist Energie in Form elektromagnetischer Strahlung. Diese wird direkt von einer Lichtquelle oder nach der Reflektion an einem Gegenstand in unser Auge transportiert. Dort verursacht das Licht chemische Reaktionen, die wiederum elektrische Impulse erzeugen und damit Informationen zum Gehirn übermitteln können. Bei der akustischen Wahrnehmung trägt die in den Schallwellen gespeicherte Energie das Signal zu unseren Ohren, wo es dann in elektrische Reize umgewandelt wird, die vom Gehirn weiterverarbeitet werden. Energie transportiert also Ereignisse aus unserer Umwelt zu uns und im Körper laufen energetische Prozesse ab, die uns die Wahrnehmung in der zentralen Schaltstelle „Gehirn" ermöglichen.

Natürliche energetische Vorgänge im „System Erde"

Der Mensch ist in das Wirken des „Systems Erde" ([KNIZ1992]) mit allen seinen Lebewesen und dem Wettergeschehen eingebettet. *Praktisch alle* Energieflüsse werden durch das Sonnenlicht angetrieben. Die Energie, welche die Sonne an einem Tag auf die Erde einstrahlt, reicht theoretisch aus, um die von allen Menschen benötigte Nahrungsenergie für 30 Jahre zu decken. Mit der gleichen Energiemenge könnte man den heutigen technischen Energiebedarf der Menschheit für über ein Jahr befriedigen. Das tatsächliche Potential zur Nahrungs- und Energiegewinnung ist viel geringer, weil nur ein Teil der Landfläche genutzt werden kann und die Umwandlungswirkungsgrade die Energieausbeute deutlich verringern. Bei der nachhaltigen Biomassegewinnung bleibt nur etwa ein tausendstel der eingebrachten Sonnenenergie übrig, bei der technischen Energiegewinnung mit Solarzellen etwa ein Vierzigstel, mit Solarwärme-Kollektoren etwa ein Zehntel der eingestrahlten Sonnenenergie. Bislang wird nur ein verschwindend geringer Teil der von der Sonne eingestrahlten Energie durch menschliche Aktivitäten gezielt genutzt, ein weitaus größerer Teil treibt das Wettergeschehen an.

Energie wird vom Menschen seit Urzeiten, allerdings in den letzten 200 Jahren in drastischer Weise zunehmend, als Werkzeug eingesetzt. Die ursprünglichste Form der Energienutzung, die Nahrungsaufnahme, ist mengenmäßig längst von der *externalisierten* Energienutzung übertrumpft worden. Diese Entwicklung vom ursprünglichen Lagerfeuer zum „modernen Feuer" kann leicht nachvollzogen werden.

Energie als Werkzeug

Mit der Entdeckung des Feuers konnte Nahrung so zubereitet werden, daß sie leichter verdaulich war. Nahrungsenergie konnte mit geringerem Aufwand genutzt werden, was wiederum die Effizienz des Menschen bei der Jagd verbesserte, damit die Nahrungssituation optimierte, usw. Das Feuer diente aber auch schon früh zum Heizen und zur Erzeugung von Metallen aus ihren Erzen. Werkzeugteile aus Metall verbesserten die bis dahin üblichen Holz- und Steinwerkzeuge oder lösten sie ab. In einer modernen Industriegesellschaft, die auch heute noch, allerdings kaum mehr sichtbar, zu etwa 80 Prozent auf Feuer basiert, läuft ohne Energie nichts mehr. Fast alles, was wir tun und alles, was wir benutzen, ist durch Energie angetrieben oder unter Energieaufwand hergestellt worden. Mit Energie können wir Schadstoffe aus Industrieprozessen zurückhalten oder vernichten. Energie kann ebenfalls dazu dienen, aus Meerwasser gutes Trinkwasser oder aus aluminiumhaltigen Erden den Werkstoff Aluminium zu gewinnen.

Die menschliche Energienutzung hat sich von dem lebensnotwendigen Eigenbedarf in Form von Nahrung zu einem immateriellen Werkzeug entwickelt, welches ungeheure Mengen an Energie umsetzt. Und dieser Trend ist ungebrochen: Der weltweite technische Energiebedarf steigt und steigt. Für deutsche Bürger liegt der technische Energiebedarf um etwa einen Faktor 55 höher als der Energiebedarf in Form von Nahrung.

Energie und Gesellschaft

Ein großer Teil dieses externen Energieaufwandes dient an vielen Stellen einer industrialisierten Gesellschaft unserem Überleben, weil er die Nahrungs- und Trinkwasserversorgung sichert, Wärme zum Kochen und Heizen bereitstellt und moderne Wirtschaftssysteme versorgt. Letztere produzieren Güter, stellen Dienstleistungen bereit und sorgen dadurch für Arbeitsplätze.

Holz, Kohle, Erdgas und Strom für ortsfeste Anwendungen

Das Leben in einer Umgebung ohne Industrie kann mit geringen Energieströmen auskommen. Zum Kochen wird Holz aus dem nahegelegenen Wald verwendet, im Winter schränkt man sich auf einen einzigen beheizten Raum ein. Mobilität ist davon abhängig, ob man Pferd und Kutsche hat.

Mit dem Fortschreiten der Industrialisierung, die ohne die Kohlefunde nicht in dem Maße hätte stattfinden können, wurden Holz und Kohle durch das viel bequemer zu verwendende Stadtgas und später durch Erdgas ersetzt. Erdgas konnte man mit Gaslampen sogar in Licht brauchbarer Qualität umwandeln. Mit dem Beginn des 20. Jahrhunderts fand Strom eine immer stärkere Verbreitung, zunächst für „edle Zwecke" wie die Lichterzeugung mit den zunehmend besseren Glühlampen, danach mit Gasentladungslampen. Licht wird nur des Nachts gebraucht, große Kraftwerke sind aber am wirtschaftlichsten, wenn sie 24 Stunden am Tag laufen. Also war es interessant, Stromabnehmer zu finden, die über den ganzen Tag Strom brauchten und ihn natürlich auch bezahlen mußten: Strom für den Herd, den Toaster, elektrische Maschinen, den Ventilator, das Radio und so weiter.

Pferde, Dampfmaschinen, Erdöl

Der Transport von Menschen und Gütern war noch vor 200 Jahren eine überwiegend regionale Angelegenheit: frisch geschlagenes Holz vom nahegelegenen Wald herbeiholen oder das Heu zum Stall des benachbarten Bauern bringen. Nur sehr hochwertige Güter wurden über hunderte, tausende Kilometer transportiert, oft sogar weltweit gehandelt, etwa Gold, Edelsteine, Gewürze. Der Ferntransport per Schiff war in der vorindustriellen Zeit an guten Wind gekoppelt und damit ein langwieriges Geschäft, mit dem nur haltbare Güter transportiert werden konnten.

Dampfmaschinen auf Schiffen und in Lokomotiven waren die ersten Energieerzeuger, die den fahrplanmäßigen transnationalen und globalen Transport überhaupt ermöglichten. Die Maschinen waren aber zu voluminös und schwer, um kleinere Gefährte anzutreiben – an praktikable Fahrzeuge des Individualverkehrs war mit dieser Technik kaum zu denken. Immerhin konnten durch die Großtransporte Güter nun mit hoher Planungssicherheit zu vertretbaren Preisen global transportiert und gehandelt werden. Damit war der erste Schritt in einen globalisierten Verkehr von Gütern und Menschen gemacht.

Erst die Entdeckung von Erdölvorkommen und die Erkenntnis, daß mit kompakten Explosionsmotoren und den neuen Kraftstoffen aus Erdöl kleine, leichte und kostengünstige Antriebsaggregate gebaut und betrieben werden konnten, befeuerte die Entwicklung des Automobils und schaffte hierdurch die technischen Voraussetzungen für den Individualverkehr. Heute treiben Kraftstoffe aus Erdöl Landfahrzeuge, Schiffe und Flugzeuge an, die allesamt Bestandteile eines weltweiten Transportsystems sind. Der globale, allzeit mögliche Transport von Gütern und Menschen hat unsere Welt zu einem einzigen Handelsplatz gemacht.

Erdöl

Erdöl wird zu etwa 90 Prozent als Energierohstoff eingesetzt und als Kraftstoff oder Heizöl schlichtweg verbrannt. Im Verkehrssektor ist Erdöl der dominierende und heutzutage durch nichts zu ersetzende Energieträger. Die restlichen ungefähr 10 Prozent des Erdöls werden als hochwertiger Rohstoff für Produkte aller Zweige der chemischen Industrie eingesetzt.

Der größte Anteil des Erdöls wird schlichtweg verbrannt. Warum wird aber das Erdöl, welches auch als materieller Rohstoff sehr wertvoll ist, so dominant als Energieträger eingesetzt? Erdölprodukte wie Benzin, Diesel, Kerosin, Heizöl und Flüssiggas sind eben auch äußerst hochwertige Energieträger.

Einfache Ölgewinnung und unkomplizierte Speicherung seiner Produkte

Erdöl kann relativ leicht gewonnen werden. Gute Quellen werden angebohrt und das Erdöl kommt durch den Druck der Lagerstätte von selbst aus dem Bohrloch heraus. Selbst moderne High-Tech-Methoden, bei denen Erdöl mit zusätzlichem Gasdruck aus seinen Lagern herausgepreßt wird, sind relativ einfach zu realisieren. Die Aufbereitung des Rohöls zu Kraftstoffen, Heizöl und anderen Energieträgern kann großtechnisch mit vergleichsweise unkomplizierten Raffinerieanlagen bewerkstelligt werden, deren Konstruktion auf fast hundert Jahren Erfahrung fußt.

Energieträger aus Erdöl können Jahrzehntelang ohne nennenswerte Verluste gelagert werden. Sie haben keinerlei „Selbstentladung". Die Speicher sind dabei leicht, bezogen auf den Energieinhalt. Sie sind einfach zu konstruieren: Eine Glas- oder Kunststoffflasche reicht aus, moderne Tanks werden aus Kunststoff oder Blech hergestellt. Trotz ihrer Brennbarkeit besitzt der Umgang mit Kraftstoffen, Flüssiggas oder Heizöl, normale Bedingungen vorausgesetzt, nur geringe Risiken. Das einzige Problem sind Verkehrsunfälle und Flugzeugabstürze, bei denen brennender Kraftstoff Opfer fordert.

Die aus dem Erdöl stammenden Energieträger haben eine hohe Energiedichte. 50 Kilogramm Benzin – ca. 60 Liter – reichen aus, um mit einem verbrauchsarmen Auto ca. 1000 Kilometer weit zu fahren. Ein Bleiakku, der diese Energiemenge enthält, würde etwa 10 000 Kilogramm wiegen und damit das Auto 10-mal schwerer machen. Es würde bei dem gleichem Anspruch an die Fahrleistungen keine 100 Kilometer weit kommen, ein Vielfaches kosten und nicht sehr lange halten.

Reichhaltigkeit und Konvertierbarkeit des Erdöls

Erdöl ist nicht nur ein gefragter Energieträger, sondern auch ein sehr geschätzter Rohstoff für die chemische Industrie: Seien es Medikamente, Farben, Textilfasern, Computerplatinen, Verbundwerkstoff-Bauteile moderner Verkehrsflugzeuge – überall ist Erdöl der Schlüssel zu ihrer Herstellung. Macht man sich einmal bewußt, wieviel von jedem Gegenstand, den man in die Hand nimmt, vom Erdöl abstammt, so wird man feststellen, daß Erdöl die heutige Produktwelt dominiert – es ist als materieller Rohstoff nicht ersetzbar!

Alleine das vorliegende Buch, obwohl es zu mehr als 99 Prozent aus Papier, also aus einem Holzprodukt besteht, kommt an kaum einer Stelle ohne Erdöl und seine Produkte aus. Die Druckfarbe und der laminierte Umschlag sind Erdölprodukte. Die Kunststofffolie, die als Transportschutz dient, wird aus Erdöl hergestellt. Mit Dieselkraftstoff wird es vom Hersteller zu den Kunden transportiert. Die Druckvorlage wurde mit einem Notebook erstellt, welches aus vielen Kunststoffen besteht – z. B. Tastatur, Display, Gehäuseteile, Chip-Gehäuse. Der Buchsatz wird per CD zum Hersteller geschickt. Die Liste ließe sich beliebig fortschreiben.

Auch so „unverdächtige" Produkte wie Joghurt oder das Essen im Restaurant haben Berührungspunkte mit Erdöl: Die Verpackungen bestehen aus Kunststoffen, sind bedruckt mit Farben und werden oft Tausende von Kilometern durch die Welt „gekarrt", bis sie auf unserem Tisch stehen – auch hier ist überall Erdöl drin, drumherum oder dran beteiligt. Diese Reichhaltigkeit und die leichte, flexible Umwandelbarkeit machen Erdöl zu *dem* Rohstoff für moderne Chemikalien und Materialien. Es ist in heutigen industrialisierten Gesellschaften nicht wegzudenken und gegenwärtig durch keinen Rohstoff zu ersetzen.

Dominanz fossiler Kraftstoffe im Verkehrssektor

Die Versorgung der Transportsysteme des Güter- und Personenverkehrs basiert derzeit wesentlich auf Kraftstoffen, die aus Erdöl hergestellt werden. Die notwendigen Kraftstoffmengen können aufgrund der begrenzten Flächen wahrscheinlich nie durch Biokraftstoffe und wohl kaum durch Wasserstoff ersetzt werden. Letzteres gilt aus der aktuellen Perspektive mindestens für die nächsten zwei oder drei Jahrzehnte.

Zusammengefaßt: Die Dominanz der aus Erdöl hergestellten Energieträger für Mobilität und Heizzwecke beruht auf

- ihrer Verfügbarkeit,
- ihrer einfachen Verarbeitung,
- ihrer hohen Energiedichte,
- ihrer einfachen Handhabung und
- der kostengünstigen Infrastruktur.

Diese Eigenschaften werden heute in dieser Kombination von keinem anderen Energieträger auch nur annähernd erreicht.

Elektrischer Strom

Strom hat vollkommen neue Anwendungen erst ermöglicht: Den Betrieb von Radios, Fernsehern, Telefonen, Computern usw. In allen anderen Bereichen wie Licht-, Wärme oder Krafterzeugung ist Strom ein praktischer Energieträger, weil er mit einfachen Energiewandlern in diese Nutzenergieformen umgewandelt werden kann.

Strom ist die Energieform, die sich am einfachsten in die verschiedenen Nutzenergie-Formen konvertieren läßt. Ein modernes Niedrigenergiehaus kleinerer Bauart kann, werden Warmwasserbereitung und Heizung mit Solarkollektoren oder Wärmepumpen unterstützt, problemlos mit Strom zur Wärmeerzeugung betrieben werden. Dabei finden die meisten Umwandlungen mit hohen oder sehr hohen Wirkungsgraden statt. Für bestimmte Anwendungen ist Strom der *einzige* verwendbare Energielieferant: Für die Informations- und Kommunikationstechnik, für die Aluminiumproduktion, für die Erzeugung sehr hoher Temperaturen, etc.

Konvertierbarkeit des elektrischen Stroms

Am Beispiel des Hauses erkennt man zusätzlich, daß die Energiewandler, die Strom z. B. in Wärme umwandeln, einfach in der Ausführung und im Einsatz sind. Es gibt keine billigere Heizung als eine reine Elektroheizung, weil man sich das Verlegen von Rohren sparen kann. Durchlauferhitzer sind kostengünstig, liefern schnell warmes Wasser und reduzieren das Verlegen von Warmwasser-Rohren auf die Verbindung zwischen Durchlauferhitzer und Brause. Licht kann in einfachen Glühbirnen oder etwas aufwendigeren Leuchtstofflampen erzeugt werden, die mit einem Fingerschnippen eingeschaltet sind. Schon bald werden moderne Leuchtdioden in vielen Bereichen Glüh- und Energiesparlampen ersetzen, weil sie angenehmes Licht und die Sparsamkeit einer Energiesparlampe miteinander verbinden. In Signalanwendungen wie Ampeln erzeugen sie das Licht sogar direkt in der passenden Farbe mit 20–100-fach höherer Effizienz als die üblichen Glühlampen mit vorgeschaltetem Farbfilter.

Strom kann schadstoffarm in großen Kohlekraftwerken mit einer Rauchgasreinigung oder in mittelgroßen Gas-und-Dampfturbinen-Kraftwerken erzeugt werden. Beim Betrieb von Kern- oder Wasserkraftwerken entstehen praktisch keine klimarelevanten Kohlendioxid-Emissionen. Ein Teil des Stroms wird schon heute sinnvoll mit Windenergie und Photovoltaik „beigefüttert". Strom kann also durchaus auf eine Weise erzeugt werden, bei der die Umweltbelastungen vergleichsweise gering sind. Auch dies macht ihn zu einer sehr wertvollen Energieform.

Flüchtigkeit des
elektrischen
Stroms

Ein generelles Problem ist der elektrischen Energie jedoch eigen: Sie ist flüchtig. Natürlich gibt es verschiedene Arten, elektrische Energie zu speichern, im kleinen sind es wiederaufladbare Batterien, im großen sind es sogenannte Pumpspeicherwerke. Batterien brauchen oftmals teure Rohstoffe und speichern den Strom als chemische Energie mit allerdings bescheidener Energiedichte. Große Pumpspeicherwerke lagern den Strom als potentielle Energie, die in dem hochgepumpten Wasser steckt, verursachen aber massive Eingriffe in die Landschaft und die regionalen Ökosysteme.

Wiederaufladbare Batterien spielen bei allen mobilen Systemen als Energiespeicher eine Rolle, in Hybrid-Fahrzeugen wird eine wiederaufladbare Batterie mittlerer Kapazität als Zwischenspeicher eingesetzt.

Der Hauptvorteil der Pumpspeicherwerke besteht in ihrer Fähigkeit, nach Bedarf innerhalb von Sekunden große zusätzliche Leistungskapazitäten bereitstellen zu können. Die in den Speicherseen vorhandene Energiemenge ist jedoch eher bescheiden.

Strom: Heute
keine Alternative
in Sicht

Viele Systeme, von der Glühlampe in der Wohnung bis zum ICE-Triebwagen, werden mit Strom betrieben. Fast alle Industriezweige, allen voran die Aluminium- und Stahlindustrie, benötigen Strom für chemische Prozesse oder die Erzeugung sehr hoher Temperaturen. In all diesen Bereichen ist Strom ein durch nichts zu ersetzender Energieträger, der 24 Stunden am Tag verfügbar sein *muß*. Diese Verfügbarkeit kann nur mit fossil befeuerten Kraftwerken oder Kernkraftwerken in der heute nachgefragten Menge rund um die Uhr garantiert werden.

Ein Anteil von 10 oder 20 Prozent an Wind- und Solarstrom wird in einem Verbundnetz aufgefangen. Ein weitergehender Ausbau erneuerbarer Energien, der wünschenswert ist, scheitert allerdings an dem Fehlen einer großtechnischen Stromspeicherung. Die genannten Pumpspeicherwerke sind die größten Stromspeicher, die wir heute haben. Es wäre aber schon aufgrund des immensen Flächenbedarfs nicht möglich, eine ausreichende Speicherkapazität mit dieser Technik bereitzustellen.

Echte Alternativen zur heutigen, fossil und nuklear dominierten Stromerzeugung sind demnach nicht einmal in Sichtweite.

1.2. Dimensionen des Ressourcenbedarfs

Nachdem geschildert wurde, daß der Primärenergieträger Erdöl und die Endenergie Strom außerordentlich begehrt, aber auch besonders problematisch sind, fokussiert sich dieser Abschnitt auf die Dimensionen des Bedarfs an Energie und nicht-energetischen Ressourcen.

Für eine Familie, ein Dorf oder gar ein kleines Land wie Island können zukunftsfähige Energieversorgungen etabliert werden. Vergegenwärtigt man sich aber die globale Perspektive, so wird schnell klar, daß der Weg zu einer weltumspannenden zukunftsfähigen Energieversorgung lang und steinig sein wird. Dies gilt genauso für die Versorgung mit nicht-energetischen Ressourcen wie Wasser, Ackerland oder Metallen.

Energie

Es ist heute schon unmöglich, den aktuellen Bedarf zuverlässig und auch nur halbwegs umweltverträglich zu decken. Die Situation wird noch vertrackter, wenn man sich bewußt macht, daß sowohl die pro Person umgesetzte Energiemenge als auch die Zahl der Menschen, die Energie nutzen, zunehmen.

Steigender Pro-Kopf-Bedarf, steigende Verbraucherzahl

Deutschland ist ein Land, in dem Energiesparen und Energieeffizienz beinahe Tradition haben, zumindest, was die Absichtserklärungen angeht. Immerhin stagniert der Energieverbrauch Deutschlands seit dem Jahr 2000, obwohl wir zunehmend energiegetriebene Dienstleistungen in Anspruch nehmen. Deutschland ist aber eine Ausnahme. Chinas Wirtschaft hingegen boomt derzeit so stark, daß das Land immer mehr Energie für seine wirtschaftlichen Aktivitäten benötigt. Dementsprechend steigt der Lebensstandard in diesem Land und viele Menschen können sich eine größere Anzahl an Energieverbrauchern – größere Wohnungen, Autos, Fernseher, Handys – leisten. Dies hat wiederum einen weiteren Anstieg des Energiebedarfs zur Folge.

Die Weltbevölkerung wächst, jeder einzelne Mensch ist ein „potentieller Energieverbaucher". Derzeit ist das Bevölkerungswachstum dort am höchsten, wo der Industrialisierungsgrad am geringsten ist. Damit dürften die Auswirkungen des Bevölkerungszuwachses zur Zeit weitaus geringer sein als die Auswirkungen des steigenden materiellen Wohlstandes, die den Pro-Kopf-Bedarf an Energie hochtreiben.

Beide Entwicklungen zeigen strikt in eine Richtung und haben zur Folge, daß der Energiebedarf der Menschheit auf lange Sicht deutlich ansteigen wird – siehe dazu auch Bildtafel 3, S. 174.

Möchte man etwas über die Struktur des Energiebedarfs lernen, kann man den Energiebedarf in die vier Sektoren Industrie, Gewerbe/Handel/Dienstleistungen (GHD), Haushalt sowie Verkehr aufteilen. In der nun folgenden Tabelle werden die Anteile dieser Sektoren, ergänzt um den Sektor Landwirtschaft, für eine Auswahl von sieben Staaten aufgeschlüsselt:

Energiebedarf nach Verbrauchs-Sektoren

Land	Endenergiebedarf nach Sektoren					Gesamt [Mio. t SKE]	Pro Kopf [t SKE]
	Industrie	Verkehr	GHD	Haushalt	Landwirt.		
China	47 %	9 %	2 %	38 %	4 %	1555	1.2
Frankreich	29 %	31 %	13 %	23 %	4 %	365	6.1
Deutschland	31 %	28 %	10 %	26 %	5 %	480	6.0
Japan	42 %	27 %	13 %	15 %	3 %	740	5.9
Kenia	18 %	12 %	1 %	68 %	1 %	21	0.8
Norwegen	41 %	25 %	11 %	19 %	4 %	28	6.5
USA	25 %	42 %	12 %	17 %	4 %	3240	12.0
WELT	33 %	27 %	8 %	29 %	3 %	13 865	2.2

Quelle: Zahlenwerte aus [WRIE2006], Stand 1999

Die Tabelle zeigt, daß sowohl die Aufteilung auf die verschiedenen Bereiche wie auch der Pro-Kopf-Verbrauch sehr unterschiedlich sind. Bemerkenswert ist der hohe Verbrauch für den Sektor Industrie in Norwegen, China und Japan. Die USA sind der Spitzenreiter bei dem Sektor Verkehr, was bei einem wohlhabenden Flächenland nicht verwunderlich ist. In China und Kenia ist der Sektor Haushalt auffallend stark am Gesamtverbrauch beteiligt, was darauf hinweist, daß in diesen Ländern der Verkehr und das Gewerbe noch nicht so weit entwickelt sind, daß sie sich nennenswert im Energiebedarf bemerkbar machen. Der Anteil des Energiebedarfs für die Landwirtschaft ist in Kenia deutlich geringer als in den anderen Ländern, was darauf hinweist, daß die Felder in Kenia weitgehend in „Handarbeit" bestellt werden.

Der Pro-Kopf-Verbrauch ist erwartungsgemäß bei den Industrienationen USA, Deutschland und Japan am höchsten, in Kenia am niedrigsten. Dabei darf man aber nie vergessen, daß der Energiebedarf eines Nordamerikaners oder Mitteleuropäers alleine durch die klimatischen Verhältnisse deutlich höher ausfällt.

Energiebedarf – in handhabbare Dimensionen übersetzt

Viele Zahlen, die im Zusammenhang mit dem Energiebedarf genannt werden, entziehen sich dem direkten Zugang durch das menschliche Gehirn, wie etwa die Aussage: „Der jährliche Primärenergiebedarf Deutschlands liegt bei 500 Millionen Tonnen Steinkohleeinheiten." Erst die Transformation solcher Zahlen in ein im wahrsten Sinne des Wortes begreifbares Maß hilft weiter. Die soeben erwähnte Steinkohleeinheit, die nach einer entsprechenden Umrechnung auch für Erdöl, Gas oder Strom verwendet werden kann, ist eine praktische Größe für die Angaben technischer Energiemengen. Im Gegensatz zu den Energieeinheiten Kilowattstunde oder Joule kann man Steinkohleeinheiten besser und direkter in die persönliche Erfahrungswelt transformieren, weshalb diese Einheit hier verwendet wird.

In Deutschland wird, gemäß der obigen Aussage, pro Person und Jahr Primärenergie verbraucht, die der Energiemenge von 6 Tonnen Steinkohle – 500 Millionen Tonnen Steinkohleeinheiten geteilt durch 82 Millionen Menschen – entspricht. Darin ist der gesamte persönliche Verbrauch enthalten, aber auch die in Produkten und Dienstleistungen verborgene sogenannte „Graue Energie". 6 Tonnen sind eine vermeintlich handhabare Größe. Da wir sie aber weder heben noch in voller Tiefe verstehen können, muß man diese Größe noch auf den Tagesbedarf herunterrechnen, was eine handliche Menge von ca. 16.5 Kilogramm ergibt. Diese Masse entspricht einem Kasten Mineralwasser mit Glasflaschen. Eine vierköpfige Familie müßte sogar etwa 65 Kilogramm Kohle pro Tag herbeischaffen!

Kohlendioxid, durch den Einsatz fossiler Energieträger in großer Dimension freigesetzt, übt als Treibhausgas einen starken Einfluß auf den Strahlungshaushalt des Systems Erde und damit auf das Klima aus. Der CO_2-Faktor ist eine einfache Maßzahl, um die Kohlendioxid-Intensität einer Energieversorgung zu bewerten. Er gibt an, wieviel Kohlendioxid tatsächlich emittiert wird, bezogen auf die Menge an Kohlendioxid, die freigesetzt würde, wenn die Energienutzung ganz auf Kohle basierte.

Der CO_2-Faktor

Eine ausschließlich mit Kohle befeuerte Energieversorgung würde mit einem CO_2-Faktor von 1 bewertet. Der Energiemix heutiger Energieversorgungen senkt durch andere Formen der Energienutzung diesen Wert. So hätte eine vollständig auf Erdöl oder Erdgas fußende Energieversorgung einen CO_2-Faktor von etwa 0.8 bzw. 0.55. Setzt man komplett auf nachhaltige Biomasse, Kernenergie, Wasser und Wind, liegt der CO_2-Faktor bei Null. Energieträger wie Holz, Biokraftstoffe oder Biogas dürfen natürlich nicht mitgerechnet werden, weil deren Kohlendioxid-Emissionen wieder in einem Nutzungskreislauf von den Pflanzen gebunden werden.

Die Grenze dieser Maßzahl besteht darin, daß sie nichts darüber aussagt, wie eine Energieversorgung im Detail zusammengesetzt ist. Auf der anderen Seite ermöglicht diese Zahl einen schnellen Vergleich der Kohlendioxid-Intensität zweier Energieversorgungen.

Weitere Schlüsse läßt die Auflistung eines Pro-Kopf-Verbrauchs zu, der auf Energieträger und den Tagesbedarf heruntergebrochen wird. Die Tabelle zeigt die durchschnittlichen Werte für die ausgewählten Staaten:

Pro-Kopf-Verbrauch im Ländervergleich

Land	China	Frank.	Deutsch.	Japan	Kenia	Norw.	USA	Welt
Kohle, pro Kopf und Tag (kg)	2.0	1.0	3.9	2.7	0.01	1.0	7.8	1.0
Erdöl, pro Kopf und Tag (Liter)	0.5	4.8	4.6	6.1	0.3	12.4	11	1.6
Erdgas, pro Kopf und Tag (cbm)	0.1	1.9	2.8	1.6	0	3.5	6.2	0.9
CO_2 aus Energie, pro Kopf und Tag (kg)	10	20	30	30	0.7	20	60	12
Nuklear, pro Kopf und Tag (kg SKE)	0.01	6.8	2.1	2.6	0	0	3.0	0.3
Wasserkraft, pro Kopf und Tag (kg SKE)	0.06	0.4	0.1	0.2	0.04	9.4	0.4	0.1
Erneuerbare, pro Kopf und Tag (kg Holz)	1.2	1.2	0.2	0.5	2.8	2.1	1.9	0.5
Gesamt, pro Kopf und Tag (kg SKE)	3.4	17.1	16.5	16.2	2.0	24.6	33.3	6.2
Nahrung, pro Kopf und Tag (kg SKE)	0.43	0.51	0.49	0.40	0.27	0.49	0.54	0.40
CO_2-Faktor $\frac{kg\ CO_2\ Emission}{kg\ CO_2\ bei\ 100\%\ Kohle}$	0.90	0.36	0.56	0.57	0.11	0.25	0.55	0.60

Quelle: Zahlenwerte aus [WRIE2006], Zahlen aus 1999-2001, Fehler ca. 10 %

Der Kohlebedarf schwankt am stärksten zwischen Kenia und den USA, ebenso die Menge der Kohlendioxid-Emissionen. China liegt erwartungsgemäß im Mittelfeld, allerdings beim Erdölbedarf eher in der Region Kenias. Auffallend niedrig sind der Kohlebedarf und die Kohlendioxid-Emissionen Frankreichs und Norwegens: Frankreich besitzt im Bereich der Stromerzeugung eine Dominanz der kohlendioxid-emissionsarmen Kernkraft und Norwegen konnte aufgrund seiner hohen Berge, der reichen Niederschläge und der geringen Bevölkerungsdichte eine auf Wasserkraft basierende Stromversorgung aufbauen. Der Durchschnitts-Norweger braucht auffallend hohe Mengen an Erdöl für die in einem dünnbesiedelten Land großen Fahrstrecken, was auch für Amerikaner zutrifft. Bei erneuerbaren Energien, speziell Biomasse, liegen die Kenianer, Norweger und die USA vorne, die alle von ihren Wäldern profitieren und dementsprechend Holz als Brennmaterial nutzen. Der Energieumsatz in Form von Nahrung ist – der Vergleichbarkeit halber in Kilogramm Steinkohleeinheiten umgerechnet – ebenfalls aufgeführt.

Der CO_2-Faktor, weiter oben beschrieben, spiegelt den Kohlenstoff-Anteil am Energiemix wieder. Die hochindustrialisierten Staaten USA, Deutschland und Japan liegen im Mittelfeld, während Frankreich und Norwegen, wie beschrieben, deutlich geringere spezifische Kohlendioxid-Emissionen verursachen. Kenia hat einen sehr kohlenstoffarmen Energiemix, der darauf zurückzuführen ist, daß Kenia ein sehr gering industrialisiertes Land ist und zu einem großen Teil Energie aus Biomasse, genauer Holz, nutzt. China hat einen besonders hohen CO_2-Faktor, weil die Energieversorgung von der heimischen Kohle dominiert wird.

Energienutzung – das vollständige Bild der Infrastruktur

Betrachtet man eine Energieversorgung als Gesamtsystem, findet man in ihr nicht nur Ströme von Energie, sondern auch verschiedenste Komponenten, die Energie umwandeln, transportieren und speichern. Diese Infrastruktur benötigt ihrerseits Energie und Rohstoffe, sowohl für die Herstellung der Komponenten als auch für ihren Betrieb:

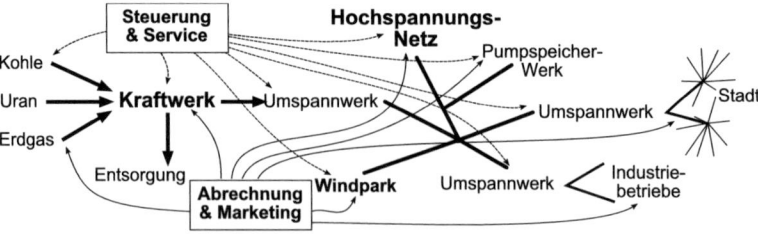

Wer den Kohlepreis von ca. 0.4 Cent pro Kilowattstunde eingesetzter Primärenergie kennt und sich wundert, daß Strom aus Kohle mit ca. 15 Cent pro Kilowattstunde für den Endkunden recht teuer ist, hat in dem

Moment vergessen, daß Kraftwerk und Stromnetz vorhanden sein müssen, um überhaupt die Kohle in Strom umzuwandeln. Der Kraftwerkspark in Deutschland mit circa 120 Gigawatt Stromerzeugungskapazität entspricht einer finanziellen Investition von etwa 180 Milliarden Euro, das Stromnetz schlägt mit über 200 Milliarden Euro zu Buche. Das macht in Deutschland gut 5000 Euro pro Kopf an Infrastruktur für die Erzeugung sowie die Verteilung des Stroms, der im Haushalt, in Büros, in Industrieanlagen, für Straßenbeleuchtungen, etc. verbraucht wird. Bei einer Anlagenlebensdauer von 50 Jahren werden annähernd 100 Euro pro Jahr und Kopf fällig. Wenn man davon ausgeht, daß pro Jahr ungefähr 5 Prozent der Kapitalinvestitionen in Form von Wartungsaufwendungen anfallen, kommen noch einmal 200 Euro dazu. Pro Bürger müssen demnach jedes Jahr etwa 300 Euro aufgewendet werden, um alleine die Infrastruktur der nationalen Stromversorgung in Betrieb zu halten, und das *ohne* Berücksichtigung der Kosten für die Energieträger Kohle, Uran oder Gas. All diese Kosten tragen wir nicht nur mit unserer häuslichen Stromrechnung, sondern zu einem großen Anteil über die in allen von uns genutzten Produkten und Dienstleistungen enthaltenen Stromkosten.

Jegliche Erhebung von Zahlen ist mit Meßfehlern behaftet. Eine viel größere Fehlerquelle ist aber die *falsche Zuordnung* von Energiemengen, deren Ursache in nicht erfaßten Energieströmen liegt. Zwei Beispiele mögen dies untermauern: Wenn Menschen Urlaub machen, werden sie die Energie an dem Urlaubsort verbrauchen. Liegt der Ort im Ausland, werden diese Energiemengen dem Urlaubsland zugerechnet, nicht dem Herkunftsland der jeweiligen Urlauber. Wenn jeder Deutsche im Schnitt 2 Wochen im Jahr im Ausland ist und für diese Zeit die Hälfte seines typischen Verbrauchs in Deutschland einspart, ist der Energiebedarf Deutschlands um etwa 2 Prozent reduziert worden. Als weiteres Beispiel dient der Tank-Tourismus an deutschen Grenzen. Alleine in Österreich wurden im Jahr 2005 ca. 6 Millionen Tonnen Kraftstoffe durch grenznah wohnende Deutsche gekauft. Ihr Energieinhalt wird Österreich zugerechnet, obwohl die Deutschen diese Energie nutzen. Die Auswirkungen des Energiebedarfs, im letzten Beispiel die Kohlendioxid-Emissionen, werden ebenfalls Österreich zugeordnet und nicht denjenigen, die sie letztendlich freisetzen.

Weitere Schwankungen, besonders auf der Nordhalbkugel, entstehen durch unterschiedlich kalte Winter, die sich auf den Heizenergiebedarf auswirken. Ungenauigkeiten durch den Import und Export von Gütern, deren Herstellung ebenfalls Energie benötigt hat, kommen dazu. Global operierende Verkehrsmittel, allen voran der Flugverkehr, erschweren zusätzlich die Zuordnung von Energieverbräuchen auf die verursachenden Staaten.

Solche Effekte, die immerhin Fehlern von einigen Prozenten entsprechen, zeigen, daß ein 2- oder 3-prozentiger Rückgang des Energiebedarfs einer Nation nicht unbedingt durch Energieeinsparungen, sondern durch Umla-

Die Genauigkeit der Daten zum Energiebedarf

gerungen verursacht werden kann. Ein Fehler von 3 oder 5 Prozent bei der
Erhebung von Energiedaten beeinträchtigt jedoch die Betrachtungen zu den
Dimensionen des Energiebedarfs und seinen Folgen nicht im geringsten.

Nicht-energetische Ressourcen

Beispiele von
Ressourcen und
ihren Mengen

Neben den energetischen Flüssen und der Infrastruktur zur Energieversorgung gibt es natürlich auch andere Ressourcen und Stoffflüsse. Begonnen
werden soll hier mit der Landfläche, die jedem Deutschen im Durchschnitt
zur Verfügung steht:

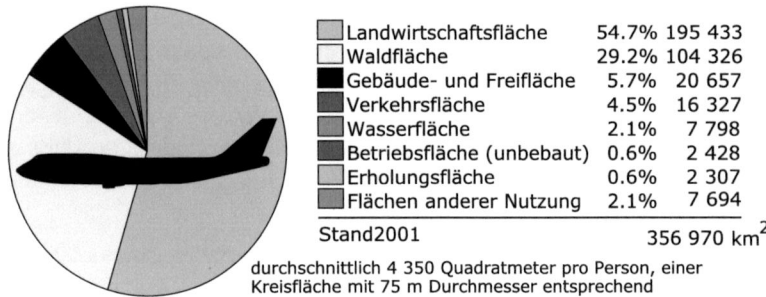

Landwirtschaftsfläche	54.7%	195 433
Waldfläche	29.2%	104 326
Gebäude- und Freifläche	5.7%	20 657
Verkehrsfläche	4.5%	16 327
Wasserfläche	2.1%	7 798
Betriebsfläche (unbebaut)	0.6%	2 428
Erholungsfläche	0.6%	2 307
Flächen anderer Nutzung	2.1%	7 694

Stand 2001   356 970 km^2

durchschnittlich 4 350 Quadratmeter pro Person, einer
Kreisfläche mit 75 m Durchmesser entsprechend

Dabei ist nicht nur die absolute Größe der Flächen wichtig, sondern auch
die *Art* der verschiedenen Flächenanteile. So schließt ein Grundstück auf
dem Gipfel der Zugspitze die landwirtschaftliche Nutzung aus, genauso,
wie versiegelte Flächen nicht mehr für diesen Zweck verfügbar sind. Jede
Diskussion über eine starke Ausweitung der Biomasseproduktion oder den
Ausbau des ökologischen Landbaus bedeutet einen Mehrbedarf an landwirtschaftlicher Nutzfläche in gigantischem Ausmaß (s. Bildtafel 8, S. 179).
Auf der Basis der verfügbaren Landfläche und der darüber befindlichen
Erdatmosphäre kann der Mensch wirtschaften und sein Leben gestalten.
Dabei spielt die Verfügbarkeit unterschiedlichster Ressourcen, wie sie auf
Bildtafel 1, S. 172 dargestellt sind, eine bedeutende Rolle. Neben der Landfläche wird die Atmosphäre zur „Entsorgung" von Treibhausgasen verwendet, während Ressourcen unter der Erde lagern und durch den Bergbau gewonnen werden. Die Ressourcen der Atmosphäre, Kohlendioxid aus der
Verbrennung fossiler Brennstoffe aufzunehmen, sind begrenzt. Zu der oben
abgebildeten Kreisscheibe gehört natürlich die darüber befindliche Erdatmosphäre, die immerhin 25 Tonnen Kohlendioxid enthält. Stellt man die
jährlichen Pro-Kopf-Emissionen in Deutschland von ungefähr 12 Tonnen
dagegen, muß man erkennen, daß wir nur noch deshalb kaum Auswirkungen des Treibhauseffektes spüren, weil wir den Rest des Globus zur Verdünnung unserer Kohlendioxid-Emissionen mitnutzen.

Viele Ressourcen können für mehrere Zwecke genutzt werden. Wenn Ressourcen knapp werden, stehen die verschiedenen Nutzungsarten miteinander in Konkurrenz.

Die Produktion von Biomasse für die Energiegewinnung steht in unmittelbarer Konkurrenz zum Anbau von Nahrungspflanzen. Soll Holz in großtechnischem Maßstab als Brennstoff eingesetzt werden, steht diese Nutzung in Konkurrenz zur Verwendung des Holzes als hochwertiges und langlebiges Baumaterial. Erdöl kann, anstatt es zur Energiegewinnung einfach zu verbrennen, zu hochwertigen chemischen Grundstoffen verarbeitet werden, die für die Herstellung nützlicher und angenehmer Produkte notwendig sind.

Die gleichzeitige Forderung nach Nahrung aus ökologischem Landbau und nach Biodiesel führt dazu, daß entschieden werden muß, wieviel Fläche welcher Art für welche der beiden Nutzungsarten verwendet werden soll. Gleichzeitig sind Wiesen und Wälder Reservoire für Pflanzen und Tiere und geben dem Menschen die Möglichkeit, Natur zu erfahren und sich dabei wohlzufühlen. Die Flächen werden oftmals doppelt, ja sogar dreifach ausgegeben.

Der Begriff der Ressourcenkonkurrenz kann also auch auf nicht-materielle Ressourcen ausgeweitet werden. Diesen Aspekt soll ein weiteres Beispiel, die Konkurrenz zwischen Energieeinsatz und Zeitaufwand, vertiefen. Der Weg zu dem einen Kilometer entfernten Gemüseladen kann entweder per Auto oder zu Fuß zurückgelegt werden. 3000 Wattstunden Primärenergie in Form des Erdöls und 10 Minuten Fahrzeit für den „bequemen" Einkauf stehen 60 Wattstunden Nahrungsenergie und 20 Minuten Zeitbedarf für den Einkaufsweg bei „ursprünglicher" Fortbewegung entgegen. Der Fußweg sorgt nebenbei für einen zusätzlichen Gewinn auf Seiten der immateriellen Ressource Gesundheit.

Je weiter wir uns von einer ursprünglichen Lebensweise entfernen, umso größer wird unser Bedarf an externalisierter Energie. Der Energiefaktor erlaubt die Bewertung der Distanz zu einer ursprünglichen Lebensweise ohne externe Energienutzung. Er wird berechnet, indem man die von einem Menschen pro Tag umgesetzte Menge externalisierter Energie durch die täglich benötigte Nahrungsenergie von etwa 9000 Kilojoule teilt.

Ein Mensch, der sich ausschließlich von ungekochten Nahrungsmitteln ernährt, aufgrund der klimatischen Verhältnisse keine Heizenergie benötigt und keinerlei Technik nutzt, hat einen Energiefaktor von 0. Eine bäuerliche Lebensweise benötigt pro Kopf und Tag etwa 3 Kilogramm Holz für das Kochen und Heizen, was einem Energiefaktor von etwa 6 entspricht. In hochindustrialisierten Ländern kann der Wert durch die ausgeweitete Güterproduktion und hohe Mobilität auf über 100 ansteigen.

Ein deutlicher Ausbau der energetischen Biomassenutzung wird immer stärker diskutiert, der Energiefaktor führt jedoch die Grenzen dieser Energiegewinnung plastisch vor Augen: Schon bei einem Wert von 10 wird man um die Diskussion nicht mehr herumkommen, wo die Anbauflächen herkommen sollen. Schließlich ist es heute schon schwierig, neue Flächen für die Nahrungsproduktion aufzufinden – oft werden dabei wertvolle Ökosysteme vernichtet.

Der Flächenfaktor   Der Flächenfaktor vergleicht hingegen die auf die Landesfläche bezogenen Kohlendioxid-Emissionen. Er gibt damit einen Anhaltspunkt, wie stark die natürlichen Ressourcen, die im eigenen Land vorhanden sind, in Anspruch genommen werden. Der Flächenfaktor kann als der Quotient aus der Tages-Emission einer Person an Kohlendioxid in Kilogramm und der pro Person verfügbaren Landfläche in Hektar definiert werden.

Dieser Faktor sagt etwas darüber aus, wie weitgehend ein Land seine eigenen Ressourcen an Atmosphäre und Bodenfläche für die „Entsorgung" des freigesetzten Kohlendioxides nutzt. Ein Flächenfaktor von 0 bedeutet, daß in der Bilanz kein Kohlendioxid emittiert wird. Je höher der Zahlenwert ist, desto stärker werden die Ressourcen im eigenen Verantwortungsbereich übernutzt bzw. die globalen Ressourcen stärker belastet.

Die erweiterte Perspektive   Ergänzend zu den behandelten energetischen Verbräuchen und den aufgeführten Maßzahlen sind in der nachfolgenden Tabelle unterschiedliche Ressourcen für die ausgewählten Länder zusammengefaßt:

Land	China	Frank.	Deutsch.	Japan	Kenia	Norw.	USA	Welt
Landfläche pro Kopf (Hektar)	0.71	0.90	0.43	0.30	1.68	7.03	3.23	2.27
Acker-/Weidefläche pro Kopf (Hektar)	0.11	0.33	0.15	0.04	0.15	0.20	0.64	0.25
Fleisch, pro Kopf und Tag (Gramm)	130	270	240	120	35	160	330	100
Frischwasser, pro Kopf und Tag (Liter)	1200	1500	1500	2000	240	1400	5000	–
Autos, pro Person	–	0.46	0.51	0.40	–	0.40	–	0.11
Kraftstoff, pro Kopf und Tag (Liter)	0.1	0.8	1.3	1.2	0.05	1.2	4.6	0.5
Straße pro Kopf (cm)	140	1464	281	924	184	1993	2147	496
Wasserweg pro Kopf (cm)	9	14	9	1	0	34	14	10
Papier, pro Kopf und Tag (Blatt A4)	19	110	130	140	3	100	190	30
Telefone pro Kopf	0.24	0.55	0.66	0.46	0.01	0.48	0.90	0.15
Handys pro Kopf (Anteil in %)	0.25	0.73	0.87	0.72	0.07	0.90	0.65	0.27
Internet-Nutzer (Anteil in %)	9	43	59	68	4	68	68	16
BIP pro Kopf und Tag (Euro)	14	66	65	67	3	93	92	26
Flächenfaktor $\frac{kg\ CO_2\ pro\ Kopf\ und\ Tag}{Landfläche}$	14	22	70	100	0.5	3	19	5
Energiefaktor $\frac{Techn.\ Energie}{Nahrungsenergie}$	11	56	54	53	7	80	108	20

Quelle: Zahlenwerte aus [BMWI2006, CIAW2006, WRIE2006], Stand 2000–2005

Wie zu erwarten, besitzt Kenia, abgesehen von der Landfläche, mit Abstand die geringsten materiellen Ressourcen. Besonders die durchschnittliche tägliche Fleischmenge, die für viele Menschen in diesem Land deutlich geringer sein wird, läßt auf einen Proteinmangel und damit ein Defizit in der Ernährung schließen, das alle anderen aufgeführten Nationen nicht haben.

Die Mobilität ist in den industrialisierten Ländern ausgeprägt. Dies spiegelt sich in der guten Ausstattung mit Fahrzeugen und dem hohen Kraftstoffverbrauch wieder.

Bei der Ausstattung mit Papier, Telefonen und Internetnutzern liegt China zwischen dem gering industrialisierten Kenia und den hochindustrialisierten Staaten, wie es bei einer aufstrebenden Industrienation zu erwarten ist. Gleiches gilt für das personenbezogene tägliche Bruttoinlandsprodukt (BIP).

Der Flächenfaktor verhält sich jedoch ganz anders: Kenia verursacht aus der Landesperspektive die geringsten energiebedingten Kohlendioxid-Emissionen, sorgt sogar für die Verdünnung der wesentlich massiveren Emissionen, die in den Industrieländern getätigt werden. Länder wie Japan und Deutschland leben am stärksten über ihre nationalen Verhältnisse, während China, die USA und Frankreich im Mittelfeld liegen. Norwegen liegt aufgrund seiner äußerst geringen Bevölkerungsdichte deutlich unter dem Mittelfeld.

Der Energiefaktor verhält sich ähnlich, wobei Kenia deutlich dichter an China liegt. Die absolute Größe des Energiefaktors zeigt, wie weit sich eine Kultur von der ursprünglichen Nahrungsnutzung zur energetischen Versorgung des eigenen Körpers hin zu einer externen Energienutzung verlagert hat. In Frankreich, Deutschland und Japan liegt dieser Faktor bei gut 50, in Norwegen und den USA noch einmal bei etwa dem Doppelten. Wer Ökolandbau und energetische Biomassenutzung im gleichen Atemzug fordert, hat diesen Faktor nicht bedacht, aber auch mildere Rufe nach Biomasse sollten verhallen, weil unser heutiger energetischer Lebensstil keinesfalls durch die Produktivität von halbwegs nachhaltig bestellten Böden gedeckt werden könnte!

Energie ist unerbittlich

Unser Umgang mit Energie läßt kaum Kompromisse zu: Der steigende Energiebedarf der Menschheit ist eng an gesellschaftliche Entwicklungen gekoppelt. Er kann als natürliche und unausweichliche Folge der Evolution angesehen werden.

Die Versorgung mit technischer Energie ist besonders in hochindustrialisierten Ländern inzwischen eine Frage des Überlebens ihrer Bewohner geworden.

Naturgesetze legen den Energiebedarf für bestimmte Aufgaben rigoros fest oder beschränken die Effizienz von Energieumwandlungen fundamental.

Ist der steigende
Energiehunger
natürlich oder
künstlich?

Technik, steigender Energiebedarf, Industrialisierung – diese Begriffe werden meist mit künstlichen Entwicklungen gleichgesetzt. Sie können aber genauso als verlängerter Arm der Evolution der Organismen gesehen werden.

Gene sind in der DNA chemisch gespeicherte Informationen, die die Ausprägung eines Individuums in komplexer Weise mitbestimmen. Die Evolution der Organismen ist das Zusammenspiel der Fixierung der Basisinformation für die Konstruktion eines Lebewesens in den Genen und der Manipulation dieser Basisinformationen. Sie entsprechen der Selektion und Mutation in der Darwin'schen Evolutionsbiologie. Mutation ist die Veränderung des Datenbestandes eines Individuums, der dazu führen *kann*, daß *Nachfahren* dieses Individuums anders aufgebaut sind. Diese Variante kann dann bessere oder schlechtere Chancen haben, ihren Nachfahren den eigenen Datenbestand weiterzugeben. Selektion führt zur erfolgreichen Fixierung desjenigen spezifischen genetischen Datenbestands, der einen Überlebensvorteil birgt und die Chance verbessert, diesen genetischen Datenbestand an die Nachkommen weiterzugeben.

Meme sind Wissensfragmente, die von Individuen, aber auch Gruppen von Individuen über Nationen bis hin zur gesamten Menschheit „getragen" werden. Diese Meme werden produziert, variiert, weitergegeben. Hier spielen selektierende Prozesse ebenfalls eine große Rolle. Archäologische Funde, die erst gedeutet werden müssen, veranschaulichen dies: Es ist bis heute nicht genau geklärt, wie die Pyramiden von Gizeh gebaut wurden, selbst die heutigen Zivilisationen wären kaum in der Lage, tonnenschwere Steinblöcke zu einer Pyramide diesen Ausmaßes zu vereinen, schon gar nicht ohne moderne Maschinen. Offensichtlich sind die zugrundeliegenden Techniken damals überflüssig und nicht mehr weitergegeben worden. Viele mögliche Wege müssen von eifrigen Forschern heute ausprobiert werden, um die damaligen Techniken zu reproduzieren – die verlorengegangenen, Meme müssen neu geschaffen werden.

Die memetische Entwicklung kann als Erweiterung der genetischen Entwicklung, die jedoch ungleich schneller ist, aufgefaßt werden: In der Lebenszeit eines Menschen bleiben seine Gene praktisch konstant, die Umsetzung in seinen persönlichen Bauplan erst recht. Der Mensch kann seine Gene auch (noch) nicht zu seinen Lebzeiten manipulieren, um sich entsprechend zu verändern. Die memetische Entwicklung kann hingegen von einem Tag auf den anderen *für ein Individuum* deutlich voranschreiten. Zum Beispiel durch Schulunterricht, eine informative Fernsehsendung oder ein interessantes Gespräch. Zu Lebzeiten wird das „Mem-Set" eines Menschen in der Interaktion mit anderen Menschen über vielfältige Wege angereichert und „umgekrempelt". Die unter dem Strich ständig steigende Anzahl der in menschlichen Gesellschaften gespeicherten Meme öffnet stets neue Bereiche, die immer neue und immer größere Ressourcen in Beschlag nehmen. Die „memetische Evolution" profitiert in besonderer Weise von dem schnellen Informationsaustausch moderner Kommunikationsmittel und sorgt für eine neue Dimension der Entwicklungsgeschwindigkeit der menschlichen Gesellschaft.

Die schnelle Entwicklung der letzten Jahrtausende, nochmals in den letzten 100 Jahren durch den globalisierten und immer schnelleren Informations- und Güteraustausch massiv beschleunigt, ist am ehesten als natürliche Entwicklung zu verstehen. Sie wird durch die menschliche Eigenschaft, mit Information und Wissen umgehen zu können, hervorgerufen und weiter ausgebaut. Diese Expansion bedeutet praktisch immer eine Steigerung des Energiebedarfs, aber auch die Chance, Energie nachhaltig zu nutzen. Eines ist sicher: Diese Entwicklung ist kaum aufzuhalten.

Unabhängig davon, ob die massive Zunahme des persönlichen und weltweiten Energiebedarfs natürlich oder künstlich ist, muß man eine Eigenschaft der Energie immer im Auge behalten: Energie ist besonders in modernen Industriegesellschaften der Schlüssel zum *Überleben*. Ob es die moderne intensive Landwirtschaft, die weltweite Vernetzung der Produktionsstätten für Nahrungsmittel oder ob es die Energie für die Beheizung unseres Wohnraums ist – Energie hilft über Umwege unserem Körper, am Leben zu bleiben. Energie dient ebenso zur Produktion von Medikamenten und zum Betrieb von medizinischen Geräten, was uns bei Krankheiten oder Unfällen Lebensqualität erhält oder unser Leben rettet. Dies sind die körperlichen Überlebensfragen, Energie ist aber auch die Triebkraft in Fragen des geistigen und seelischen „Überlebens". Energie erzeugt Licht, was es uns ermöglicht, unabhängig vom Tageslicht zu arbeiten und uns weiterzubilden. Energie betreibt Kommunikationsanlagen und die Bühnentechnik im Theater.

> Die Verquickung von Energie und Überleben

Die Entwicklung der Menschheit läuft auf eine technisierte Kultur hinaus, auch wenn die Unterschiede im Grad der Technisierung verschiedener Länder und Regionen auf lange Sicht bedeutend bleiben werden. Neue Gebiete mit guten Ressourcen wird man kaum noch finden, es wird vielmehr um die Nutzung der bekannten Gebiete gehen, also um die Frage, wer wieviel von dem Kuchen abbekommt. Damit kann sich in naher Zukunft, also in wenigen Jahrzehnten, niemand mehr der Technisierung widersetzen. Dann sind *alle* Menschen in diese Energieflüsse mehr oder minder eingebunden, weshalb bald auch für die Menschen im letzten Winkel der Erde die Abhängigkeit von „technischer" Energie erreicht sein wird.

Vielleicht hilft es, wenn man sich bei einem ausgedehnten Spaziergang durch eine Stadt einmal klar macht, wo Energie überall eine Rolle spielt. Zum Kühlen des Speiseeises beim Italiener um die Ecke, der auch seinen Pizzaofen betreibt. Die vorbeifahrenden Autos, die Straßenlaternen, die

Ampeln. Die Schaufensterbeleuchtung, der Parkscheinautomat, die Armbanduhr. Handys, Handyantennen auf Hausdächern, das darüber hinwegfliegende Verkehrsflugzeug, dessen Geräusch von der um die Ecke kommenden Straßenbahn übertönt wird. Werkzeugmaschinen in der Autowerkstatt gegenüber, die Heizung des benachbarten Hauses, die Kasse des Supermarktes nebenan.

Ohne Energie käme unser recht komfortables Leben sofort zum Erliegen, Nahrung würde schnell verderben, sie könnte nicht mehr nachgeliefert werden, Menschen würden im Winter in ihren Häusern frieren. Ein solcher energetischer Blackout würde in eine nicht mehr beherrschbare bürgerkriegsartige Situation führen: Plünderungen von Läden, Kampf um Nahrung, Kampf um Brennholz, zunächst in den Städten, dann auf dem Land, bis der Wald abgeholzt ist.

Sowohl für moderne Gesellschaften als auch für den daran teilhabenden Menschen ist Energie überlebenswichtig. Bezahlbare, saubere und sichere Energie ist daher schon heute eine Überlebensfrage, deren Bedeutung immer weiter zunehmen wird.

Energie gehorcht unüberwindbaren Naturgesetzen

Energie ist ein hartes Geschäft. Viele Versuche, den Energieverbrauch deutlich zu senken, sind schnell zum Scheitern verurteilt. Harte Rahmenbedingungen, sowohl aus naturwissenschaftlicher wie auch aus technischer Sicht, kristallisieren sich heraus. Naturgesetze diktieren, wieviel Energie benötigt wird, etwa um ein Haus einer bestimmten Größe und Bauweise zu beheizen oder einen Menschen mit einer bestimmten Geschwindigkeit vom Ort A zum Ort B zu bringen. Es wird viel über Effizienzsteigerungen diskutiert, aber sie finden nur sehr langsam statt. Sprünge der Effizienzsteigerung sind hingegen selten zu beobachten. Bei Energiewandlern, die sich bereits durch eine relativ hohe Effizienz auszeichnen, spielen sie keine Rolle mehr: Ein Gasofen oder eine Natriumdampf-Lampe haben Wirkungsgrade, die dicht bei den theoretisch möglichen Werten liegen.

Energie ist nicht in beliebiger Menge verfügbar. Dies gilt für alle fossilen Energien einschließlich der heute praktizierten Kernenergienutzung. Dies gilt ebenfalls für die Nutzung der erneuerbaren Energien auf der Erde, denn die Sonne strahlt nur eine begrenzte Menge Licht auf die Erde ein. Menschen werden somit immer wieder unter der Nicht-Verfügbarkeit von Energie leiden, wenn der Energiebedarf weiter wächst und nicht im Vorfeld neue Energiequellen erschlossen werden.

Energie ist dann für den Menschen bequem zu nutzen, wenn sie nach Bedarf verfügbar ist. Auf der einen Seite muß der Grundbedarf zuverlässig gedeckt werden, etwa der Strombedarf für Kühlschränke oder Kommunikationssysteme. Auf der anderen Seite muß auch eine kurzfristig erhöhte Stromnachfrage, etwa zu den Zeiten, in denen gekocht wird, gedeckt werden ohne daß das Stromnetz zusammenbricht. Speicherung ist hier das

Stichwort. Das Problem der Speicherung von Energie als Wärme oder Strom in großtechnischem Maßstab und über mehrere Monate, ist *nicht* gelöst. Hier vereiteln fehlende technische Lösungen und fehlende naturwissenschaftliche Kenntnisse einen Einsatz erneuerbarer Energien als grundlastfähige Hauptenergiequelle noch für einige, eher viele Jahrzehnte.

Die heutigen Wirtschaftssysteme der industrialisierten Länder, die schließlich auch notwendige Ver- und Entsorgungssysteme darstellen, basieren auf der leichten Durchführbarkeit von Produktionsabläufen und einem einfachen Transport von Gütern, die aus diesen Produktionsabläufen entstehen. Die industrialisierten Länder sind in gnadenloser Weise von der stetigen Versorgung mit kostbarer, teurer und endlicher Energie abhängig. Dazu kommt, daß zur *Stabilisierung* der gesellschaftlichen Bedingungen in dem heutigen System *Wachstum* notwendig ist. Die industrialisierten Länder sind Energie-„Junkies", die die Dosis immer weiter erhöhen müssen, um eine gleichbleibende Befriedigung zu erhalten. Sie prostituieren sich dabei auf obszöne Weise: Das Primat der billigen und immer stärker fließenden Energie führt zu einer rational kaum nachvollziehbaren Akzeptanz von Nebenwirkungen und Risiken. Eine schleichende Verschlechterung der Umweltbedingungen durch Treibhausgas- und Rußpartikel-Emissionen wird ebenso in Kauf genommen, wie die Gefahr katastrophaler Ereignisse, etwa Kriege um Ressourcen oder ein Klima-GAU.

Wir mißachten, genauso wie Drogenabhängige, unseren stets schlechter werdenden Allgemeinzustand, verdrängen die fortschreitende Degeneration unserer Substanz und vermeiden den Gedanken an das Risiko des plötzlichen Zusammenbrechens. Und im Fall der Energie-„Junkies" geht es um uns alle!

> Industriegesellschaften und Bürger sind Energie-„Junkies"!

2. Krise!

Viele Entwicklungen führen in die Krise, viele Eigenschaften des Menschen verhindern zudem das Verständnis für die Folgen dessen, was wir Menschen tun. Die Kenntnis dieser Entwicklungen und Eigenschaften hilft, das Entstehen der Energiekrise und der daraus resultierenden Wirkungen besser zu verstehen.

Die zentrale Energiekrise besteht aus drei Komponenten. Die Versorgungskrise wird immer realer, weil Versorgungsengpässe inzwischen seltener aus politischen Gründen, vielmehr jedoch durch begrenzte Ressourcen und einer an der Nachfrage zu knapp ausgerichteten Infrastruktur entstehen. Die Umweltkrise findet derzeit eher im Verborgenen statt: Feinstäube statt sichtbarer Rußemissionen oder sich stabilisierende Waldschäden statt drastischer Zunahme derselben. Die Klimakrise muß als die problematischste zentrale Krise gelten: Immer neue Hinweise verdichten sich zu dem Bild, daß wir mit unseren maßlosen Treibhausgas-Emissionen den Klimawandel „befeuert" haben. Dieser Klimawandel muß als die stärkste Bedrohung angesehen werden, weil neben der stetigen Erwärmung ein Umkippen des Weltklimas im Bereich des Möglichen liegt. Dieser könnte das System Erde in wenigen Jahrzehnten in einen für den Menschen lebensfeindlichen Zustand bringen.

Es ist zu einfach zu glauben, daß man diese Krisen eine nach der anderen hernehmen und lösen müßte. Die starke Vernetzung innerhalb des Systems Erde, zu dem der Mensch mit all seinem Treiben gehört, führt dazu, daß das Verhalten aller Bestandteile wiederum von dem Verhalten aller Bestandteile abhängig ist. Die zentralen Energiekrisen wirken schließlich untereinander, aber auch auf viele Lebensbereiche, die auf den ersten Blick nichts mit dem Thema Energie zu tun haben, auf den zweiten Blick aber sehr wohl mit ihm in Verbindung stehen.

2.1. Wege in die Krise

Die sich entwickelnde Energiekrise ist von einem zunehmenden Mangel an Energie und zunehmenden Nebenwirkungen des Umgangs mit Energie bestimmt. Aber diese Entwicklungen sind ihrerseits die Folge der Eigenschaften des Menschen und der menschlichen Gesellschaft. Im Vergleich zu den später behandelten, direkt im Zusammenhang mit der Energienutzung stehenden Krisen, stellen sie Vorbedingungen dar, welche die Hauptkrisen verständlich machen. Der Abschnitt „Wege in die Krise" beschreibt demnach die menschlichen und gesellschaftlichen Voraussetzungen, welche die Energiekrise vorbereitet haben, ermöglichen und vorantreiben.
Die Bildtafel 5, S. 176 gibt einen Überblick über das Wirkungsgefüge der Energiekrise. Obwohl sehr viele Details weggelassen wurden, ist die Abbildung recht kompliziert – es ist sinnvoll, sie während der Lektüre des 2. Kapitels ab und zu anzuschauen, um die Inhalte des Textes anhand der Grafik in das Gesamtbild einordnen und gleichzeitig die Grafik besser verstehen zu können.

Grenzen des menschlichen Verstehens

Die Grenzen des menschlichen Verstehens sind in weiten Bereichen direkt an die Fähigkeiten des menschlichen Körpers geknüpft – seien es die begrenzte körperliche Leistungsfähigkeit oder die naturgegebenen Grenzen der Sinneswahrnehmung. Gerade diese Grenzen führen zur unvollständigen Wahrnehmung unseres Umfeldes und damit zu Fehlentscheidungen. Unsere vielfach vorhandene Unfähigkeit, Dinge wahrzunehmen und als Konzept zu „begreifen", läßt uns kaum erahnen, was wir heute treiben und wie weitgehend wir in das System Erde eingreifen. Das Verständnis unseres Einflusses führt über viele Umwege. Dieses Denken „um drei Ecken" ist uns nicht als Selbstverständlichkeit in die Wiege gelegt worden, sondern muß gelernt und vor allem *geübt* werden.

Räumliche Grenzen des Verständnisses

Das Gefühl für Entfernungen ist maßgeblich von der eigenen Erfahrung geprägt. Einige Zentimeter sind leicht mit einer Hand zu zeigen, ein Meter mit beiden Armen. 1 Kilometer kann laufend in 3 oder 4 Minuten zurückgelegt werden, 5 Kilometer schafft ein Mensch gehend bequem in einer Stunde. 10 Kilometer sind für die meisten Menschen in den industrialisierten Ländern schon eine sehr ansehnliche Strecke, für die man als geübter Wanderer 100 Minuten Zeit braucht. Heute legen wir mit einem Auto die gleichen 10 Kilometer in 5 Minuten zurück, sind damit etwa 20mal schneller als wir es aus eigener Kraft ohne Hilfsmittel schaffen, und das mit geringen körperlichen Anstrengungen. In 100 Minuten kommen wir mit dem Auto bei der angenommenen Geschwindigkeit von 120 Stundenkilometern 200 Kilometer weit, für einen gut trainierten Wanderer eine Reise von 1 Woche.

Dieses Beispiel läßt ahnen, wieviel Energie in einem Auto umgesetzt wird, damit es uns einfache Mobilität verschafft. Ein Auto ist in den Industrieländern ein alltägliches und für fast jeden erschwingliches Alltagsgut, welches mit einer weitgehenden Selbstverständlichkeit genutzt wird. Die Direktheit des Umgangs mit persönlicher Mobilität geht daher vollkommen verloren. Die körperliche Bewegung wird zu einer virtuellen Verschiebung auf einer Landkarte oder der Anzeige eines Navigationssystems. Beim Autofahren, mehr noch beim Fliegen, scheitert das menschliche Vorstellungsvermögen für den realen Aufwand vollkommen. Ein tieferes intuitives Verständnis von Entfernungen, die über seinen eigenen Aktionsbereich von 5 bis 15 Kilometern hinausgehen, hat der Mensch nicht; die moderne Mobilität kann von ihm daher nicht mehr in direkter Weise bewertet werden.

Der übliche Zeithorizont eines Menschen liegt bei Minuten bis zu einigen Stunden für normale Tätigkeiten, bei einigen Tagen oder Wochen für kleinere „Projekte" und bei einem Jahr oder vielen Jahren, wenn es um die langfristige Planung des Ackerbaus, der Gestaltung des Familienlebens oder der beruflichen Karriere geht. *Zeitliche Grenzen des Verständnisses*

Minuten sind dann die richtige Größenordnung, wenn es darum geht, sich anzuziehen, zum Bus loszugehen oder Teilschritte eines Arbeitsablaufs durchzuführen. Häufige Tätigkeiten wie Essen, der Kino- oder Theaterbesuch, das Schlafen, zur täglichen Arbeit zu gehen beanspruchen eine oder mehrere Stunden und sind gut planbar. In diesen Zeitspannen ändern sich äußere Bedingungen wie das Wetter kaum und der Zeitbedarf für diese Aufgaben ist alleine schon aus der Erfahrung heraus gut abzuschätzen. Schwierig wird es jedoch mit Zeiträumen, die viele Tage, einige Monate oder gar ein Jahr umfassen. Hier stoßen wir oft an unsere Grenzen, was den Überblick angeht. Einen Termin in einer Stunde können wir uns gut merken, aber die Termine der nächsten Woche müssen wir aufschreiben. Den Überblick über längere Zeiträume zu bewahren bedarf oftmals einer Ausbildung, harter Arbeit und der Inanspruchnahme von Hilfsmitteln.

Die Logistik in einer Bauernfamilie, die ihren Hof als Selbstversorger betreiben will, muß vielfältige Aufgaben mit einer Perspektive von mindestens einem Jahr koordinieren. Die Saat muß zur rechten Zeit ausgebracht werden, es muß für Nachwuchs bei Hühnern und Rindern gesorgt werden, damit Eier, Milch und Fleisch verfügbar sind. Vorräte müssen sorgfältig konserviert und aufbewahrt werden, besonders für die Zeit, in denen das Nahrungsangebot – wie im Winter – äußerst knapp ist. Ein Teil des geernteten Getreides ist aufzuheben, damit es im nächsten Jahr als Saatgut dienen kann. Uns Bewohnern der industrialisierten Länder fehlt inzwischen diese

Fähigkeit zur Organisation unseres eigenen konkreten Überlebens in einer gering technisierten Welt fast vollständig.

Eine eindeutige Grenze wird dem menschlichen Vorstellungsvermögen gesetzt, soll es ein Jahrzehnt, ein Jahrhundert oder gar ein Jahrtausend überblicken. Es gibt offensichtlich nur wenige Menschen, die sich in diesen Dimensionen bewegen können – sicher ein Hinweis darauf, daß ein Denken in diesen zeitlichen Dimensionen nicht zur Grundausstattung des menschlichen Gehirns gehört. Wir nehmen Dinge viel zu schnell als selbstverständlich wahr. So ist heute das World Wide Web, also der einfache Zugang zu Informationen im Internet, in den industrialisierten Ländern aus dem privaten und beruflichen Alltag kaum noch wegzudenken. Es ist auch die technische Infrastruktur für eine zeitgemäße Partnervermittlung, die schließlich zur Erhaltung unserer Art beiträgt! Vor nicht einmal 40 Jahren war der „Tanzschuppen" die Institution, in der sich Frauen und Männer kennenlernten und näherkamen und so etwas wie „Datennetze für jeden" eine Utopie aus Science-Fiction-Filmen.

Angesichts des beschränkten Rückblicks ist es nicht verwunderlich, daß die Entscheidungen, die Menschen und aus Menschen bestehende Institutionen treffen, oftmals nur aus den Überlegungen für Zeiträume weniger Jahre resultieren. Die Diskussion über die Begrenztheit der Ressourcen im System Erde fand schon früh einen fundierten Niederschlag in der Publikation „Die Grenzen des Wachstums" von Dennis Meadows ([MEAD1972]). Klimaveränderungen durch menschliches Treiben wurden bereits im Jahr 1973 in dem Film „Soylent Green" erwähnt und im Jahr 1977 auf der ersten Welt-Klimakonferenz in Genf in einem großen Rahmen thematisiert. Dennoch scheint, 30 Jahre später, der Maßnahmenkatalog zur Reduzierung klimarelevanter Emissionen eher ein dünnes Heft zu sein. Weder sind heute erneuerbare Energien in der Lage, unseren Lebensstil zu sichern, noch kann man in Deutschland über die Nutzung der klimaneutralen Kernenergie sachliche Diskussionen führen.

Beschränktes Verständnis von Mengen

Mit welchen sichtbaren, fühlbaren Mengen geht der Mensch bei seinen ursprünglichsten Tätigkeiten um? 2-3 Liter Wasser trinken, 1-2 Kilogramm Essen zu sich nehmen, 30 oder 50 Kilogramm schwere Lasten schleppen. Eine Tonne ist gerade noch eine Masse, die wir uns vorstellen können, etwa $1 \times 1 \times 1$ Meter Wasser oder die Masse eines Kleinwagens. Unser Gehirn kann von Natur aus nur mit diesen Mengen umgehen. Der bereits erwähnte Satz "Deutschland verbraucht jährlich Energie, die dem Energieinhalt von 500 Millionen Tonnen Steinkohle entspricht", ist zunächst bedeutungslos. Wir können uns jedoch helfen, indem wir diese Werte in Beziehung zu anderen Werten setzen. So kann man den Gesamtbedarf an Energie zwischen zwei Nationen vergleichen oder den Energiebedarf vor 10 Jahren und heute. Dabei haben wir aber nur eine relative und sehr abstrakte Wertung vorgenommen. Wenn es aber darum geht, solche Mengen tiefer und gefühlsmäßig zu verstehen, gibt es nur einen Weg. Die genannte Aussage muß heruntergebrochen werden auf unsere persönliche Erfahrungswelt. Wie kommt man von den abstrakten 500 Millionen Tonnen Steinkohle auf konkrete Werte im Bereich einiger Kilogramm? Der erste Schritt besteht darin, diesen Wert auf einen Bundesbürger zu beziehen, also den Pro-Kopf-Jahresverbrauch, der energetisch ca. 6 Tonnen Steinkohle pro Bürger und Jahr entspricht. Nun sind auch diese 6 Tonnen Steinkohle noch weit von unserer praktischen Erfahrung entfernt. Also probiert man es mit dem Pro-Kopf-Tagesverbrauch, der bei gut 15 Kilogramm liegt und damit unserer Erfahrungswelt zugänglich ist.

Der Mensch hat – physiologisch, geistig und sozial – eine Entwicklung durchgemacht, die ihn neben seinem Körper und ursprünglichen Trieben mit zusätzlichen „Werkzeugen" ausgestattet hat. Aber diese Entwicklungsgeschichte ist, verglichen mit der Entwicklung von der Ursuppe bis hin zum Schimpansen, sehr kurz. Vermutlich war es in den Anfängen der „modernen" Menschheit so: Noch vor etwa 100 000 Jahren lebten die meisten Menschen in Regionen der Erde, in denen Behausung und Heizung nicht notwendig waren, wo vor allem Nahrung gesammelt und gejagt werden mußte. Die Konkurrenz war zwar in der regionalen Dimension vorhanden, aber man konnte zunächst noch ausweichen. Erst in den letzten 10 000 oder 20 000 Jahren war der Gebrauch externer Hilfsmittel eine zunehmend wichtigere Voraussetzung für das Überleben des Einzelnen und die Existenz menschlicher Gemeinschaften. Feuer, Häuser oder Ackerbau und Viehhaltung waren schon früh Hilfsmittel, neuen Lebensraum und neue Nahrungsquellen zu erschließen. In modernen Industriegesellschaften sind die Hilfsmittel um ein Vielfaches reichhaltiger und vernetzter.

Dieses komplexe Gefüge von Abhängigkeiten in langen Ketten und Rückkopplungen über viele Schritte ist – wieder aus der Dimension der gesamten Entwicklung des Menschen – eine sehr neue Sache. Vor 5000 Jahren war das Leben wahrscheinlich von mäßiger Komplexität, der bekannte Personenkreis und Aktionsradius waren überschaubar. Bei der Nahrungsbeschaffung durfte, konnte und wollte man nicht allzu wählerisch sein. Kinder kamen auf die Welt und wurden großgezogen, eine weitergehende Familienplanung war mit technischen Mitteln kaum zu gestalten und nicht notwendig: Eine klare Aufgabenteilung der Mitglieder einer Dorfgemeinschaft sowie der Mangel an Alternativen erforderten auch eine geringere Zahl von Entscheidungen.

In den heutigen hochindustrialisierten Gesellschaften ist jedes Produkt, welches wir in die Hand nehmen, durch zig Hände gegangen, deren „Besitzer" verschiedensten Nationalitäten angehören, beispielsweise ein aktuelles Mobiltelefon. Die eingebaute Kamera stammt von einem japani-

Beschränkung der Durchdringungstiefe von Sachverhalten

schen Kamerahersteller, das Display von einem taiwanesischen Display-Spezialisten, der Speicher von einem amerikanischen Unternehmen, das Betriebssystem aus einer indischen Softwareschmiede, usw. Die kreative Arbeit im „Gegenwert" von hunderten Personenarbeitsjahren steckt in dem Gerät, vorgelagert mußten die naturwissenschaftlichen und ingenieurstechnischen Grundlagen in tausenden Personenarbeitsjahren geklärt werden. Wenn man den Versuch macht – das Mobiltelefon in der Hand – zurückzudenken, was alles benötigt wurde, damit dieser 100 Gramm schwere Gegenstand hervorgebracht werden konnte, wird einem schnell schwindelig. Vor 50 Jahren gab es auf der ganzen Erde wohl kaum einen Gegenstand, der so viel Fachwissen in sich vereinigt hat – die Bildtafel 6, S. 177 veranschaulicht, wie komplex heutige Produktionsabläufe sind.

Der einzelne Mensch ist mehr denn je nur noch ein kleines Rädchen in den Prozessen, die zu heutigen, als Standard akzeptierten Gegenständen führen. Die ursprüngliche Leistungsfähigkeit des Gehirns ist der Aufgabe, solche Zusammenhänge zu durchschauen, nicht gewachsen. Um diesem „Mangel" abzuhelfen, werden Werkzeuge eingeführt, wie zum Beispiel Software, die uns dabei unterstützt, koordinative Aufgaben zu bewerkstelligen. Aber diese Software und die für sie benötigte Hardware sind wiederum überwältigend komplexe Produkte der menschlichen Technik, die wir nicht in der Tiefe verstehen können ... drei Gliederungsebenen, zwei oder drei Prozeßschritte sind noch machbar, aber viel tiefer geht es für das „nackte" Hirn nicht.

Beschränkung der Parallelität von Wahrnehmung und Erkenntnis

Das menschliche Gehirn ist in der Behandlung paralleler Sachverhalte beschränkt. Wir können kaum 2 Gesprächen gleichzeitig lauschen, Auflistungen sollten maximal 7 Punkte enthalten und so weiter – in unserem heutigen Leben werden diese Zahlen bei vielen Sachverhalten massiv überschritten. Eine Bauernfamilie mußte im Jahr 1900 wenige Lebensbereiche wie Nahrungsversorgung, den Umgang mit Kindern, die Instandhaltung des Hauses und der Geräte „beackern". Dies soll die Leistung, die eine solche Familie erbracht hat, in keiner Weise schmälern. Denn die unmittelbare Auswirkung von Fehlentscheidungen auf die eigene Existenzfähigkeit und die Tatsache, daß viele Bauernfamilien überlebt, meist relativ gut gelebt haben, zeigt, daß sie diese Aufgabe sehr gut erfüllt haben. Jedoch haben sich die Aufgaben sehr stark geändert. Heute gibt es eine Vielzahl von Bereichen, wie Arbeit, Geldanlage, Versicherungen wie Rentenversicherung oder Krankenversicherung, Einkaufen, Hausbau, Beauftragung von Dienstleistungen, berufsbezogene und kulturelle Weiterbildung, komplexe Beziehungen zu Partner, Freundeskreis und Kollegen, eine Unzahl von Geräten, die wir verwalten müssen, mit denen wir zurechtkommen müssen. Ein so einfach erscheinendes Unterfangen wie der Kauf einer zum konkreten Überleben für die meisten nicht notwendigen Digitalkamera wird bei näherer Betrachtung zu einem recht komplexen Unterfangen: Chip-Auflösung, Objektivausstattung, Blendenbereich, Verschlußzeiten, Lichtempfindlichkeit, Weißabgleich, Speichermedium, Anschluß zum PC, Blitz, Stromversorgung, Erweiterungsmöglichkeiten, Softwareverfügbarkeit, Preis, Gewicht, Abmessungen, Schnelligkeit, Robustheit, Makrofunktion, Panoramafunktion, Bildeffekte, etc. sind Parameter, die wichtig sind, wenn man eine *gute* Kaufentscheidung treffen möchte. Will man diese Parameter auch noch für die derzeit (2006) über Tausend auf dem Markt befindlichen Modelle vergleichen, um „die Richtige" zu finden, ist das schier unmöglich. Wie ist es erst bei der Entscheidung, ein neues Unternehmen zu gründen. Dort sind die zahllosen Parameter zudem zeitlich variabel, ungenau, von außen vorgegeben und oft noch nicht einmal bekannt.

Wir sind nicht in der Lage, alle Sinneswahrnehmungen und alle Ansätze von Gedanken, die permanent auf uns einprasseln, bewußt zu verarbeiten. Ein Mechanismus der Datenselektion, der die *relevanten* Daten aus der gesamten auf uns einstürmenden Datenflut herausfischt, ermöglicht uns erst den bewußten Umgang mit Informationen und Situationen. Man stelle sich das Vogelgezwitscher in einem Frühlingswald vor: Wenn man versucht, diese Geräuschkulisse in ihrer Gesamtheit wahrzunehmen, gelingt dies in Ansätzen. Es bildet sich eine Vorstellung der Positionen der in diesem Wald pfeifenden und krächzenden Vögel. Für weitergehende Betrachtungen ist kein Platz im bewußten Strom der Wahrnehmungen. Wenn man einem holprigen Weg durch diesen Wald folgt, muß man auf den Weg achten. Die Geräuschkulisse der Vögel wird weitgehend ausgeblendet. Die Information „Frühlingwald, durchsetzt mit Vogelgezwitscher" schwebt am Rande des Bewußtseins, im Zentrum des Bewußtseins wird die Struktur des Weges verarbeitet, die wiederum Grundlage dafür ist, wohin wir unsere Füße setzen. Eine *Änderung* der Geräuschkulisse, etwa ein deutliches Anschwellen des Gezwitschers, kann diese wieder zur weiteren Verarbeitung in den Vordergrund des Bewußtseins befördern. Wir bleiben stehen und versuchen wahrzunehmen, was diese Änderung hervorgerufen hat, zum Beispiel ein drohender Gewitterschauer.

Genauso arbeitet die selektive Wahrnehmung bei der Bewältigung von abstrakteren Informationen, etwa den aktuellen Nachrichten über einen besonders schweren Wirbelsturm, der durchaus eine Folge der globalen Erwärmung sein kann. Hat ein Mensch persönliche Probleme, etwa weil der Verlust des Arbeitsplatzes droht, wird ihn ein solcher Wirbelsturm kaum berühren; seine eigene Existenz ist durch den möglichen Arbeitsplatzverlust viel stärker bedroht als durch einen Wirbelsturm im fernen Golf von Mexiko. Würden wir alle Unglücke, Naturkatastrophen, Kriege, Einzelschicksale, die wir direkt oder über die Medien erfahren, in ihrer Tiefe erfassen, könnten wir uns nicht mehr um unser eigenes Überleben küm-

Selektivität der Wahrnehmung

mern. Die selektive Wahrnehmung ist also auch ein Schutzmechanismus, der unser geistiges Überleben sichert und deren Definition von „Relevanz" stets an die Bedingungen angepaßt werden muß.

Ich-zentrierte
Perspektive

Die selektive Wahrnehmung funktioniert so gut, daß damit auch die uns mögliche Durchdringungstiefe von Sachverhalten von vornherein reduziert wird: Wir machen nicht einmal den Versuch, eine Sache tiefer zu verstehen, weil wir die Sache selbst von vornherein ausblenden. So notwendig die selektive Wahrnehmung auch ist, so verhängnisvoll kann es sein, wenn wir sie nicht an wichtigen Punkten durchbrechen. Gerade das tiefere Verständnis von Zusammenhängen muß die Art, wie selektiert wird, beeinflussen. So wird der Klimawandel, auch wenn die schweren Auswüchse (noch) in der Ferne stattzufinden scheinen, uns immer häufiger und heftiger treffen. Ob dies der Ausfall der Ölförderung und -verarbeitung im Süden der Vereinigten Staaten mit der Folge hoher Benzinpreise ist. Oder ob der Golfstrom erlahmt und massive Klimaänderungen in unserer Heimat drohen.

Die selektive Wahrnehmung führt damit zwangsläufig zu einer Ich-zentrierten Wahrnehmung. Wir sind nicht in der Lage, permanent an alle um uns befindlichen Menschen zu denken, uns in sie hineinzuversetzen. Wir sehen in erster Linie, wieviel Geld *wir* verdienen, wie *wir* wohnen, wieviel Wasser, Energie, Nahrung *wir* benötigen. Schnell wird der Schluß gezogen, daß es doch nicht so schwer sein kann, in Deutschland genug Energie aus der Nutzung von Wind, Sonne und Biomasse zu gewinnen. Aus der Ich-Perspektive ist es leicht, aber mit über 80 Millionen Aspiranten auf die gleiche Lebensweise ist der Bedarf an Ressourcen viel zu hoch. Es ist heutzutage und auch noch in 50 Jahren unmöglich, unseren aktuellen Energiebedarf mit erneuerbaren Energien alleine auf deutschem Boden zu decken.

Die beschränkte Wahrnehmung und das eingeschränkte Verständnis komplexer Zusammenhänge betrifft besonders die Wahrnehmung des Phänomens Energie, das Thema des nun folgenden Abschnitts.

Wahrnehmung von Energie und Bewertung des Bedarfs

Energie als solche ist ein für den Menschen verstandesgemäß schwer zugängliches Phänomen. Einerseits tritt dieses Phänomen in verschiedensten, voneinander unabhängig scheinenden Formen auf, andererseits ist Energie immateriell, flüchtig, also buchstäblich nicht begreifbar.

Unsichtbare
Energie

Die dem Menschen ureigenste Form der Energienutzung, die Aufnahme von Nahrung, wird kaum als Prozeß der Energieversorgung betrachtet. Und dies, obwohl der Körper uns klare Signale von Fehlfunktionen sendet, wenn Energieengpässe auftreten. Anstrengende Tätigkeiten werden schwerer oder uns wird gar schwarz vor Augen; ein Schokoriegel oder ein Butterbrot sorgen dafür, daß wir binnen Minuten wieder weitermachen können.

Auch wenn wir jeden Tag den Fernseher einschalten, unter der warmen Dusche stehen oder in einem Bus fahren – die Energie die dabei umgesetzt wird, spüren wir nicht explizit. Noch stärker bleibt die Energie verborgen, die mit der Herstellung von Produkten oder der Bereitstellung von Dienstleistungen umgesetzt wird: Oder ist es jedem bewußt, daß eine Kontoüberweisung im Schnitt etwa soviel Energie benötigt, wie einige Liter gute Gemüsesuppe zu kochen?

Es ist mehr als fragwürdig, ob die gerne propagierte Informationsgesellschaft letztendlich weniger Energie als die Industriegesellschaft braucht. In der Informationsgesellschaft werden weiterhin Produkte benötigt, die unter dem Einsatz von Energie, durch die notwendige Automatisierung sogar mit viel Energie produziert werden müssen. Und die Infrastruktur der Informationsgesellschaft benötigt ebenfalls Energie, um in Betrieb gehalten zu werden. Ein großer Teil dieser Energie wird in den Serverräumen der großen Netzwerkbetreiber und an den vielen Schaltstellen auf dem Weg in unseren Haushalt verbraucht, ohne daß wir dies sehen.

Ein Beispiel, an dem die Fehlwahrnehmung von Entwicklungen gut demonstriert werden kann, ist das Auftreten neuer Fischarten auf unseren Speisekarten. Wer kannte Anfang 2005 bei uns schon einen Fisch namens Pangasius? Über diese Neuerung ist man in den meisten Fällen erfreut: Endlich einmal etwas anderes, etwas Neues, und nicht der „langweilige" Kabeljau oder Hering. Allerdings ist die Einführung neuer Fischarten eine eher dramatische Notwendigkeit, weil die bekannten und uns vertrauten Fischarten durch die seit 50 Jahren zunehmend industrialisierte und perfektionierte Fischindustrie drastisch dezimiert wurden. Hier zeigt sich eine starke Diskrepanz zwischen realen Hintergründen einer Entwicklung und der persönlichen Wahrnehmung.

Dies gilt genauso für den Bereich der Energietechnik und unseren Umgang mit Energie. Für die Bewertung der Energieeffizienz von Elektrogeräten, Häusern oder Verkehrsmitteln werden Maßzahlen eingeführt, die diese verschiedenen „Produkte" vergleichbar machen sollen. Aber der Vergleich der Produkte alleine nach diesen Maßzahlen führt oft zu falschen Ergebnissen, weil das Verbraucherverhalten sich an anderer Stelle verändert. Der Effizienzgewinn wird bei vielen Produkten durch eine immer häufigere bzw. intensivere Nutzung kompensiert, oft sogar überkompensiert. Das subjektive Gefühl der höheren Effizienz und der geringeren Umweltbelastung führt in der Bilanz zu einer gleichbleibenden oder gar stärkeren Belastung des Systems Erde.

Das menschliche Vorstellungsvermögen versagt bei großen Zahlen, etwa dem jährlichen deutschen Energieverbrauch von 500 Millionen Tonnen

Fehlbewertungen durch unvollständige Wahrnehmung

Steinkohleeinheiten, vollkommen. Erst dann, wenn eine solche Zahl auf die persönliche Lebenserfahrung heruntergebrochen wird, kann sie durch uns erfaßt werden (siehe dazu Seite 26). Die nun dargestellten Beispiele sollen zeigen, wie man aussagekräftige Bewertungen für den von uns verursachten Energiebedarf durchführen und damit unsere Fehlwahrnehmung aufdecken kann.

Stand-By-
Verbrauch und
Niedrigenergie-
häuser

Viele Geräte brauchen heute nur noch 1 oder 2 Watt im Stand-By-Betrieb statt 10 Watt vor 10 Jahren. Nur hat man heute auch schnell das 5- oder 10-fache an Geräten permanent oder häufig am Stromnetz: Die Stereoanlage, Fernseher, Videorekorder, Satellitentuner, DVD-Player, Handy-Ladegerät, Akkuladegeräte für Digikam, Spielzeugautos, die Elektronik für den Internetzugang, das schnurlose Telefon, der Elektroherd mit Digitalanzeige und Sensor-Feld .... Dies ist nur eine Auswahl dessen, was sich an den Steckdosen in einem typischen Haushalt der „Nahrung Strom" bedient. Jedes Gerät braucht nur ein oder einige Watt, aber trotzdem kommen schnell 50 oder 100 Watt permanenter Verbrauch zusammen – macht locker 100–200 Euro pro Jahr bei Stromkosten von 25 Cent pro Kilowattstunde. Von diesem Energie- und Geldaufwand haben wir praktisch keinen Gewinn an konkretem Nutzen, an einigen Stellen einen kleinen Gewinn von Bequemlichkeit. Als Vergleich zu diesem Strombedarf mit zweifelhaftem Nutzen: Ein hochwertiger Kühlschrank mit Gefrierfach der Energieeffizienzklasse A+ braucht gerade einmal Strom für 40 Euro pro Jahr und das für eine wichtige Aufgabe, nämlich die Aufbewahrung von Lebensmitteln. Die mit nennenswertem Energieaufwand hergestellten, verpackten und transportierten Nahrungsmittel bleiben in einem Kühlschrank wesentlich länger genießbar, ein Kühlschrank führt somit zu einer Erhöhung der Ressourceneffizienz.

Eine übliche Angabe des Bedarfs an Heizungsenergie wird bei Häusern in Litern Heizöl pro Jahr und Quadratmeter angegeben. 20 Liter pro Quadratmeter und Jahr sind bei nicht renovierten Häusern aus den 1960er und 1970er Jahren übliche Werte, moderne Niedrigenergiehäuser kommen mit etwa 6 Litern pro Quadratmeter und Jahr aus. Sind moderne Häuser damit wirklich 3mal sparsamer? Nein, denn heute wird etwa anderthalb mal so groß gebaut. Also liegt der Effizienzgewinn für die Aufgabe, beheizten Wohnraum verfügbar zu machen, bei dem Vergleich typischer Gebäude mit den ihrer Zeit entsprechenden Gebäude- und Heizungstechnologien nur bei einem Faktor von ca. 2. Der technische Effizienzgewinn des Faktors 3 wird nicht erreicht. Die reale Einsparung muß hier also auf die Energiedienstleistung bzw. auf die Person umgelegt werden, nicht auf die pro Quadratmeter mögliche Einsparung. Nur so ist eine korrekte Bewertung dieser Maßnahmen zu ermitteln.

Liter auf 100
Kilometer und
Reiseverhalten

Der spezifische Verbrauch eines Autos, angegeben in Litern Kraftstoff auf 100 gefahrene Kilometer, ist uns in Fleisch und Blut übergegangen. Er ist eine gute Kennzahl, um die zu erwartenden Kraftstoffkosten abzuschätzen.

Obwohl die Effizienz von Motoren und Fahrzeugen in den letzten zwei Jahrzehnten dramatisch gesteigert wurden, hat sich dieser Durchschnittsverbrauch deutscher Kraftfahrzeuge gerade einmal von etwa 9 auf 8 Liter pro 100 Kilometer verringert. Wo sieht man den Fortschritt? Der liegt in den immer leistungsfähigeren Motoren, die den aus Sicherheits- und Bequemlichkeitsgründen immer schwereren Fahrzeugen brauchbare Fahreigenschaften verleihen. Der Effizienzgewinn der Technik ist durch die stets erweiterte und verbesserte Ausstattung des Autos mit Technik aufgesogen worden: Die Dienstleistung „sich um 100 Kilometer zu bewegen" wird somit praktisch von der gleichen Energiemenge erledigt wie vor 25 Jahren. Aber mit einem klimatisierten, servogelenkten, elektronisch überwachten und navigierten Mittelklasse-Pkw, der statt 800 Kilogramm inzwischen 1400 Kilogramm auf die Waage bringt. Schneller geht's nicht voran als vor 30 Jahren, weil heute mehr Leute mit ihren Pkw (und Lkw) die Straßen nutzen und verstopfen. Vielmehr ist der Zeitaufwand, um zu seinem Reiseziel zu gelangen, eher gestiegen. In diesem Beispiel wird ebenfalls ein Effizienzgewinn durch Produktgestaltung und Verbraucherverhalten vollständig aufgefressen und führt teilweise sogar zu einer Verschlechterung der durch ein Produkt erbrachten realen Leistung.

Noch schlechter wird die Maßzahl „Liter auf 100 Kilometer", wenn man den Auto- mit dem Flugverkehr vergleicht. Ein modernes Verkehrsflugzeug benötigt für Langstreckenflüge etwa 4, für Kurzstreckenflüge etwa 6 Liter Kerosin pro Person auf 100 Kilometer. Dies entspricht etwa der Hälfte bzw. drei Vierteln des Verbrauchs eines Mittelklassefahrzeugs. Kann man also bei Reisen mit dem Flugzeug wirklich Kraftstoff sparen? Ja und Nein.

(Randnotiz:) Vergleich verschiedener Fortbewegungsmittel

Muß oder will ein einzelner Reisender von München nach Paris, ist das Flugzeug ein sinnvolles Verkehrsmittel. Der Zielort für diese Reise ist festgelegt, weshalb Auto und Flugzeug miteinander verglichen werden können. Ein einzelner Reisender würde mit dem Auto tatsächlich fast das 2-fache an Kraftstoff verbrauchen.

Geht es um die Reise einer vierköpfigen Familie, die mit viel Gepäck ebenfalls von München nach Paris reisen möchte, würde mit dem Flugzeug ein Verbrauch von etwa 24 Litern pro 100 Kilometer anfallen, eben 6 l/100 km × 4 Personen. Ein Mittelklassefahrzeug würde im Verbrauch deutlich darunter liegen; der Umgang mit Gepäck und Kindern dürfte dazu auch etwas bequemer sein.

Geht es aber darum, „mal eben" einen Urlaub oder eine Dienstreise zu machen, ist die Bewertung der Effizienz nach der Maßzahl „Liter pro 100 Kilometer" eine vollkommen unzulängliche Methode. Eine Urlaubs- oder Dienstreise wird weniger nach „Kilometern Anreise" als nach „Stunden Reisezeit" geplant. Alle Ziele, die in 5 oder 8 Stunden zu erreichen sind, sind relativ attraktiv, weil man keinen ganzen Tag verliert. Die Autofahrt von Bonn nach Berlin oder der Flug von München nach New York sind in 7 Stunden bequem zu schaffen, der Zeitaufwand ist also gleich. Der Preis unterscheidet sich nicht wesentlich und wenn man keine Flugangst hat, wird man beide – aus der Perspektive des persönlichen Aufwandes – als gleichwertig betrachten. Das Flugzeug ist für eine Person bei Langstreckenflügen ungefähr 2-mal so effizient wie das Auto, bezogen auf den Kilometer. Aber: Die Reise*zeit* ist für die Urlaubsplanung ausschlaggebend, also muß man den Kraftstoffverbrauch pro Stunde berechnen. Und der liegt für ein Flugzeug bei rund 35 Litern pro Passagier, bei einem sparsamen Mittelklasseauto mit Dieselmotor bei etwa 7 Litern pro Person, wenn eine Einzelperson fährt. Die hohe Effizienz des Flugzeuges pro zurückgelegter Strecke wird bei dieser Betrachtung umgekehrt: Durch das veränderte Reiseverhalten ist der auf die Reisezeit bezogene Energiebedarf in einem Flugzeug um den Faktor 5 höher als bei einem Auto.

Sitzen vier Personen im Auto, liegt der Verbrauch bei einer Geschwindigkeit von 100 Stundenkilometern bei ungefähr 8 Litern pro Stunde. Im Flugzeug benötigen die 4 Personen die stolze Menge von etwa 140 Litern Kerosin pro Stunde. Bezogen auf die Reisezeit verbrauchen die 4 Personen im Flugzeug also sogar fast das 20-fache an Energie!

Komplexe Wirkungsgefüge in der Energienutzung

Jeder Gegenstand, den wir kaufen und benutzen, benötigt Energie, angefangen bei der Förderung der Rohstoffe, der Verarbeitung, dem Transport, dem Marketing bis hin zu den Computern für die Abwicklung von Herstellung, Transport und Werbung, dem Fernseher, der läuft, um Werbung für dieses Produkt zu machen, etc.

Es sind aber nicht nur die verteilten Energieaufwendungen, es ist auch die Art der Energieerzeugung und -nutzung, die in vielen Ländern nicht so effizient durchgeführt wird, wie es nach dem Stand der Technik möglich ist. Somit kann der Energiebedarf, der in den globalen Nutzungsketten verursacht wird, in der Gesamtheit steigen, aber aus der Sicht einer Nation sogar sinken. So ist es sehr wahrscheinlich, daß sich der nach den Zahlen mehr oder weniger stabilisierende Pro-Kopf-Bedarf an Energie in Deutschland tatsächlich – rechnet man alle Effekte durch die Globalisierung der Produktionsabläufe mit – eher erhöht hat. Weil schließlich mit den Produkten auch sogenannte Graue Energie importiert wurde, die zudem zu schlechteren Bedingungen gewonnen wurde, als dies möglich wäre, wenn man die Waren im eigenen Land herstellen würde. Im Gegenzug werden die bei der Energienutzung anfallenden Emissionen *exportiert* und den anderen Nationen zugerechnet. Diese Gedanken werden später in dem Abschnitt zur Globalisierung vertieft.

Es gibt weitaus verzwicktere Abhängigkeiten und Entwicklungen, wie sie bei den derzeit auf den Markt kommenden Autos zu beobachten sind: Die Autos werden immer komfortabler und sicherer. Die dadurch zunehmend

schwerer werdenden Fahrzeuge benötigen immer leistungsfähigere Motoren und mehr Strom für die Bordelektrik und -elektronik. Also muß auch
die Lichtmaschine stärker werden, die wiederum dem Motor noch mehr
Leistung entzieht und das Fahrzeug etwas schwerer macht. Schwere Autos
bedeuten aber auch, daß bei einem Unfall mehr Energie umgesetzt wird, die
durch zusätzliche Knautschzonen, Versteifungen und Airbags aufgenommen werden soll, damit die Insassen bessere Überlebenschancen haben.
All diese positiven Rückkopplungen, die das Gewicht nach oben treiben,
pendeln sich in einem „Wettrüsten" auf immer höherem Niveau ein. Ein
Mittelklassefahrzeug des Baujahres 1980 wog 800 Kilogramm und konnte mit einem 75 PS-Motor zügig bewegt werden. Ein Fahrzeug der gleichen Klasse wiegt heute 1400 Kilogramm und braucht mindestens 130 PS,
um ähnliche Fahreigenschaften zu haben. Ingenieurstechnische Meisterlei-
stungen haben die Effizienz des Antriebssystems drastisch gesteigert, der
fahrzeugspezifische Treibstoffverbrauch ist aber im Schnitt aller deutschen
Fahrzeuge nur um etwa 10 Prozent gesunken.

Wann wird über das Thema Energie lautstark diskutiert? Erst dann, wenn
die Preise so hoch sind, daß wir es selbst *direkt* zu spüren bekommen.
Teures Rohöl und knappe Raffineriekapazitäten führen schnell zu dramati-
schen Preisschwankungen an den Tankstellen. Wenn beim wöchentlichen
Tanken mal 35, mal 40 Euro fällig werden, liegt der Unterschied „auf der
Hand".

Energie wird über
Preise
wahrgenommen

Das nicht besteuerte und dadurch viel billigere Kerosin hat zwar relativ
gesehen einen wesentlich höheren Preisanstieg erlitten, den wir aber nicht
direkt sehen, weil wir die Flugzeuge nicht selbst betanken. Einzig Treib-
stoffzuschläge in der Größenordnung weniger Prozent des Ticketpreises
werden fällig. Geflogen wird also weiterhin wie bisher, was bedeutet,
daß an dieser Stelle viel Energie umgesetzt wird. Wenn eine vierköpfige
Familie einen Flug nach Australien macht, wird für Hin- und Rückflug
so viel Kerosin verbraucht – etwa 6400 Liter – wie sie für die Heizung
eines kleinen energiesparenden Einfamilienhauses über 10 Jahre benötigt.
Die Höhe des Energiebedarfs für die Reise wird erst dann sichtbar, wenn
man einen solchen Vergleich zieht. Dazu kommt eine soziale Komponente:
Steuerfreies Kerosin wird ebenso wie steuerpflichtiges Heizöl aus dem
Rohstoff Erdöl hergestellt und die hohe Nachfrage treibt die Preise für
alle Erdölprodukte nach oben. Auf einen Urlaub in der Ferne kann man
relativ leicht verzichten, auf das Beheizen der Wohnung nicht – der
Wachstumsmarkt „billiges Fliegen" trifft also diejenigen, die wenig Geld
haben und die Rechnungen für die Heizkosten kaum bezahlen können, am
härtesten.

Auch wenn steigende Preise den Energieverbrauch stabilisieren oder die
Verbraucher ihren Bedarf sogar senken, um mit ihrem Geld besser auszu-

kommen, ist es nicht ratsam, auf diesen Mechanismus zu warten. Die Preise für die Energieträger sagen nichts über die dabei verursachten Emissionen oder die Versorgungslage aus. 1 Liter Kerosin enthält ungefähr die gleiche Menge Energie wie 1 Liter Diesel und erzeugt bei der Nutzung praktisch die gleichen Emissionen, kostet aber nur ein Drittel. Mit Kohlebriketts kann man die Heizkosten im Vergleich zu Heizöl locker halbieren oder dritteln, verursacht aber die zwei- bis dreifachen Kohlendioxid-Emissionen pro Wärmemenge. Diese Beispiele geben der Hoffnung, daß über heutige Marktpreise alleine eine Regulierung stattfinden könnte, einen Dämpfer. Das heutige hochkomplexe Preisgefüge birgt sogar die Gefahr, daß wir zu lange warten, bis wir die Probleme anpacken:

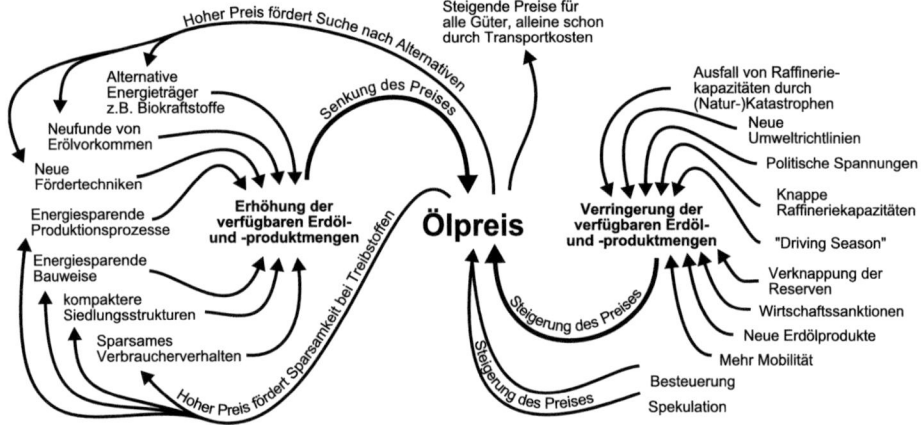

Beschleunigung und Komplizierung

Zwei allgemeine Entwicklungen machen es von Jahr zu Jahr schwerer, unser Lebensumfeld zu verstehen. Abläufe und Maschinen werden immer schneller und immer komplizierter. Ist diese Entwicklung bedenklich? Was passiert mit uns Menschen? Wer profitiert, wer verliert dabei?

Beschleunigung   Alle Entwicklungen laufen auf eine Beschleunigung von Vorgängen hinaus. Dies ist einerseits durch die immer schnelleren physikalischen Geschwindigkeiten bedingt, andererseits erlauben immer schnellere Informationsübermittlung und -verarbeitung eine zunehmend raschere Entscheidungsfindung. Diese Allianz eines immer schnelleren Transportes von Gütern, Menschen und Informationen führt dazu, daß wir von unseren Möglichkeiten getrieben werden.

Zu den Zeiten, in denen ein Brief noch 4 Tage von Bonn nach Berlin brauchte, machte es keinen Unterschied, ob er ein paar Stunden früher

oder später fertig war. Heute hat elektronische Post in vielen Bereichen das
Briefeschreiben ersetzt. Die Technik erlaubt das Versenden einer E-Mail
in Bruchteilen einer Sekunde. Der Zeitbedarf, den Text zu ersinnen oder
eine Recherche durchzuführen, bevor der Text eingegeben und versendet
werden kann, ist aber noch der gleiche wie vor hundert oder zweihundert
Jahren. Die schnellen Beförderungswege für Informationen setzen uns unter
Druck, auch die Produkte schneller zu erstellen und dabei Abstriche an deren Qualität in Kauf zu nehmen.

Schnelle Flugzeuge haben das Reisen 150-fach beschleunigt, vergleicht
man die Reisegeschwindigkeit eines Jets mit der eines Fußgängers. Konnte
man früher 30 Kilometer an einem Tag weiterkommen, eine entsprechende
Konstitution vorausgesetzt, so legt der Flugreisende heute 5000 Kilometer
in der gleichen Zeit zurück, ohne sich körperlich anstrengen zu müssen.
Der Radius des mit vertretbarem Aufwand Erreichbaren hat sich also auf
das mehr als Hundertfache erweitert.

Diese Entwicklung, die innerhalb von 4 oder 5 Generationen stattfand, hat
eine vollkommen neue Qualität geschaffen: Es ist ein Einfaches, die gesamte Erde zu bereisen, wenn man das entsprechende Geld hat. Und nicht
mehr eine Frage des langfristigen Planens oder der konkreten Anstrengung.

Viele Dinge, mit denen wir tagtäglich umgehen, werden immer komplizierter, Abläufe werden immer komplexer. Wenn man 30 Jahre zurückblickt,
besaß ein normaler Fotoapparat 4–5 Einstellknöpfe und 3 oder 4 mechanische Bedienelemente. Jedes Bedienelement hatte eine Funktion, die sich
aus Anordnung, Formgebung und Beschriftung problemlos erschloß.

Zunehmende Komplexität

Eine moderne Fotokamera ist von unzähligen Knöpfen übersät, die bei einigen Modellen ziellos über die Kamera verstreut scheinen und deren Funktionen sich nur noch über einen Bildschirm erschließen. Nicht nur die Anzahl der Funktionen ist dramatisch gestiegen, sondern auch die Art des Zu-
griffs. Mehrfaches Drücken von Knöpfen oder das gleichzeitige Drücken
zweier Bedienelemente ist notwendig, um Funktionen zu aktivieren. Menü-
steuerungen, vor 30 Jahren noch den Terminals an Großrechnern vorbehalten, sind der Standard zum Zugriff auf erweiterte Funktionen bei Kameras,
Handys oder Kaffeemaschinen.

Die Komplexität hat auch bei so einfachen Vorgängen wie dem Schreiben
eines Briefes in den letzten 100 Jahren dramatisch zugenommen. Waren
früher ein Blatt Papier, ein Federkiel und Tinte – Dinge, die man mit etwas
Geschick noch selbst herstellen konnte – ausreichend, um einen Brief zu
schreiben, kam bald die Schreibmaschine dazu. Ein zwar komplexes, aber
noch durchschaubares Werkzeug, welches immerhin zu einer genormten,
gut lesbaren Schrift führte. Mit der breiten Einführung von Computern in
die Privathaushalte der industrialisierten Länder, die um 1995 herum boom-
te, wurden klassische Schreibmaschinen praktisch vollkommen von dem

meist als Surf- und Tipp-Maschine genutzten Computer verdrängt. Seither beschäftigen sich hunderte Millionen von Menschen mit Textverarbeitungsprogrammen, Druckertreibern und dem Farbpatronenwechsel. Dazu kommt die Einrichtung einer Datenverbindung zum Internet und die regelmäßige, an heilige Rituale erinnernde Versorgung ihrer Computer mit Virenscanner, persönlicher Firewall und Sicherheitspatches. Wenn dieses ganze Drumherum auf den Aufwand für das eigentliche Schreiben der 3 Briefe pro Jahr aufgeschlagen wird, ist die Zeit und die Komplexität, die pro Brief beansprucht wird, in ungeheurer Weise gestiegen.

Beschleunigung, Komplizierung und Energie

Dieser Entwicklungszug, der immer schneller fährt, braucht auch immer mehr Energie. Jede Beschleunigung des Transports von Kapital, Material, Energie oder Informationen benötigt eine Anpassung oder eine Erneuerung der dafür notwendigen Infrastruktur. Jede Komplizierung bringt neue Systeme hervor, die wiederum mit Energie gefüttert werden müssen, deren Bereitstellung wieder zusätzliche Komplexität hervorbringt. Ein gutes Beispiel ist die Entwicklung von Autos, die immer höhere Geschwindigkeiten erreichen und mit immer komplexeren Aggregaten ausgestattet werden, um mit vergleichbarem Kraftstoffbedarf fahren zu können (siehe dazu auch Seite 35). Die Motoren brauchen wiederum Super-Plus, also verbesserte Kraftstoffe, die aufwendiger herzustellen sind. Ohne diese Prozesse der Beschleunigung und Komplizierung wären 600 Kilogramm leichte Mittelklassewagen längst der Standard und würden sich mit 2–3 Litern Normalbenzin auf 100 Kilometer Wegstrecke begnügen.

Diese Entwicklung bezieht sich nicht nur auf Produkte, sondern in gleicher Weise auf Produktionsverfahren. Weltweit verteilte Einzelschritte für die Herstellung eines Produktes benötigen schnellen Informationstransfer, schnelle und weite Transportwege und die dafür zusätzlich notwendige Infrastruktur. Jede Beschleunigung des Transports bedingt die Umstellung vom energieeffizienten Schiffsverkehr zum energiefressenden Cargo-Flug; jede Komplizierung der Infrastruktur bedingt den Energiebedarf für die Herstellung und den Betrieb der zusätzlichen Komponenten, die diese Infrastruktur versorgen oder steuern. Auch hier führen Beschleunigung und Komplizierung unweigerlich zu einem Mehrbedarf an Nutzenergie, der trotz aller Effizienzverbesserungen einen Anstieg des Primärenergiebedarfs zur Folge hat.

Entfremdung durch Beschleunigung und Komplizierung

Beide Entwicklungen führen dazu, daß Menschen zunehmend von ihrer körperlich-geistigen Grundausstattung entfremdet werden. Das menschliche Gehirn besitzt eine erstaunliche Plastizität, die einem Individuum sehr weitgehende Anpassungsmöglichkeiten an die Hand gibt. Diese Anpassungsmöglichkeiten sind aber darauf ausgelegt, Extremsituationen zu meistern, die als Ausnahmen eines „normalen" Lebens anzusehen sind. Dieses normale Leben ist von Geschwindigkeiten der natürlichen Fortbewegung und der Komplexität des naturnahen Lebens geprägt, in dem hier und da Extremsituation vorkommen; zum Beispiel der lebensrettende Sprint auf der Flucht vor einem Wolf oder die Aufgabe, den Streit in der eigenen Sippe zu schlichten.

Der heutige Normalwert von Geschwindigkeit und Komplexität liegt um ein Vielfaches höher als der ursprüngliche durchschnittliche Pegel, weshalb es zunehmend schwieriger für uns wird, mit dieser Entwicklung schrittzuhalten. Verschiedene Tätigkeiten konkurrieren in zunehmendem Maße um unsere persönliche Zeit. Für die einzelnen Tätigkeiten bleibt dadurch immer weniger Zeit, die Qualität dieses Tuns leidet, was zu einer verstärkten Unzufriedenheit führt. Die hohe Änderungsrate unseres Umfeldes führt dazu, daß nichts mehr Bestand hat und langfristiges Planen für Bürger und Regierungen immer schwieriger wird. Selbst ressourcenintensive Entscheidungen werden nur noch auf Monate oder wenige Jahre optimiert, dann aber wieder mit hohem Ressourcenaufwand korrigiert; die Ressourceneffizienz sinkt, weil Ressourcen nicht mehr lange genug genutzt werden.

Die Folgen der Entwicklung zu immer höherer Geschwindigkeit und Komplexität betrifft aber nicht nur uns Menschen. Die zunehmende Rate der Veränderungen schlägt mit immer schnelleren und immer zahlreicheren Eingriffen auf das System Erde durch, ohne daß dieses eine Chance hat, sich langsam auf diese Änderungen einzustellen.

Permanenz und Virtualisierung

Die permanente Verfügbarkeit von Energie und die starke Virtualisierung vieler Tätigkeiten führen seit einigen Jahrzehnten zu einer starken Veränderung der Lebensweise des Menschen. Sie hat Auswirkungen auf seinen Energiebedarf, die Wahrnehmung desselben und auf seine persönliche Lebensweise.

Die frühen Jahre der Elektrifizierung der Haushalte war von der Nutzung des Stroms für elektrisches Licht geprägt, weshalb die Stromerzeuger seinerzeit Strom nur während 2 oder drei Stunden am Abend verkaufen konnten. Erst die Einführung weiterer Elektrogeräte führte zu einem für die Stromerzeuger günstigeren Nutzungsprofil: Elektroherde, Toaster, Radios und Lüfter ergänzten das Licht als Stromverbraucher. Die Generatoren wurden gleichmäßiger ausgenutzt und brachten kontinuierlich Geld ein, so daß die Rechnung aufging: Ein mehrfach höherer Profit bei gleichen Investitionen in die Anlagen und etwas höheren Kosten für ihren Betrieb.

Die stets vorhandene Möglichkeit, unsere Wohnungen taghell zu erleuchten, hat unser Leben verändert. Wir können, unabhängig von Jahreszeit und Witterung, vielen Tätigkeiten rund um die Uhr nachgehen. Die multimediale Bilder- und Klangflut hat unsere Wohnstuben in den letzten 5 Jahr-

Permanenz

zehnten erobert und ist 24 Stunden am Tag abrufbar. Die Freiheit der persönlichen Zeiteinteilung ist dadurch sehr stark erweitert worden. Auf der anderen Seite hat die permanente Verfügbarkeit von Energie zu permanenten Geräusch- und Lichtemissionen geführt. Während vor 100 Jahren die meisten Menschen gegen Abend zur *Ruhe* kamen, weil die menschlichen Aktivitäten sich mit dem Dunkelwerden deutlich reduzierten, gönnt sich heutzutage das Leben in den Großstädten nicht einmal mehr eine Atempause. Straßenverkehr und Musikanlagen sorgen für eine permanente Geräuschkulisse, Straßenbeleuchtungen und Reklameschilder verhindern, daß die Nächte dunkel sind. Diese permanenten Lärm- und Lichteinwirkungen wirken negativ auf Menschen: Gereiztheit und schlechter Schlaf sind die moderateren Auswirkungen auf die Lebensqualität. Dazu kommt das Problem, daß es verlockend ist, Tätigkeiten weit über das der Gesundheit zuträgliche Maß auszudehnen. Es entsteht ein latenter Druck, länger zu arbeiten, länger Freizeit zu betreiben.

Wer profitiert von der Permanenz? Industrialisierte Gesellschaften zeichnen sich durch Permanenz aus. Sie haben sich von dem natürlichen Rhythmus von Tag und Nacht immer weiter abgekoppelt. Der 24-Stunden-Betrieb wird durch den steten Strom an Energie ermöglicht, der Maschinen und Beleuchtung durchgehend laufen läßt. Aus betriebswirtschaftlicher Sicht ist der 24-Stunden-Betrieb günstig, weil Zeiten und Kosten für das Anfahren und Herunterfahren von Maschinen wegfallen. Viele Anlagen brauchen Stunden, um in ihren Betriebszustand zu kommen, etwa ein Kohlekraftwerk, das erst nach 10–20 Stunden die volle Leistung bei minimalen Schadstoffemissionen erbringt. Rund um die Uhr laufende Energieerzeuger und Energieabnehmer, etwa Kraftwerke und Industrieanlagen, ergänzen sich in heutigen Volkswirtschaften perfekt.
Produktionsabläufe werden zunehmend in Teilschritte untergliedert, die an mehreren Standorten stattfinden, die für jeden Teilschritt die optimalen Bedingungen bieten: um möglichst geringe Produktionskosten zu erzielen. Systeme, die zu einem großen Teil automatisiert arbeiten, gleichen Ressourcenströme mit jedem Teil der Welt rund um die Uhr ab, so daß sich die kostenoptimierten Teilschritte zwanglos in den Gesamtprozeß der Produktherstellung einbinden lassen. Hier erlaubt die permanent betriebene Informations- und Kommunikations-Infrastruktur erst die Koordination dieser verstreuten Produktionsstätten und damit diese Arbeitsweise.

Virtualisierung Handlungen, die reale Tätigkeiten ersetzen, nehmen drastisch zu. Geld an einem Bankautomaten abzuholen, ist ein Beispiel dafür. Eine Plastikkarte mit Magnetstreifen wird in eine Maschine eingeführt, die für uns eine „Black-Box" darstellt. Eine Geheimnummer wird durch Tippen auf eine ebene Glasfläche eingegeben, hinter der sich ein Bildschirm befindet, der Tasten graphisch darstellt. Nachdem elektrische Signale den abzubuchenden Betrag auf dem zentralen Datenbankserver mit den Konten abgeglichen haben, wird das Geld ausgegeben. Flüchtige Impulse auf einem Datenkabel haben die Transaktion ausgelöst und bestätigt.

Geld wird durch den Verkauf von Gütern oder Dienstleistungen erworben und kann dann wieder in Güter und Dienstleistungen zurückverwandelt werden. Geld ist also für sich genommen schon eine Virtualisierung des Tauschhandels, die wir für selbstverständlich halten, weil unsere Generation es nicht anders kennt. Das Geldabholen oder Bezahlen mit einer elektronischen Karte kann somit als *doppelte* Virtualisierung angesehen werden: Das an sich schon virtuelle Geld wird über eine Karte und flüchtige Zeichen auf einem Monitor dargestellt.

Die gesamte multimediale Welt versucht mit immer größeren Bildschirmen, Raumklang und wohl bald auch mit 3-dimensionaler Darstellungstechnik den Menschen eine Scheinwelt möglichst realitätsnah zu vermitteln. Was mit der Computermaus zunächst noch ein harmloses „herumrutschen" in einer 2-dimensionalen, klar von natürlichen Szenarien abgegrenzten Ebene war, hat mit modernen Anwendungen und Computerspielen eine neue Dimension erreicht. Realistische Szenarien können mit einem Joystick beeinflußt werden, so daß wir glauben, wir würden wirklich ein Autorennen bestreiten oder durch einen Canyon fliegen. Die unvollständige Realität führt dabei an vielen Stellen zu unangenehmen Empfindungen. Das Sehen von hohen Geschwindigkeiten und schnellen Richtungswechseln wird nicht von Beschleunigungskräften begleitet, weshalb verschiedene Sinneseindrücke im Gehirn als inkonsistente Situation ankommen. Der Spieler eines Fußball-Computerspiels kann mit dem Joystick in der Hand Bälle schießen und Kopfbälle annehmen. Dabei ist aber ein wesentlicher Verlust an konkreter Erfahrung im Umgang mit dem eigenen Körper die unvermeidliche Folge. Die Textur des Balls, das Erkennen der Flugbahn eines Balls, das Gefühl, den Ball zum richtigen Zeitpunkt mit der richtigen Stelle des Körpers zu treffen, wird dieser virtuelle Fußballer nie erfahren. Auch nicht die Schmerzen, die ein Kopfball verursachen kann, wenn er versehentlich mit einem Ohr abgefangen wird.

Eine zunehmende Virtualisierung von Abläufen führt dazu, daß tatsächlich stattfindende Kapital-, Energie- und Materialflüsse nur noch eingeschränkt wahrgenommen werden. Der Spruch „Spüren, wie das Geld durch die Finger rinnt" verliert unweigerlich seine Bedeutung, wenn statt realer Banknoten und Geldmünzen nur noch flüchtig auf Bildschirmen sichtbare Beträge per Karte und Tastendruck vom Kunden zum Verkäufer transferiert werden. Das hart erarbeitet Geld wird nicht mehr physisch ausgegeben, sondern wechselt auf virtuellem Wege den Besitzer.

Ein anderes Beispiel: Wer weiß schon, wie hoch die Leistungsaufnahme eines Durchlauferhitzers ist? Bei 20 Kilowatt Leistung bedeutet eine halbe Stunde Duschen, daß in einem Kohlekraftwerk 3 Kilogramm Kohle ver-

Wer profitiert von der Virtualisierung?

brannt wurden. Wer seine Badewanne noch von Hand mit Eierkohlen auf-
heizen mußte, hatte noch eine direkte Beziehung zu dem Energieträger.
Der virtualisierte Umgang mit Geld kommt allen Unternehmen zugute, weil
die Kunden es unbedarfter ausgeben. Die Unkenntnis und Verdecktheit von
Energie- und Materialflüssen verhindert es, daß wir Kunden diese Flüsse
begreifen oder zu viele Fragen stellen, wo und zu welchen Bedingungen
Produkte hergestellt wurden. Auch wenn man annimmt, daß die meisten
Unternehmen diese Virtualisierung nicht massiv fördern, so werden sie sich
kaum freiwillig um Transparenz bemühen – schließlich würden Sie damit
ihrer eigenen Existenzgrundlage das Wasser abgraben.

Permanenz, Virtualisierung und Energie

Die Permanenz angebotener Dienstleistungen und die wirtschaftlich attrak-
tive Permanenz vieler Produktionsabläufe führen zu einem permanenten
Bedarf an Energie. Dies entspricht einem strukturellen Mehrbedarf an Energie, weil die Zeiten des Energiebedarfs ausgedehnt wurden. Ein absurdes
Beispiel sind stromfressende Stand-By-Schaltungen, die rund um die Uhr
laufen, damit man sich um 19:59 Uhr seufzend in den Fernsehsessel fallen lassen und die Nachrichten mit einem lässigen Knopfdruck auf der
Fernbedienung einschalten kann. Das hier der Einzelne wesentliche Spuren hinterläßt, zeigen Untersuchungen und einfache Abschätzungen: Für
solche Bequemlichkeiten laufen 1–2 Großkraftwerke, deren Leistung etwa
2–3 Prozent des deutschen Strombedarfs entspricht – etwa soviel Strom,
wie alle Kühlschränke in deutschen Haushalten benötigen!
Schon alltägliche Vorgänge wie das Bedienen von auf einem Bildschirm
dargestellten Knöpfen sind eine starke Entfremdung. Noch viel weiter ist
jedoch der Abstand in den Bereichen, in denen wir keine Grundausstattung
haben und kaum trainiert wurden: Der Wahrnehmung von Energie und den
Folgen ihrer Nutzung. Wir spüren nicht, daß jeder Deutsche jedes Jahr 6
Tonnen Steinkohleeinheiten verfeuert und dabei 12 Tonnen Kohlendioxid
freisetzt. Wir können uns kaum etwas unter 6 Tonnen vorstellen, weil niemand von uns es mehr erlebt hat, 1 Tonne Kohlen in den Keller zu schaufeln. Dann jedoch noch den Zusammenhang zwischen dieser Kohlenmenge
und der täglichen eingesetzten Energie, die wir im allgemeinen per Knopf-
oder Pedaldruck ohne Anstrengung abrufen, herzustellen, ist zuviel verlangt. Gerade die fehlende Konkretisierung der per se nicht begreifbaren
Energie, die fehlende Verbindung mit Alltagserfahrungen, führt wesentlich
zu unserem sorglosen Umgang mit Energie. Eine „Devirtualisierung" unseres Umgangs mit Energie ist zwingend notwendig.

Entfremdung durch Permanenz und Virtualisierung

Schlaf ist der Gegenpol zur Aktivität während der wachen Phase, stetes
„auf Draht sein" ist wider die Natur des Menschen. Die Permanenz der verfügbaren Dienstleistungen durchbricht zwangsläufig diesen Wechsel und
führt dazu, daß wir nicht ausreichend zur Ruhe kommen. War vor 10 Jahren 18:00 Uhr noch die natürliche Grenze, bis zu der man arbeiten konnte,

schiebt der Ladenschluß von 20:00 Uhr diese Grenze unweigerlich hinaus. Es ist eine Frage der Selbstdisziplin, diese Grenze nicht zu weit auszudehnen. Ist aber eine Möglichkeit vorhanden, auch noch um 19:50 Uhr schnell Gemüse für die „Mitternachtssuppe" zu kaufen, ist es verlockend, die Arbeitszeit auszudehnen, um eine Aufgabe noch an diesem Tag fertigzustellen. Damit schwindet aber die natürliche Struktur zunehmend, ganz zu schweigen von Schichtarbeitern, die in wechselnden Schichten arbeiten und für die widernatürlichen Arbeitszeiten mit Einbußen der Lebensqualität und Schäden an ihrer Gesundheit zahlen. Zeiten, zu denen Besinnung möglich ist, werden durch den permanenten „Rummel" immer kleiner, das Leben wird zu einem Leben in Besinnungs*losigkeit* – kein wünschenswerter Zustand.

Die Virtualisierung erlaubt es, Szenarien durchzuspielen. So können Methoden der „Virtual Reality" zur Beurteilung von geplanten Gebäuden oder zum Training eines geplanten chirurgischen Eingriffs nutzbringend eingesetzt werden. Diese Anwendungen sind jedoch Ausnahmen, in denen neue Wege auf eine neue Art überhaupt erst erkundet werden können. Die vielen kleinen Prozesse der zunehmenden Virtualisierung in unserer Welt sind viel gefährlicher, egal ob dies Banküberweisungen am Automaten, die tägliche Teilnahme am Leid, seltener am Glück der Welt über den Fernseher oder das mörderische Computerspiel sind. Wir verlernen zunehmend, was es bedeutet, 10, 100 oder 1000 Kilogramm Masse zu bewegen. Offensichtlich ist es notwendig, die Defizite, hervorgerufen durch die Virtualisierung vieler Tätigkeiten, in ergotherapeutischen Praxen wieder auszugleichen. Man betrachte dazu den Unterschied zwischen dem Handschreiben mit einem Stift auf Papier im Vergleich zu dem Schreibvorgang an einem Computer: Komplexe Schwünge in der harmonischen Verbindung zwischen Hand, Stift und Papier stehen den monotonen, einfachen Fingerbewegungen auf einer Matrix von Knöpfen entgegen.

Muster der Globalisierung

Globalisierung ist der „Master-Prozeß" des technischen Fortschritts, in dem alle technischen Errungenschaften münden und ihre Wirksamkeit entfalten: Schneller Transport von Gütern und Menschen, schneller Transfer von Informationen zur Regelung der Güter- und Menschenströme. Aber die Auswirkungen der Globalisierung des Transportes von Materie, Energie und Information führen wiederum zu nachteiligen globalen Auswirkungen – auch soziale Umbrüche und Schadstoff-Emissionen sind globalisiert!

Globalisierung kann auf dreierlei Weise aufgefaßt werden:

- Globalisierung ist eine Perfektion der Industriegesellschaft, weil sie die ganze Welt einbindet und einen optimalen Einsatz der weltweit vorhandenen Ressourcen erlaubt.
- Globalisierung ist ein Schreckgespenst, welches die Menschen knechtet, indem ihre spezifischen Vorteile – etwa billige Arbeitskraft oder reichlich vorhandene Bodenschätze – ausgebeutet werden zum materiellen Wohle einer Minderheit, die den Ressourceneinsatz nach ihrem Gutdünken steuert.
- Globalisierung ist eine Zwangsläufigkeit des technisch einfachen Transportes von Gütern, Informationen und Menschen über den gesamten Globus, gepaart mit der Optimierung des eigenen Vorteils.

Ob man die Globalisierung als großartige Segnung oder schlimmes Übel betrachtet, kommt sehr stark auf die Perspektive und das eigene Wertegebäude an, weshalb die beiden erstgenannten Positionen nicht weiter ausgeführt werden. Globalisierung soll vielmehr als zwangsläufige Entwicklung betrachtet werden. Globalisierung ist ein Oberbegriff, der viele einzelne Komponenten enthält, etwa die Globalisierung der Wirtschaft oder die Globalisierung der Politik. Um diesen Begriff mit Leben zu erfüllen, sollte man sich die nicht globalisierte Welt vergegenwärtigen: Eine Welt von kleinen regional operierenden Einheiten. Selbst im 17. oder 18. Jahrhundert war der Transfer von Gütern, Informationen und Menschen über lange Strecken noch ein Abenteuer sondergleichen. Die Reisegeschwindigkeiten lagen bei höchstens 100–200 Kilometern pro Tag: Ein Reisender brauchte von München nach Berlin etwa 4–7 Tage, heute schafft man die gleiche Strecke in zwei Stunden. Genauso langsam wurden damals Informationen übermittelt, weil sie persönlich per Bote von einem Ort zum anderen gebracht werden mußten. Güter konnten auch nicht schneller transportiert werden; lagerfähige Gewürze und Tee aus fernen Ländern gab es, Gemüse oder frischen Fisch aus fernen Ländern gab es nicht. In einer solchen Welt war der Radius, in dem man das aktuelle Geschehen verfolgen konnte und aus dem man die meisten Dinge zum Leben bezog, 10 Kilometer, vielleicht 25 Kilometer groß.

Seit der Einführung motorisierter Verkehrsmittel und der Nutzung der Elektrizität zur Informationsübermittlung konnte dieser Radius ausgedehnt werden: Er ist seit dem Beginn des 20. Jahrhunderts so groß, daß er den gesamten Globus einschließt. Heutzutage ist ein Deutscher auf der einen Seite in der Lage, die aktuellen Geschehnisse in Australien mit einer Verzögerung von einer Sekunden live mitzuverfolgen, etwa ein sportliches Ereignis oder eine Katastrophe. Auf der anderen Seite ist die Situation entstanden, daß durch die Beschränktheit der Erde und die nicht vorhandene Ausweichmöglichkeit kein Wachstum des Aktionsradius' mehr möglich ist.

Eine erdumfassende Ausdehnung des

- Warenverkehrs,
- Informationsaustauschs und
- Personenverkehrs

ist, zumindest für die Menschen in den industrialisierten Ländern, faktisch vollzogen.

Wie alle Entwicklungen enthält Globalisierung die eingangs angesprochenen guten und schlechten Seiten. Globalisierung ermöglicht die Optimierung der weltweit vorhanden Ressourcen zum Vorteil aller, genauso kann sie als Instrument zur Anreicherung von Macht und Geld durch eine Minderheit eingesetzt werden. Globalisierung kann man also gut oder schlecht gestalten, aber ausweichen können wir dieser zwangsläufigen Entwicklung nicht. Will man diese Seiten, die abhängig von der Perspektive in den Vordergrund treten, verstehen, muß man die Triebfedern finden, die zur Entwicklung der Globalisierung geführt haben.

Zunächst waren der schnelle Transport von Gütern, Personen und Informationen für bestimmte Aufgaben interessant. Sind aber die technischen Möglichkeiten erst einmal geschaffen, diese Aufgaben durchzuführen, eröffnen sich wiederum neue Felder, den schnelleren Transport zu nutzen. War der Flugverkehr in seinen Anfängen für Geschäftsreisende, Wohlhabende und Politiker zugänglich, hat man schnell erkannt, daß man auch andere Reisende, die Urlaub in einem fernen Land machen möchten, gewinnbringend mitnehmen kann. So bekommt man nicht mehr nur ein Flugzeug pro Woche voll, sondern schnell auch drei Flugzeuge pro Tag. Die dann möglichen häufigeren Verbindungen erhöhen wiederum die Attraktivität für Geschäftsreisende. Hat man genügend Flugzeuge, sinkt der Preis für die Flugtickets und es wird interessant, innerhalb eines Landes „mal eben" eine Konferenz in der Hamburger Firmenzentrale wahrnehmen zu können, obwohl man in München arbeitet und lebt. Dies ist an einem Arbeitstag inklusive An- und Abreise entspannt möglich, was mit dem Zug, geschweige denn mit dem Auto, nicht realisierbar wäre. Und wenn das Flugzeug ohnehin fliegt, kann man auch direkt noch ein paar delikate Nordseefische zurück nach München fliegen, die auf jedem anderen Weg nur noch in minderer Qualität beim Verbraucher ankämen. Wollen immer mehr Leute diese Waren kaufen, wird einfach ein zusätzlicher Cargo-Flug eingesetzt, solange man damit Geld verdienen kann.

Besitzt man eine permanente Energieversorgung, kann man auch die Informations- und Kommunikations-Infrastruktur durchgehend betreiben. Eine absolut wichtige Voraussetzung für Unternehmen, die ihre über den ganzen Globus verteilten Produktionsstätten und die anderen Firmen-„Organe" betreiben: Aufgrund der verschiedenen Zeitzonen müssen rund

Beschleunigung, Komplizierung und Permanenz als Triebfedern und Folgen der Globalisierung

um die Uhr Informationen verschickt und zwischengespeichert werden. Permanente Abstimmungen unter fein säuberlicher Berücksichtigung von Zeitzonen, der Transportgeschwindigkeit, der Haltbarkeit von Gütern und anderen Randbedingungen sind unerläßlich, damit alle Bestandteile eines Produktes zur richtigen Zeit am richtigen Ort sind und dort montiert werden können. Auch hier gibt es eine Rückkopplung im Bereich der Komplexität. Computer wurden geschaffen, um Berechnungen schnell und effizient durchführen zu können. Ein Computer ist eine komplexe Maschine, die aber wiederum komplexe Berechnungen so durchführen kann, daß wir Menschen weniger Aufwand haben. Computer machen es damit erst möglich, diese extrem komplex zu steuernden weltweit zerstreuten Firmen-„Fragmente" bei bezahlbarem Personalaufwand zu einem funktionsfähigen Gesamten virtuell zusammenwachsen zu lassen, was die Bildtafel 6, S. 177 in starker Vereinfachung darstellt.

Emissionen in einer globalisierten Welt

Unternehmensprozesse laufen weltweit verteilt ab, weshalb die bei diesen Prozessen unabdingbaren Energie- und Rohstoffverbräuche mit ihren Folgen ebenfalls weltweit verteilt auftreten. So mag ein Land einen geringen Pro-Kopf-Wert für Energieverbrauch und Emissionen aufweisen, wenn man die Energieaufwendungen im eigenen Land berücksichtigt. Diese Energieaufwendungen berücksichtigen jedoch nicht die Graue Energie und die daran hängenden „Grauen Ressourcen" bzw. „Grauen Emissionen", die in das Produkt eingeflossen sind.

Eine korrekte Berechnung des Pro-Kopf-Bedarfs an Energie und Rohstoffen sowie der Pro-Kopf-Emissionen verlangt, daß für jedes Produkt und jede Dienstleistung detailliert die Energie- und Rohstoff-Investitionen sowie die Schadstoff-Emissionen berücksichtigt und dann diese Werte für das gesamte Produktspektrum nach deren Importanteil aufsummiert werden. Diese Daten für die gesamte Nation können nun durch die Bevölkerungszahl geteilt werden und man erhält die aussagekräftigeren Pro-Kopf-Daten.

Gerade wir Deutschen, die in dem Glauben leben, daß wir die Besten in Sachen Umweltschutz sind, sollten uns durchaus einmal an die eigene Nase fassen: Wenn wir einkaufen, steht auf vielen Produkten „Made in China", ob es sich um Computer, Spielzeug oder Haushaltsgegenstände aller Art handelt. Und China ist ein Land, welches mitten in dem Prozeß der Industrialisierung steht, weshalb spezifischer Energieaufwand und spezifische Schadstoffemissionen vergleichsweise hoch sind. Diese Bemerkung geht nicht gegen die Chinesen, sondern möchte vielmehr aufzeigen, daß wir nicht zu stolz auf unsere Leistungen sein sollten: Wir nutzen Gefälle in ökologischen und sozialen Standards, um Waren billiger kaufen zu können. Wenn man die Sache durchrechnen würde, wäre der Abstand zu den Amerikanern, auf die man in Deutschland energie- und umwelttechnisch so gerne herabschaut, wohl etwas geringer. Schließlich produzieren die USA (noch) deutlich mehr Güter im eigenen Land, weil sie wesentlich weniger direkte Nachbarn haben.

Etwas konstruktiver: Wir sollten uns nicht auf unserer vermeintlich umwelt-schonenden Lebensweise ausruhen, sondern, mit dem Blick auf die Zusammenhänge, anders verhalten, etwa auf diese Weise:

- Eine grobe Bilanzierung der tatsächlichen Pro-Kopf-Verbräuche und -Emissionen wird durchgeführt, um die wahren Verbräuche, die weltweit verteilt aber für *uns* anfallen, zu bemessen.

- Gute Verträge über die Lieferung von emissionsarmen Gas-und-Dampfturbinen-Kraftwerken oder eines Know-How-Transfers für die Konstruktion moderner Hochtemperaturreaktoren gäben anderen Ländern die Möglichkeit, einen Teil der Energie sauberer als bisher zu produzieren.

Erstens wüßten wir, woran wir wirklich wären. Zweitens könnten wir gemäß unserer Fähigkeiten und Verpflichtungen als (Hoch-)Technologie-Land diesen Ländern einen effizienteren Umgang mit ihren Ressourcen ermöglichen. Damit wäre auch uns geholfen: Die dort gefertigten Produkte wären wahrscheinlich etwas teurer, aber, und das ist viel wichtiger, die Emissionen könnten deutlich gesenkt werden. Unsere wahren Pro-Kopf-Emissionen *und* die globalen Emissionen.

Der Globalisierung sind harte Grenzen gesetzt. Fehlen Energierohstoffe, fehlt auch die Grundlage für den so dringend notwendigen Transport von Materialien, Gütern und Informationen. Werden die nicht-energetischen Rohstoffe knapp, steigen die Preise und hemmen in den entsprechenden Bereichen, in denen diese Stoffe benötigt werden, das Wirtschaftswachstum. Diese Aspekte decken die Seite der Versorgung ab.

Grenzen der Globalisierung

Die Kapazität der Entsorgungsressourcen beschränkt hingegen die Menge der Emissionen, die wir im System Erde „abladen" können. Schließlich wirken die Folgen der Übernutzung des Systems oft einer Vertiefung der Globalisierungsprozesse entgegen: Immer stärkere Stürme, angefacht durch einen Klimawandel, führen dazu, daß die Gewinnung von Erdöl und Erdgas sowie dessen Verarbeitung und Transport eingeschränkt werden. Diese zeitweiligen Verknappungen und die Wiederherstellung der Infrastruktur treiben die Preise für diese Rohstoffe und ihre Produkte in die Höhe und machen ein globalisiertes System von Förderung und Verbrauch weniger wirtschaftlich.

Das Gefälle zwischen Sozial-, Öko- und Lohnstandards wird mit zunehmender Durchdringungstiefe der Globalisierung immer geringer, weil sich die Staaten im Laufe der Jahrzehnte angleichen. Irgendwann findet man keine neuen Billiglohnländer mehr: Die Kosten für eine Stunde Arbeitsleistung steigen und schlagen sich in den Produktpreisen nieder.

Eine zu extrem betriebene Globalisierung der wirtschaftlichen Aktivitäten wirkt als negative Rückkopplung hemmend auf diese Prozesse zurück. Die zeitversetzten Folgen des aktuellen Tuns wirken jedoch zu spät, um das System Erde vor schweren Schäden zu schützen: Wir haben schon jetzt durch die massiven Kohlendioxid-Emissionen eine zukünftige Entwicklung in Richtung wärmeres Erdklima gebucht, allerdings wirken die heute bereits meßbare Erderwärmung und ihre Folgen den Globalisierungstrends (noch) nicht ausreichend entgegen.

Nicht-monetäre Gewinne und Verluste durch Globalisierung

Die Globalisierung hat uns, den Bürgern der industrialisierten Länder, viele Gewinne gebracht: In den Geschäften stehen unterschiedlichste Waren aus aller Welt, wir können auf Reisen durch die ganze Welt verschiedenste Kulturen kennenlernen, Texte und Bilder können in Sekundenbruchteilen die halbe Welt umrunden. Das „globale Dorf" hat zweifelsohne ein Gesicht bekommen.

In einer begrenzten Welt werden jedoch bald Produkte verschwinden. Eine Expansion in neue Länder, auf neue Flächen ist praktisch nicht mehr möglich; damit ist auch das Wachstum begrenzt. Es wird zunehmend darum gehen, wer wieviel von dem großen Kuchen bekommt, der vermutlich nicht mehr größer wird. Der Zwang zur wirtschaftlichen Effizienz wird, diesmal mit globaler Wirkung, die Zahl der Produkte eher verringern und zu Monopolen führen. Dies gilt auch für die zahllosen kulturellen Errungenschaften: Hier besteht die Gefahr, daß sie in einen globalen Einheitsbrei eingearbeitet werden und dabei ihre Ursprünglichkeit verlieren. Der schnelle Transport von Menschen, Gütern und Informationen, wird – heute haltlos und strukturlos durchgeführt – langfristig zu einer kulturellen Verarmung führen.

Das Subsidiaritätsprinzip besagt, daß alle Entscheidung auf den Ebenen getroffen werden sollen, in denen sie ihre Hauptwirkung entfalten. Ob in einem Dorf eine Fläche für einen Sportplatz oder für den Anbau von Gemüse genutzt wird, sollte nicht von einem Gremium der Europäischen Union entschieden werden. Genausowenig sollte das Bundesland Sachsen eine Energiesteuer für Flugbenzin einführen. Die Entscheidung über die Art der Flächennutzung muß auf kommunaler oder Landesebene gefunden werden, die Besteuerung von Flugbenzin ist eine europäische, besser sogar eine global abzustimmende Maßnahme. Schaffen wir es nicht, die Entscheidungen auf die jeweilige Ebene zu delegieren und lassen wir den Tendenzen zur Konzentration von Macht freien Lauf, werden wir bald in einer durchglobalisierten, aber wenig reichhaltigen und damit weniger lebenswerten Welt leben.

2.2. Kernkrisen der Energiekrise

Die Kernkrisen sind nach steigender Wichtigkeit angeordnet. Die Versorgungskrise ist real und sichtbar, sie drückt sich in steigenden Energiepreisen aus, die eine zurückhaltendere und effizientere Nutzung zur Folge haben. Dieser stabilisierende Faktor und der darüber hinaus stattfindende Umstieg auf neue Nutzungsarten fossiler Rohstoffe läßt substantielle Engpässe eher unwahrscheinlich erscheinen.

Die Umweltkrise ist aus der öffentlichen Diskussion weitgehend verschwunden. Nanopartikel aus Dieselruß und Überschreitungen der Feinstaub-Grenzwerte sind trotz ihrer großen Gefahrenpotentiale leider mediale Eintagsfliegen, ganz im Gegensatz zur damaligen Berichterstattung über das Waldsterben oder die Tschernobyl-Katastrophe. Die Umweltkrise ist jedoch, kaum sichtbar, ähnlich problematisch wie vor 20 oder 30 Jahren. Feinstäube töten jährlich alleine in Deutschland zehntausende Menschen.

Die Klimakrise, in erster Linie angeheizt durch die Kohlendioxid-Emissionen aus der Nutzung fossiler Brennstoffe, muß als die ultimative Bedrohung der gesamten Menschheit gelten. Der Klimawandel, der zudem das Risiko eines plötzlichen Umkippens des Klimas birgt, ist definitiv eine globale Bedrohung.

Versorgungskrise – Ausfälle und Verknappung

Eine schleichende oder abrupte Versorgungskrise durch Knappheit oder Totalausfälle trifft Menschen und Volkswirtschaften immer sehr hart. Energie erzeugt gerade in den „modernen" Industriegesellschaften Probleme ganz besonderer Art, nämlich dann, wenn bestimmte Energieträger schlagartig in geringerer Menge oder gar nicht mehr verfügbar sind. Alle Prozesse, die an der Verfügbarkeit von technischer Energie hängen, werden langsamer oder stehen still – und in Industriegesellschaften hängt praktisch jede Tätigkeit von verfügbarer Energie ab.

Versorgungskrisen sind der linke Fuß auf einer Leiter, die Möglichkeiten eines neu gefundenen Energieträgers sind der rechte Fuß. In dem Wechsel zwischen Knappheit und Innovation wird eine Leiter erklommen:

Die Geschichte ist von Versorgungskrisen bei Energieträgern gekennzeichnet

Die Einführung der Dampfmaschinentechnik wurde durch den Mangel an Holz gebremst. Kohle beseitigte diesen Engpaß; die Suche nach Kohle führte zur Auffindung großer Vorkommen, die neue Ideen befeuerten, wie beispielsweise den Bau großer Kohlekraftwerke. Erdöl löste zunächst Lampenöle aus tierischen Fetten ab, Stadtgas wurde aus der Kohlevergasung gewonnen und ermöglichte Stadtbeleuchtungen, saubere Kochstellen und Heizungen. Erdgas konnte jedoch das Stadtgas praktisch vollkommen ersetzen, es ist einfacher zu gewinnen. Kernenergie machte von den immer aufwendiger zu beschaffenden Energieträgern Kohle und Gas unabhängig. Elektrischer Strom konnte aber seinerseits nicht nur klassische Haushaltsanwendungen versorgen, sondern machte die komplette Palette der Informations- und Kommunikationstechnik überhaupt erst möglich.

Nebenwirkungen der fossilen Brennstoffe und Risiken der Kernenergienutzung haben zum verstärkten Einsatz erneuerbarer Energien geführt, etwa der Windenergie oder der Biomassenutzung. Beide High-Tech-Sparten entlasten die fossil-nukleare Primärenergieversorgung wenigstens im Bereich einiger Prozente. Sie werden aber mit der heutigen Technik kaum über einen Anteil von 10 oder 20 Prozentpunkten gelangen. Die Suche nach neuen Methoden, Energie verfügbar zu machen, ist also eine Aufgabe, die immer noch vor uns steht. Das Bild einer Spirale, auf der immer neue Energieträger eingeführt werden, symbolisiert die Situation – die Größe der Schriften deutet die Wichtigkeit der Energieträger an:

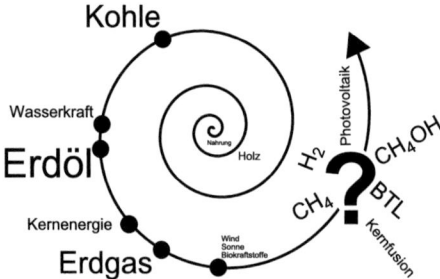

Energierohstoffe können gleichzeitig auch als materielle Rohstoffe genutzt werden. Ein Plastikeimer steht in Konkurrenz zu Benzin, weil beide aus Erdöl hergestellt werden. Baumaterialien aus Holz stehen in Konkurrenz zu Brennholz. Flächen für die Biomassenutzung stehen in direkter Konkurrenz zu den Anbauflächen für Nahrungsmittel. Der zunehmende Bedarf an materiellen Ressourcen für immer mehr Menschen mit steigenden Ansprüchen ist eine zusätzliche Triebfeder für Versorgungsschwierigkeiten mit Energieträgern und reduziert die Optionen. Diese Konkurrenzsituation muß immer berücksichtigt werden, wenn große Pläne mit neuen Energieträgern geschmiedet werden.

Die Zeiten ändern sich ...

Das Jahr 2005 kann als ein Wendepunkt von der „Leichtigkeit des Seins" hin zu einer spürbaren Verknappung von Rohstoffen, insbesondere des Erdöls, angesehen werden. Ein sich wirtschaftlich immer stärker entwickelndes China und die moderate aber stetige Steigerung des Verbrauchs an Erdöl und seinen Produkten in der ganzen Welt führen zu immer neuen Preis-Hochs dieses Rohstoffes. Das Barrel war in den 1970er Jahren nach heutigen Preisen deutlich teurer als das heutige Öl, aber eines hat sich entscheidend gegenüber der damaligen Situation geändert: Die aktuellen Preissteigerungen werden sich manifestieren, weil sie nicht die Folge einer kurzzeitigen politischen Situation sind, sondern diesmal harte Fakten eine Rolle spielen. Die Förderung aus den bereits erschlossenen Ölquellen kann kaum noch hochgedreht werden und die weltweiten Raffineriekapazitäten sind knapp bemessen. Ein weiteres Beispiel ist der Energiebedarf für die Stahlproduktion, genauer gesagt die hohe Nachfrage nach Koks, der bekanntlich aus Steinkohle hergestellt wird. Die Kohlepreise sind auf dem Weltmarkt so stark gestiegen, daß die Förderung heimischer Steinkohle zur Koksherstellung heute schon wieder wirtschaftlich wäre.

Wie bereits erwähnt, wurde schon in der Vergangenheit die Knappheit von Energieträgern durch die Entdeckung neuer Vorkommen, aber auch durch die Entdeckung neuartiger Energiequellen immer wieder aufgehoben. Kohle konnte zunächst nur im Tagebau abgebaut werden, bis neue Techniken die Luftversorgung in Bergwerksschächten ermöglichten und die Arbeiter tiefer in den Bauch der Erde vordringen konnten. Komplexe Maschinen ermöglichten später das Abteufen flacher Kohleflöze – ein Erfolgsrezept für die Kohleförderung im Ruhrgebiet.

Versorgungskrise in der Zukunft

Das uns heute vertraute Erdöl – attraktiver Energieträger und wertvoller nicht-energetischer Rohstoff – kann durchaus ersetzt werden. Zunächst durch seinesgleichen: Durch die Ölgewinnung aus nicht-konventionellen Erdölvorkommen wie Ölsanden oder Ölschiefern. Die mineralischen Bestandteile müssen von dem gewünschten Öl abgetrennt werden, was den Aufwand deutlich gegenüber der Förderung aus einer Quelle erhöht. Rohöl kann jedoch zu einem Preis von etwa 25 Euro pro Barrel aus diesen Vorkommen extrahiert werden. Der derzeitige Weltmarktpreis (2006) von etwa 50 Euro pro Barrel konventionellen Öls bedeutet, daß diese Vorkommen heute schon wirtschaftlich zu nutzen sind. Eine vollkommen neue Situation im Vergleich zum Jahr 2002, in dem der Weltmarktpreis für Rohöl noch bei etwa 25 Euro lag. Die hohe Nachfrage nach Erdöl sorgt, wie bereits erwähnt, dafür, daß der Preis nicht mehr deutlich sinken wird. Das erste große Projekt zur Erschließung von Ölsanden in Fort McMurray, Kanada ist aus heutiger Sicht eine sichere Investition – es paßt somit, daß diese Aktivitäten gerade jetzt in vollem Gange sind.

Es gibt weitere Möglichkeiten, Kraftstoffe in großen Mengen aus Kohle oder Erdgas zu gewinnen. Erdgas, welches an arabischen Ölquellen neben dem Öl gefördert wird, wird vor Ort nicht benötigt. Der Bau einer Pipeline z. B. nach Europa lohnt sich nicht und der Transport verflüssigten Erdgases in Kryo-Tankern ist eine gerade erst aufkeimende Alternative. Warum nicht die Kraftstoffe direkt aus dem Erdgas herstellen? Genau dies wird in ersten Anlagen in großem Stil erprobt, z. B. in Katar. Dieses Verfahren wird mit dem Akronym GTL, Gas-to-Liquid, bezeichnet. Im ersten Schritt wird Synthesegas, ein Gemisch aus Kohlenmonoxid und Wasserstoff, hergestellt. Im zweiten Schritt, der Fischer-Tropsch-Synthese, werden aus diesem Gasgemisch Kohlenwasserstoffe geeigneter Kettenlänge produziert, die den Kraftstoffen Benzin, Kerosin oder Diesel entsprechen. Synthesegas kann auch aus Kohle gewonnen und auf gleiche Weise in Kraftstoffe umgewandelt werden – China verfügt über große Kohlevorkommen und wird diese CTL, Coal-to-Liquid, genannte Art der Kohleveredelung in geeigneten Raffinerien wohl bald etablieren.

Erdöl als wertvoller materieller Rohstoff

Bei Erdöl steht immer seine Nutzung für Kraftstoffe, also für Mobilität im Vordergrund. Dies ist jedoch nur ein kleiner Aspekt der Anwendungsfelder für Erdölprodukte, wenn man ihre Bedeutung in unserem Alltag betrachtet. Der Löwenanteil des Erdöls wird in Raffinerien gerade einmal zu einer Handvoll verschiedener Endenergieträgern verarbeitet: den Kraftstoffen Diesel, Kerosin und Benzin sowie Heizöl und Flüssiggas. Für Deutschland sind das über 90 Prozent des eingesetzten Erdöls. Die etwa 7 Prozent an nicht-energetischem Verbrauch werden in der chemischen Industrie hingegen zu tausenden Produkten verarbeitet, die ihrerseits wieder als Ausgangsstoffe für Kunststoffe und synthetische Fasern, Medikamente, Farben, Reinigungs- und Schmiermittel, Kosmetika, etc. dienen.

Nicht, daß man diese Vielzahl an Stoffen auch anderweitig herstellen könnte, aber aus Erdöl ist die Herstellung relativ einfach und technisch etabliert. Schließlich ist Erdöl ein Stoffgemisch, welches einen Cocktail chemischer Verbindungen enthält, der auf relativ einfache Weise durch die fraktionierte Destillation in Stoffklassen getrennt und weiterverarbeitet werden kann. Diese Stoffe aus Kohle oder Erdgas zu synthetisieren, wäre sehr viel aufwendiger, würde mehr Energie verschlingen – mit den üblichen Nebeneffekten. Eine Versorgungskrise mit Erdöl trifft also auch jedesmal die Versorgung mit chemischen Grundstoffen, betrifft uns also indirekt an praktisch jedem Punkt unseres Lebens. Das Wissen und Verstehen dieses Zusammenhangs sollte uns zusätzlich motivieren, mit der Ressource Erdöl sparsam umzugehen und sie zunehmend durch alternative Kraftstoffe und Rohstoffe auszutauschen!

„Hubbert's Peak" oder „Peak Oil"

Die Begriffe „Hubbert's Peak" oder „Peak Oil" bezeichnen den typischen zeitlichen Verlauf der verfügbaren Ölmenge. Dabei geht es nicht um prinzipiell förderbare Mengen, sondern um die real erzielbaren Förderquoten. Es geht also um die Frage, wieviele Liter Erdöl pro Tag aus der Erde gepumpt werden können. Diese Menge hängt wesentlich davon ab, wieviel Öl aus einem Ölfeld entnommen wurde. Zu Beginn der Nutzung dringt wenig Öl durch Sand oder Gestein zum Bohrloch; die Fläche, durch die Öl zuströmen kann, ist relativ klein. Ist ein Teil des Öls entnommen, kann es über größere Flächen zum Bohrloch driften, die Förderquote steigt. Mit zunehmender

Förderung sinkt der Gasdruck in einem Ölfeld, das Öl driftet immer langsamer zum Bohrloch, die Förderquote sinkt wieder.

Zunehmend bessere Explorations- und Fördertechniken haben zu einem steten Anstieg der Ölfördermengen geführt, jedoch muß man heute davon ausgehen, daß Neufindungen von großen konventionellen Ölfeldern die Ausnahme sein werden. Der Zeitverlauf der Förderquoten eines für sich genommen unbedeutenden einzelnen Bohrloches überträgt sich auch auf die Gesamtheit aller auf der Welt betriebenen Ölförderanlagen: Die kumulierte Förderquote wird ebenfalls ein Maximum haben, danach werden die Förderquoten für konventionelles Öl unweigerlich fallen. Dies bedeutet keinesfalls, daß man erst dann mit Problemen rechnen muß, wenn der Peak überschritten wurde.

Die hohen Ölpreise und die extreme Sensiblität des Ölpreises auf Versorgungsschwankungen – ob aus politischen Gründen oder durch Extremwetterlagen in Ölfördergebieten – weisen darauf hin, daß wir kurz vor dieser maximalen Förderquote für konventionelles Erdöl stehen. Auch eine kleine Senkung der am Markt verfügbaren Fördermenge kann nicht kompensiert werden und führt zu dramatischen Preisanstiegen. Eine Folge ist die heute schon vorangetriebene Erschließung nicht-konventioneller Ölsande und der Bau von Anlagen zur Herstellung von Kraftstoffen aus Erdgas und Kohle. Die Versorgung mit Erdöl und Kraftstoffen wird zwar auch die nächsten 10 oder 20 Jahre häufiger wackeln und die Preise werden weiter steigen, aber ein Fall ins Bodenlose ist auf der Versorgungsseite nicht zu erwarten.

Die kritische Situation unserer Versorgung mit Energie wird nur dann wahrgenommen, wenn wirklich einmal etwas schiefgeht. Seien es die Förderausfälle durch Wetterkatastrophen oder das Unterbrechen der Gasversorgung eines Staates. Aber die Situation ist permanent kritisch: Förderung und Verbrauch der Energieträger sind die beiden Endpunkte eines sorgfältig abgestimmten Stromes dieser Rohstoffe und Produkte, der kaum noch Puffer besitzt. Dieser Energiefluß kann an vielen Stellen unterbrochen werden, etwa bei der Rohstoffförderung, beim Transport oder bei der Verarbeitung. Die fehlenden Pufferkapazitäten lassen diese Unterbrechung sofort bis zum Verbraucher durchschlagen. Angebot und Nachfrage werden dann empfindlich aus der Balance gebracht, was sich in schnellen und starken Preisänderungen ausdrückt. Die latente Versorgungskrise wird ausschließlich dann wahrgenommen, wenn sie durch Vorkommnisse verstärkt wird und die Energie*preise* steigen. Die permanent angespannte Versorgungslage ist kaum jemandem bewußt, fällt ja auch dank ausgeklügelter Steuerungssysteme selten auf.

Wasserstoff wird, besser, wurde als der erstrebenswerte Energieträger angepriesen: Wasserstoff war die Antwort auf die Energieprobleme der Zukunft. Langsam aber stetig scheint sich die Erkenntnis durchzusetzen, daß

Wahrnehmung
der
Versorgungskrise

Wasserstoff entweder sehr teuer und sauber sein wird oder aber billig und schmutzig. Die Perspektive „Wasserstoff-Wirtschaft" hat die Gemüter über Jahrzehnte beruhigt und bei vielen das Nachdenken über praktikable Alternativen blockiert. Nun sind wir tiefer denn je in die Ölabhängigkeit verstrickt und werden, obwohl das prinzipielle Maximum der konventionellen Ölförderung erst in 5–15 Jahren erreicht wird, schon bald mit weiteren spürbaren Verknappungen konfrontiert werden, ohne daß wir einen Ersatz für das Öl gefunden haben.

Umweltkrise – unmittelbare Schäden durch Energienutzung

Massive Nebenwirkungen entstehen durch die Emission von Stoffen wie Schwefeldioxid, Stickoxide oder Rußpartikel, die bei der Erzeugung und Nutzung von Energie in das System Erde freigesetzt werden. Die sichtbaren Auswirkungen sind in den meisten Fällen lokal, die wahren Wirkungen haben jedoch des öfteren ein globales Ausmaß. Dazu kommt die Freisetzung radioaktiver Isotope, die zwar als permanenter Nebeneffekt der Kernenergienutzung unbedeutend ist, jedoch bei katastrophalen Unfällen wie dem in Tschernobyl im Jahr 1986 dramatische Auswirkungen haben kann. Seltener werden Emissionen von Lärm, Licht und Funkwellen mit der Energienutzung in Verbindung gebracht, können aber das Wohlbefinden von Menschen stark beeinträchtigen. Die Freisetzung von Treibhausgasen ist zwar ebenfalls eine Umweltauswirkung, sie wird aber aufgrund ihrer besonderen Bedeutung in einem eigenen Abschnitt behandelt.

Rauch, Ruß und Gestank als lokale Belästigung

Das Holzfeuer im Kamin eines einsamen Gehöfts ist unbedeutend, weil der Rauch schnell so stark verdünnt wird, daß man ihn kaum sieht und nicht riecht. In frühen Städten, wo viele Menschen auf dichtem Raum lebten und mit Holz heizten, wurde der Rauch jedoch zum Problem. Dazu kamen seit der Mitte des 19. Jahrhunderts zunehmend Industrieanlagen, die über das ganze Jahr Rauch und Ruß verbreiten. Ein Ausweg war schnell gefunden: Einfach die Schornsteine so hoch bauen, daß Rauch und Ruß weit weggetragen und gut verdünnt werden, um die Auswirkungen zu kaschieren.
Rauch, Ruß und Gestank sind mit unseren Sinnen leicht wahrzunehmen, weshalb diese Emissionen schon früh als problematisch, zumindest lästig angesehen und Maßnahmen ergriffen wurden, sie einzudämmen. Zunächst, wie schon beschrieben, durch die Verringerung der Immission, also des Schadstoffeintrags. Später wurden Stäube und Ruß mit Filtersystemen in den Industrieanlagen zurückgehalten und damit die Emissionen verringert.

Schadgase aus Kohlekraftwerken und das Waldsterben

Die Verringerung der Immission an Schadstoffen durch die Politik der hohen Schornsteine war so lange möglich wie die Zahl der Großanlagen, die die entsprechenden Stoffe freigesetzt haben, gering war. Als jedoch zunehmend Anlagen gebaut wurden, insbesondere die permanent laufenden und große Schadstoffmengen produzierenden Kohlekraftwerke, nahmen die Immissionen zu. Oftmals nicht direkt sichtbar, allerdings an ihren Folgen erkennbar. Ende der 1970er Jahre wurden auch in Deutschland auffallende Veränderungen in den Wäldern entdeckt: Kranke Bäume. Die Schädigung der Bäume wurde auf das im Abgas enthaltene Schwefeldioxid und verschiedene Stickoxide zurückgeführt. Diese Gase bilden, mit Wasser zusammengebracht, eine saure Lösung und führen zu einer Absenkung des pH-Wertes der Böden. Damit war der Begriff „Saurer Regen" geprägt. Der Saure Regen als solcher schädigt die Pflanzen nur geringfügig, vielmehr bringt er die Zusammensetzung des Waldbodens, insbesondere den Mineralienhaushalt, durcheinander. Dessen Veränderung schädigt die Bäume.

Heute sind die Kohlekraftwerke in industrialisierten Ländern praktisch vollständig mit hocheffizienten Rauchgasreinigungsanlagen ausgestattet, die Rauch, Schwefeldioxid und Stickoxide wirkungsvoll aus dem Abgas entfernen. Allerdings erzeugen Hausheizungen und Fahrzeugmotoren auch heute noch durchaus nennenswerte Mengen dieser schädlichen Gase und Feinstäube. Auch etwa 20 Jahre nach der Einführung der Rauchgasreinigung hat sich der deutsche Wald noch nicht erholt, vielmehr ist die *Zunahme* der Schäden inzwischen auf Null gesunken. Es wurde also gerade einmal eine Stabilisierung, allerdings auf hohem Schadensniveau, erreicht. Die große Zeitspanne, die zwischen den ersten Maßnahmen und der Stabilisierung liegt, sollte uns eine Warnung sein: Systeme, die einmal in eine Richtung „verbogen" wurden, können nicht so schnell wieder „geheilt" werden, auch wenn man viel Aufwand treibt. Noch schlimmer: Wir programmieren eine Entwicklung, die auch dann noch 10, 20 oder vielleicht sogar 100 Jahre weiterläuft, wenn die Schadwirkung sofort unterbunden wird.

Die dramatische Zunahme des Straßenverkehrs seit den 1950er Jahren hat, trotz immer sauberer und sparsamerer Motoren, dazu geführt, daß auch heute noch ein Großteil der giftigen Emissionen aus dem Straßenverkehr stammt. Besonders auffallend sind die in den Nachrichten schon üblichen Ozonwert-Meldungen, die im Sommer Bestandteil des Wetterberichtes sind. Steigt die Ozon-Konzentration zu hoch, gelten Fahrverbote. Gleiches gilt für Smog[1], der, durch Inversionswetterlagen[2] begünstigt, besonders hohe Schadstoffkonzentrationen in der Atemluft bezeichnet; bei einer Grenzwertüberschreitung, dem Smog-Alarm, werden ebenfalls Fahrverbote wirksam.

Die heutige Situation in hochindustrialisierten Ländern

Diese klassischen Auswirkungen des Einsatzes fossiler Brennstoffe begleiten die industrialisierte Gesellschaft bis heute. Es gibt allerdings Hinwei-

---

[1]Kunstwort aus Smoke (Rauch) und Fog (Nebel)

[2]Umkehrung des normalerweise mit zunehmender Höhe fallenden Temperaturverlaufs in der bodennahen Atmosphäre. Dadurch Einschränkung des vertikalen Luftaustauschs.

se, daß bestimmte Effekte gemindert wurden: Insbesondere die Emission von Rauch und sichtbarem Ruß aus Industrieanlagen, Hausfeuerungen und Kraftfahrzeugen wurden deutlich reduziert. Dies legen Messungen nahe, die bis in den Anfang der 1990er Jahre besonders in dicht besiedelten Regionen eine Minderung der Sonneneinstrahlung um 10–30 Prozent ergaben. Dieser Effekt wird auch als globale Verdunklung oder „Global Dimming" bezeichnet und im Abschnitt zur Klimakrise beschrieben.

Nanopartikel in Verbrennungsabgasen

Neben diesen groberen Rußpartikeln gibt es aber auch kleinere und damit unsichtbare Partikel, die insbesondere von Dieselmotoren freigesetzt werden. Liegen die Abmessungen dieser Rußpartikel im Nanometerbereich, spricht man auch von Nanopartikeln. Ruß-Nanopartikel stehen im Verdacht, Herz-Kreislauf-Erkrankungen zu verursachen, zumindest jedoch zu unterstützen. Das hohe Gefahrenpotential der Nanopartikel liegt darin, daß sie klein genug sind, um Aderwände durchdringen zu können. Im Gegensatz zur Erkennung von Viren und schädlichen Biomolekülen stehen dem Immunsystem des Körpers keine Mechanismen zur Verfügung, diese neuartigen „Feinde" zu erkennen und auszuschalten. Das Immunsystem ist sozusagen blind für solche Ruß-Nanopartikel.

Seit 2005 gelten im Rahmen der Feinstaub-Richtlinie Grenzwerte für die Partikelkonzentration in der Atemluft, die an vielbefahrenen Straßen überwacht werden. Allerdings sind diese Grenzwerte in einigen Großstädten schon im ersten Halbjahr 2005 öfter überschritten worden, als es die Feinstaub-Richtlinie zuläßt. Hier besteht offensichtlich ein nur schwer zu bewältigendes Problem. Auf Seiten der Kraftfahrzeughersteller gibt es zwei Strategien, die Partikelemissionen zu senken: Einerseits durch optimierte Verbrennungsbedingungen im Motor die Partikel erst gar nicht entstehen zu lassen, andererseits die Partikel mit Filtersystemen zurückzuhalten. Nach dem derzeitigen Stand der Technik sind die Filtersysteme der einzige effektive Weg, den feinen Dieselruß zurückzuhalten. Welche Technik auch immer eingesetzt wird – bis der Pkw-Bestand Deutschlands gegen schadstoffarme Diesel-Pkw ausgetauscht ist, werden etwa 10 Jahre vergehen. Der Ersatz des nicht schadstoffarmen Fahrzeugbestandes in Deutschland beträgt bei etwa 20 Millionen Pkw und 15 000 Euro pro Fahrzeug 300 Milliarden Euro – diese Zahl zeigt, wie teuer solche Maßnahmen sind, wenn eine Vielzahl von Systemen ausgetauscht werden muß.

Kohlendioxid als Schadgas

Das bei der Nutzung fossiler Brennstoffe freigesetzte Kohlendioxid wirkt nicht nur als Treibhausgas, sondern nimmt auch durch seine chemischen Eigenschaften Einfluß auf verschiedene Bestandteile des Systems Erde.

Pflanzen können von einer erhöhten Kohlendioxid-Konzentration profitieren, weil sie dieses zum Aufbau ihrer Pflanzenmasse brauchen. Wenn allerdings in einem Ökosystem einige Pflanzen besonders stark von dem Kohlendioxid profitieren und schneller wachsen, kann dies zu einer Destabilisierung dieser Lebensgemeinschaft führen.

Darüber hinaus könnten Menschen, Tiere und Pflanzen Probleme bekommen, das Kohlendioxid bei der Atmung loszuwerden. So atmen beispielsweise die meisten Insekten durch Tracheen, die mit Einstülpungen aus einer gasdurchlässigen Membran vergleichbar sind und im Gegensatz zu Säugetierlungen eine relativ kleine Gas-Austauschfläche haben. Es ist denkbar, daß Insekten besonders empfindlich auf die zunehmende atmosphärische Kohlendioxid-Konzentration reagieren, weil sie das Stoffwechselprodukt Kohlendioxid über ihre Tracheen gegen die in der Luft steigende Konzentration zunehmend schlechter loswerden können.

Steigt die Kohlendioxid-Konzentration in der Erdatmosphäre, nehmen Gewässer mehr Kohlendioxid auf. Damit dienen die Ozeane als Kohlendioxid-Puffer und dämpfen, zumindest zunächst, den Anstieg der Kohlendioxid-Konzentration in der Atmosphäre. Kohlendioxid erhöht auf der anderen Seite den Säuregrad des Wassers, insbesondere der Ozeane. Die Meeresbewohner sind der damit verbundenen Veränderung des pH-Wertes ausgesetzt – auch hier muß mit schweren negativen Folgen für marine Ökosysteme wie Korallenriffe gerechnet werden ([CALD2006]).

Radioaktive Strahlung spielt in der Energietechnik insbesondere im Zusammenhang mit der Kernenergienutzung eine Rolle: Radioaktive Strahlung ist die Energie, die im Kernreaktor die Wärme erzeugt, die wiederum zur Stromerzeugung mittels einer Dampfturbine dient. Kernkraftwerke können also nicht ohne radioaktive Strahlung betrieben werden. Allerdings läßt sich die radioaktive Strahlung des Reaktors problemlos abschirmen. Radioaktive Strahlung

Neben der im Betrieb entstehenden und für die Kettenreaktion verantwortlichen Neutronenstrahlung werden bei der Kernspaltung auch radioaktive Isotope erzeugt, die bei ihrem Zerfall Alpha-, Beta- und Gammastrahlung abgeben. Insbesondere aufgebrauchte Brennelemente enthalten einen hohen Anteil stark strahlender kurzlebiger bis hin zu schwach strahlenden langlebigen Isotopen. Die Handhabung der Brennelemente erfordert äußerste Sorgfalt: Die in ihnen enthaltenen Isotope senden für Lebewesen schädliche Partikel- und Gammastrahlung aus. Sie enthalten das Schwermetall Plutonium, dessen Verbindungen hochgiftig sind und welches zudem ein gefährlicher Alphastrahler ist.

Gelangen nennenswerte Mengen abgebrannter Brennelemente in die falschen Hände, könnten damit schmutzige Atombomben oder echte Atombomben hergestellt werden. Die „Schmutzige Bombe" besteht aus einer konventionellen Sprengladung, die das sie umgebende radioaktive Material möglichst weiträumig verteilen soll. Echte Atombomben erzeugen eine unkontrollierte und sehr schnell ablaufende Kettenreaktion von Kernspaltungen, die gigantische Energiemengen freisetzt. Schmutzige Bomben sind einfach zu bauen, während der Bau funktionsfähiger echter Atombomben beträchtliche Mengen der richtigen Isotope in hoher Reinheit erfordert und eine gute Kenntnis des Aufbaus einer Atombombe voraussetzt.

Die radioaktiven Emissionen von Kernkraftwerken und Aufbereitungsanlagen sind im Regelbetrieb vernachlässigbar, können jedoch, wie der Reaktor-GAU in Tschernobyl 1986 gezeigt hat, bei Unfällen ein dramatisches Ausmaß annehmen. Heute kann man davon ausgehen, daß die regionalen Auswirkungen bedeutend sind, während die globalen Auswirkungen als gering eingestuft werden müssen. Im Gegensatz zu dem Reaktorunfall von 1979 in Three Mile Island, Harrisburg war der Tschernobyl-Reaktor auf die Produktion waffenfähigen Plutoniums optimiert. Seine Brennstäbe ließen sich leicht austauschen. Sicherheitsmerkmale wie etwa ein fehlertolerantes Design oder die mehrfache Abschirmung des Kernbrennstoffs gegenüber der Biosphäre besaß dieser Reaktor nicht. Auch dem Kernkraftwerk von Three Mile Island mangelte es – wie allen heute betriebenen Druck- und Siedewasserreaktoren – an einem guten fehlertoleranten Design. Allerdings haben hier wenigstens die Barrieren, insbesondere der kugelförmige Sicherheitsbehälter, die Freisetzung nennenswerter Mengen radioaktiver Stoffe verhindert.

Emissionen von Lärm, Funkwellen, Licht

Die Nutzung von Energie ist sehr oft mit der Emission von Geräuschen und Lärm, Funkwellen und Licht verbunden. Die Folgen dieser Emissionsarten werden zwar in den meisten Fällen nicht direkt bemerkt, sind jedoch erheblich.

Der Lärm durch Verbrennungsmotoren und Reifengeräusche oder Flugzeuge ist gerade in dicht besiedelten Regionen zunehmend ein Problem. Neben den bewußt empfundenen Belästigungen führt ein zu hoher und permanent vorhandener Geräuschpegel auch unbewußt zu gesundheitlichen Beeinträchtigungen, weil eine tiefere Entspannung sowie ein erholsamer Schlaf nicht möglich sind.

Funkwellen, angefangen von den Radiosendern mit ihren relativ niedrigen Frequenzen bis hin zu Handys und anderen, heute erschlossenen Frequenzbändern, durchdringen zunehmend unser Lebensumfeld und unseren Körper. Viele der zugrundeliegenden Techniken sind neu und wir befinden uns gerade in einer Art Massenexperiment. Die nächsten Jahrzehnte werden zeigen, ob diese elektromagnetischen Wellen unseren Organismus beeinflussen und wenn, welche gesundheitlichen Auswirkungen dies hat. In Anbetracht der jährlich neu definierten und eingeführten Technologien wie Funktelefone, UMTS oder DVB-T ist es an der Zeit, eine genaue Überwachung einzuführen, welche Einflüsse diese permanente „Bestrahlung" auf uns hat.

Licht dient zur Beleuchtung von Innenräumen, erhellt im Freien Straßen, Firmenschilder und, ein neuerer Trend, per Scheinwerfer auch den Himmel. Diese Lichtemissionen können Tiere irritieren, verhindern aber auch die schlafbringende Dunkelheit in Wohnungen. Der nächtliche Sternenhimmel ist Bewohnern von Großstädten fremd, weil er gegen den hohen Grundpegel an Licht nicht mehr ankommt.

Besonders die Geräusch- und Lichtemissionen führen neben konkreten Beeinträchtigungen der körperlichen Gesundheit zunehmend zu einem Verlust an Naturempfindung. Windrauschen, Vogelgezwitscher oder das leise Plätschern eines Bachcs sind vielen Menschcn fremd, weil sie durch technische Geräusche überlagert werden. Sie kommen nicht mehr in den Genuß der entspannenden Wirkung dieser Geräusche.

In den Ländern, in denen die Industrialisierung noch nicht so weit fortgeschritten ist, wie z. B. in China, Indien oder Ländern Südamerikas, ist deutlich mehr Raum für eine Steigerung des Wirtschaftswachstums und damit natürlich des Energiebedarfs. Der schnelle Aufbau von Industrieanlagen, gepaart mit oftmals geringeren Umwelt- und Sozialstandards, führt generell zu einer Erhöhung der Emissionen und zu einer stärkeren Belastung der Menschen. Auf der anderen Seite werden alte Industrieanlagen auf einen neueren Stand gebracht, wodurch die Situation stellenweise verbessert wird. So hat China den Wirkungsgrad vieler alter Kohlekraftwerke durch vergleichsweise einfache Maßnahmen wie neue Dampfturbinen deutlich erhöht. In der Gesamtbilanz steigen aber der Energiebedarf und die bei der Energienutzung auftretenden Emissionen weiter. Probleme, die in hochindustrialisierten Ländern vor 20 oder 40 Jahren aufgetreten und nachfolgend eingedämmt worden sind, treten beispielsweise in China erst heutzutage auf.

Umweltprobleme in gering und nicht industrialisierten Ländern

In nicht industrialisierten Ländern fallen per definitionem die Probleme durch Industrieanlagen weg, dafür treten andere spezifische Umweltprobleme auf. Dem Versuch, die Versorgung mit Brennmaterial sicherzustellen, fallen von Natur aus schon karge Landschaften vollständig zum Opfer, Steppen werden zu Wüsten. Die Brandrodung von Tropenwäldern ist notwendig, um Ackerflächen für die eigenen Versorgung mit Nahrungsmitteln zu schaffen – hierbei fällt der ökologisch stabile Tropenwald der kurzfristigen Nutzung als Ackerland zum Opfer. Dieses Ackerland kann nur wenige Jahre genutzt werden, bis die dünne Schicht guten Bodens ausgelaugt ist und das Land keinen Ertrag mehr bringt. Tropenwald wird jedoch auch gerodet, um Ackerland für den Anbau von Bio-Soja als Tierfutter oder Energiepflanzen für Bioethanol zu gewinnen. Die Endprodukte werden in Industrieländer exportiert, die Probleme entstehen im Anbauland und betreffen die lokale Bevölkerung.

Alle Arten der Energienutzung benötigen Landfläche und verursachen Veränderungen in den Ökosystemen, zumindest lokal oder regional. Ob es um eine Kohlegrube, eine Erdöl-Raffinerie, einen Windpark oder ein Feld mit Energiepflanzen geht, alle haben einen spezifischen Flächenverbrauch. Be-

Landschaftsverbrauch und zerstörte Ökosysteme

zogen auf die verfügbar gemachte Energiemenge sind die fossilen Energien und die Kernenergie durch einen deutlich geringeren Flächenverbrauch gekennzeichnet, als die erneuerbaren Energien. Ein fairer Vergleich zwischen verschiedenen Arten, Energie verfügbar zu machen, muß also auch die Ressource „Landfläche" einbeziehen, was die Grafik auf Bildtafel 8, S. 179 versucht.

Dabei geht es nicht nur um die nackten Quadratmeter-Zahlen, sondern auch um die *Wertigkeit* der Landfläche für verschiedene Nutzungsweisen. Eine Steppe eignet sich nicht für den Anbau von hochproduktiven Energiepflanzen, während ein guter Ackerboden viel zu schade für ein Photovoltaik-Kraftwerk ist, oft auch zu schade für den Anbau von Energiepflanzen, die letztendlich verbrannt werden. Neben dieser technokratischen Sichtweise soll an dieser Stelle darauf hingewiesen werden, daß Landschaften, besonders naturnahe Landschaften, schützenswerte Ressourcen sind: Artenvielfalt und Ästhetik dieser ökologischen Lebensgemeinschaften sind eine überlebensnotwendige Bereicherung für das System Erde. Sie sind auch eine Bereicherung für uns Menschen, weil sie verschiedenste Organismen bewahren, die uns Erkenntnisse und Freude bringen.

Große Kohle- und Kernkraftwerke erwärmen durch das genutzte Kühlwasser ihre Umgebung und verändern auf subtile Weise die Lebensbedingungen in ihrer Nähe. Neue Organismen können Fuß fassen, althergebrachte Arten verschwinden. Die Lebensgemeinschaften stellen sich zwar auf die neuen Bedingungen ein, wie sich dies aber auf lange Sicht auswirkt, ist nicht bekannt. Off-Shore-Windkraftanlagen, Gezeiten-, Meeresströmungs- und Wellenkraftwerke sind allesamt dramatische Eingriffe in empfindliche küstennahe Ökosysteme. Gezeitenkraftwerke, hier als Beispiel herausgegriffen, zerstören den Rhythmus und die Amplitude des Wechsels zwischen Wasserständen, der für viele Organismen lebensnotwendig ist. Große Wasserkraftwerke führen zur Überflutung großer Landflächen, die von Tieren, Pflanzen und Menschen als Lebensraum genutzt werden. So wurden für das chinesische Drei-Schluchten-Projekt[3] 632 Quadratkilometer Land unter Wasser gesetzt, was annähernd der Fläche Hamburgs entspricht. Je nach Datenquelle zieht dieser Dammbau die Umsiedlung von 1–2 Millionen Menschen aus ihrer Heimat nach sich.

Wahrnehmung der Umweltkrise

Die Umweltkrise wird in Deutschland *nicht* ausreichend wahrgenommen, weil es scheint, daß bei uns alles in Ordnung ist. Dem ist aber nicht so. Diese Fehleinschätzung durch die Bürger stützt auch eine Studie, deren Ergebnisse in der Bildtafel 10, S. 181 visualisiert sind. Dort werden Probleme wie Feinstäube oder Lärm als akute Bedrohung vollkommen unterschätzt. Nach Studien, die die Anzahl der Toten durch Emissionen aus der Verbrennung fossiler Energieträger abgeschätzt haben, muß man davon ausgehen,

---

[3]Three Gorges Dam

daß in Deutschland 10 000–20 000 Menschen jährlich durch die Emissionen des Straßenverkehrs umkommen ([WHOL1999]). Die gleichen Opferzahlen kommen durch die Nutzung fossiler Brennstoffe in Hausfeuerungsanlagen und industriellen Anlagen inklusive Kraftwerken noch dazu. Die Schadstoffemissionen sind seit den 1980er und 1990er Jahren durch die Rauchgasreinigung und weitere Umweltauflagen deutlich zurückgegangen, ergänzt durch den Zusammenbruch der Industrie der DDR und den Umstieg auf emissionsärmere fossile Energieträger. Derzeit stagniert die Entwicklung jedoch mit kleinen Schwankungen, dies gilt sowohl für den Energiebedarf als auch für die Kohlendioxid-Emissionen. Eine klare Tendenz zu weniger Schadstoffen ist nicht mehr erkennbar: Jede kleine Effizienzverbesserung und Schadstoffvermeidung wird offensichtlich durch ein Mehr an Energienutzung aufgefressen.

Das „die Industrie" der Hauptverursacher für die Umweltkrise sei, ist ebenfalls eine Fehlwahrnehmung. Jeder Bürger ist mitverantwortlich für die Umweltkrise, und zwar in dem Maße, wie stark und auf welche Weise er Güter und Dienstleistungen in Anspruch nimmt. Mit *jedem* Akt der Inanspruchnahme löst *jeder* von uns eine Kette von Vorgängen aus, die Ressourcen brauchen und Emissionen freisetzen.

Wirtschaftsunternehmen sind ein integraler Bestandteil einer industrialisierten Gesellschaft, die davon existieren, daß *wir* konsumieren. Wir hingegen hängen von der Existenz der Wirtschaftsunternehmen ab, weil sie viele Produkte herstellen, die wir unbedingt benötigen, wie zum Beispiel Nahrungsmittel. Dazu kommt, daß Wirtschaftsunternehmen unsere Arbeitsplätze schaffen und uns damit die Möglichkeit geben, Geld für den Kauf der notwendigen und gewünschten Produkte zu verdienen.

Die heutige Umweltkrise ist eine verdeckte *Ent*sorgungskrise. Manche Schadstoff-Emissionen, besonders Ruß oder Rauch, sind sichtbar und können durch ihren Geruch direkt wahrgenommen werden. Stickoxid- und Schwefeldioxid-Emissionen haben relativ schnell zu sichtbaren Waldschäden geführt. Hier wurden drastische Maßnahmen ergriffen, die diese „spürbaren" Emissionen stark reduziert haben. Das bei der Verbrennung fossiler Brennstoffe zwangsläufig freiwerdende Kohlendioxid hingegen, welches sich durch seine Klimarelevanz auszeichnet, ist unsichtbar und geruchlos. Die Dimension des Einflusses, den unsere Kohlendioxid-Emissionen aus fossilen Brennstoffen auf das System Erde ausüben, wurde erst sehr spät erkannt. Die Treibhausgas-Emissionen haben jedoch das höchste Bedrohungspotential für die Stabilität des Systems Erde und demzufolge auch für den Menschen. Der Klimakrise ist der folgende Abschnitt gewidmet.

Klimakrise – Klimawandel, Extremwetterereignisse, Klima-GAU?

Der Klimawandel, der in vollem Gange ist und wesentlich vom Menschen verursacht wird, führt nach heutiger Kenntnis in eine weltumspannende Klimakrise. Unser Wissen um das Klimasystem der Erde und das Wetter ist eher bescheiden, unsere Möglichkeiten, das Klima der Erde zu beeinflussen, wenn es aus dem Ruder läuft, sind nichtig. Durch das Drehen an einigen kleinen Schräubchen haben wir offensichtlich eine Entwicklung ausgelöst, deren große Zahnräder wir nicht bewegen können. Der Klimawandel muß daher als die schwerste Bedrohung der Menschheit, die im Zusammenhang mit unserem Umgang mit Energie steht, angesehen werden.

Komplexität des Klimas im System Erde

Will man die Klimaänderungen durch menschliches Wirken, hauptsächlich durch die massive Nutzung fossiler Energieträger, auch nur annähernd verstehen, muß man ein Gefühl für die Komplexität dieses Systems entwickeln. Nur so kann man nachvollziehen, warum „das bißchen" Öl oder Gas, was jeder von uns verbraucht, einen Planeten wie die Erde maßgeblich beeinflussen kann. Hilfreich ist dazu auch ein Bild, welches die Erde als System von Systemen von Systemen etc. beschreibt. Einzelne Teilsysteme können recht gut verstanden werden, ihre Auswirkungen werden subsumiert und fließen in die nächste Ebene ein. Allerdings sind die meisten Systeme, Subsysteme und Subsubsysteme voneinander und untereinander abhängig, dies in mehr oder weniger sichtbarer Weise. Diese komplexen Abhängigkeiten erschließen sich oft erst nach einem langem Studium der Vernetzung, geben den übergeordneten Systemen teilweise vollkommen neue Qualitäten. So kann es sein, daß wir an der kleinen Schraube „Kohlendioxid-Konzentration" drehen, aber damit das globale Erdklima auf eine Weise verändern, die unseren Lebensraum stark beeinträchtigt oder sogar unbewohnbar macht.

Strahlungsbilanz und der Treibhauseffekt

Das Sonnenlicht, welches auf die Erde trifft, ist der Motor des irdischen Klimas und treibt alle Prozesse auf der Erde direkt oder indirekt an. Eingestrahlte und abgestrahlte Energie befinden sich in einem Fließgleichgewicht zwischen eingestrahltem Sonnenlicht und dem emittierten Spektrum aus Licht und Infrarotstrahlung. Die Energieflüsse *innerhalb* des Systems Erde werden dabei wesentlich durch die Beschaffenheit der Erdatmosphäre mitbestimmt, in der sich schließlich auch die Wetterereignisse abspielen – siehe dazu auch Bildtafel 4, S. 175.

In der Erdatmosphäre, die hauptsächlich aus Stickstoff und Sauerstoff im Verhältnis von ungefähr 4:1 besteht, gibt es weitere Gase geringer Konzentration, die sogenannten Spurengase. Einige dieser Spurengase sind entgegen dem aus ihrer geringen Konzentration zu erwartenden kleinen Effektes von sehr großer Bedeutung für die klimatischen Verhältnisse auf der Erde. Zu den Treibhausgasen gehören in der Reihenfolge nach ihrer Bedeutung für den Treibhauseffekt die vier prominentesten Vertreter Wasserdampf, Kohlendioxid, Methan, Lachgas. Alle diese Gase kommen auf der Erde von Natur aus vor und werden z. B. bei der Verdunstung über den Meeren, bei der Atmung aller Lebewesen oder bei Verdauungs- und Fäulnisprozessen frei. Die genannten Gase haben allesamt die Eigenschaft, daß sie Infrarotstrahlung absorbieren, wieder aussenden und dadurch dazu beitragen, die Energie der infraroten Strahlung länger in der Atmosphäre zu halten. Mehr Strahlungsenergie in einem Medium ist gleichbedeutend mit einer höheren Temperatur der Atmosphäre. Es kommt allerdings nicht zu einer grenzenlos weiter steigenden Erwärmung, weil die abgestrahlte Energiemenge gleich der eingestrahlten Energiemenge ist.

Durch das natürliche Vorhandensein dieser Gase ist es auf der Erde gut 30 Grad wärmer als ohne sie. Somit ermöglichen Treibhausgase das Leben auf der Erde, wie wir es kennen. Dieser natürliche Treibhauseffekt ist strikt von dem durch den Menschen verursachten, sogenannten anthropogenen Anteil am Treibhauseffekt zu trennen.

Der Name Treibhausgase stammt übrigens daher, daß in einem Treibhaus die Fensterscheiben den gleichen Effekt erzeugen: Sie lassen Licht herein, absorbieren die Wärmestrahlung, die vom Inneren zurückgeworfen wird und strahlen sie zu einem Teil wieder in das Innere des Treibhauses zurück. Dies führt zu der gegenüber der Umgebung deutlich höheren Temperatur im Inneren eines Treibhauses.

Den größten Beitrag zum natürlichen Treibhauseffekt leistet der Wasserdampf, was auch naheliegend ist. Schließlich sind 71 Prozent der Erdoberfläche mit Wasser bedeckt und die meisten Landflächen bieten Gewässer und Vegetation an, die Wasser verdunsten können. Wasserdampf kann jedoch in feinen Tröpfchen zu Wolken kondensieren, die das Sonnenlicht direkt in den Weltraum reflektieren. An diesem Beispiel kann man lernen, daß Verdunstung und Wolkenbildung in ihrem Wechselspiel zu komplexen Vorgängen führen. Windströmungen trennen zudem den Ort der Verdunstung von dem Ort der Abschattung und komplizieren die Situation zusätzlich.

Beispiele für komplexe Abhängigkeiten

Lebende Biomasse, die Kalkschalen von Meerestieren sowie Verwitterungsprozesse können Kohlendioxid binden und entziehen dadurch der Erdatmosphäre dieses Treibhausgas. Weitere Komplizierungen entstehen durch große Wassermassen, wie etwa die Ozeane, die Wärme aufnehmen und abgeben können oder – wie beispielsweise der Golfstrom – Wärme von einem Ort zum anderen transportieren können. Die Absorption und Reflexion von Sonnenlicht auf der Erdoberfläche beeinflußt die klimatischen Verhältnisse zusätzlich. Das Spiel von Niederschlägen und Verdunstung oder Schmelze führt aber auch zu Abhängigkeiten zwischen den oben genannten Prozessen. Werden Gletscher nicht mehr ausreichend mit neuen Niederschlägen „gefüttert", verringert sich ihre Fläche. Die stark reflektierenden Eisflächen werden geringer, dunkleres Felsgestein wird dafür freigelegt. Das dunklere Gestein heizt sich auf, die Gletscherschmelze wird zusätzlich begünstigt und die Umgebung stärker erwärmt. Dieses Beispiel steht für Folgewirkungen, die einerseits über Umwege mit Klimaänderungen zusammenhängen, sich andererseits selbst verstärken können.

Treibhausgas-
Emissionen:
CO_2

Kohlendioxid (CO_2) ist der prominenteste Vertreter der durch menschliche Aktivitäten freigesetzten Treibhausgase, weil es trotz seines geringen atmosphärischen Anteils von heute 0.038 Prozent einen großen Beitrag zum Treibhauseffekt leistet. Der Mensch hat die Kohlendioxid-Konzentration seit dem Beginn der Nutzung fossiler Brennstoffe stetig erhöht und ihren Anstieg in den letzten 30 Jahren noch einmal beschleunigt – siehe dazu auch die Bildtafel 3, S. 174. Parallel zu diesem vom Menschen verursachten Anstieg der Kohlendioxid-Konzentration wurde ein Anstieg der mittleren Temperatur auf der Erdoberfläche beobachtet. Dies legt den Schluß nahe, daß tatsächlich das menschliche Wirken zu einer Veränderung der Erdatmosphäre und damit des Klimas führt. Quellen des durch den Menschen freigesetzten Kohlendioxids sind alle Prozesse der Verbrennung fossiler Brennstoffe: Kohle für Kraftwerke und Stahlerzeugung, Erdöl für Mobilität und Heizungen, Erdgas für Heizungen und Gaskraftwerke.
Kohlendioxid trägt zu etwa 70 Prozent zum Treibhauseffekt bei. Zudem wirkt das Kohlendioxid auch direkt auf Ökosysteme (Siehe Seite 56).

Treibhausgas-
Emissionen:
CH_4

Methan (CH_4) ist zwar in viel geringerer Konzentration in der Atmosphäre vorhanden, trägt aber trotzdem nennenswert zum Treibhauseffekt bei. Ein Methan-Molekül wirkt 20–25-fach stärker als ein Kohlendioxid-Molekül. Methanemissionen treten als Nebeneffekt der Energienutzung auf, es wird bei der Förderung von Erdöl und Erdgas und beim Transport durch Pipelines an undichten Stellen freigesetzt. Moderne Techniken verringern jedoch diese Emissionen immer effektiver.
Große Mengen an Methangas werden überdies bei der Herstellung von Nahrungsmitteln an die Atmosphäre abgegeben: Beim Anbau von Reis oder bei der Fleisch-„Produktion". Beim Reisanbau verrotten Pflanzenteile anaerob, also unter Luftabschluß. Kommerziell genutzte Viehherden, die zahlenmäßig über natürliche Herden weit hinausgehen, setzen bei Verdauungsprozessen Methan frei. Weitere Potentiale von Methanemissionen schlummern in den arktischen Permafrostböden und in den methanreichen Gashydrat-Vorkommen an den Kontinentalschelfen der großen Ozeane.
Methan hat derzeit einen Anteil von etwa 20 Prozent am anthropogenen Treibhauseffekt – die zeitliche Entwicklung der Methanemissionen ist vergleichend zu anderen Parametern auf der Bildtafel 3, S. 174 dargestellt.

Treibhausgas-
Emissionen: N_2O
und andere

Distickstoffoxid (N_2O) ist ein eher unbekanntes Treibhausgas, welches aber immerhin zu 10 Prozent am anthropogenen Treibhauseffekt beteiligt ist. Distickstoffoxid wird bei der Düngung freigesetzt, aber auch durch industrielle Prozesse und bei der Verbrennung fossiler Brennstoffe, etwa in Kraftfahrzeugen. Die Emissionsmengen sind zwar sehr gering, allerdings ist die Klimawirksamkeit eines Moleküls dieses Treibhausgases etwa 200-fach höher als die eines Kohlendioxid-Moleküls. Der restliche Anteil des anthropogenen Treibhauseffektes wird durch weitere Treibhausgase verursacht, deren Beitrag aber nur bei wenigen Prozentpunkten liegt.

An dieser Stelle drängt sich die Frage auf, wie es einem Lebewesen, welches gerade einmal im Durchschnitt

Der Einfluß des Menschen auf das Klima

70 Kilogramm

auf die Waage bringt, gelingt,

1 200 000 000 000 000 000 Kubikmeter

Atmosphäre zu beeinflussen und einen Planeten, der etwa

6 000 000 000 000 000 000 000 000 Kilogramm

wiegt, grundlegend zu verändern. Die Menschheit, deren Mitglieder insgesamt

420 000 000 000 Kilogramm

auf die Waage bringen, hat trotz der „Kleinheit" des Individuums einen so großen Einfluß auf das Klima der Erde,

- weil sie in immer größerer Zahl den Planeten Erde bewohnt,
- weil eine stetige Erhöhung des Pro-Kopf-Bedarfs an Erd-Ressourcen stattfindet,
- weil sie durch den Einsatz von Technik an sehr empfindlichen Schrauben des Klimas dreht und
- weil sie mißachtet, wie zart die Atmosphäre ist, die unseren Planeten umspannt.

Man stelle sich dazu folgendes Gedankenexperiment vor: Jeder deutsche Bürger bekäme eine Fläche, die einem 80-Millionstel der Fläche Deutschlands entspricht; die darüber befindliche Atmosphäre gehört auch ihm. In diesem abgeschlossenen Biotop lebt er, verbraucht seine Energie und verursacht dabei Emissionen. In „seiner" Atmosphäre befinden sich natürlicherweise 25 Tonnen Kohlendioxid, aber er stößt heute 12 Tonnen pro Jahr aus. Dies entspricht schon nach 2 Jahren einer Verdoppelung der Kohlendioxid-Konzentration, die ihm nach spätestens 5 Jahren den Garaus machen würde. Die Emissionen verteilen sich weltweit, also wird der Deutsche auf seiner Fläche nicht so schnell Probleme bekommen. Aber auch in der globalen Sichtweise, die jedem Menschen immerhin fast 80 000 Quadratmeter Erdoberfläche zukommen läßt, sind die Wirkungen noch beträchtlich. Würden alle Menschen soviel Kohlendioxid emittieren wie wir, wäre eine Verdoppelung der weltweiten Kohlendioxid-Konzentration nach 40 Jahren erreicht. Nur die Tatsache, daß viele Menschen auf diesem Planeten weitaus geringere Mengen dieses Gases freisetzen und das System Erde Pufferkapazitäten besitzt, hat den Anstieg der atmosphärischen Kohlendioxid-Konzentration auf 20 Prozent innerhalb der letzten 50 Jahre eingeschränkt. Diese Betrachtungen zeigen, daß es geboten ist, die Folgen unserer Treibhausgas-Emissionen genauer unter die Lupe zu nehmen.

Klimamodelle

Wollten wir das Klima der Erde und besonders seine Entwicklung experimentell untersuchen, bräuchten wir noch 3 oder 10 Erden, auf denen wir unterschiedliche Konzentrationen von Treibhausgasen erzeugen und ihre Folgen beobachten würden. Jede Verkleinerung dieses Systems auf eine große Reaktionskammer oder gar ein Reagenzglas ist unmöglich. Da wir nur eine Erde haben, bieten Modelle des Erdklimas und mit ihnen durchgeführte Simulationen einen Ausweg.

Klimamodelle ermöglichen die Analyse komplexer Wechselwirkungen verschiedenster Meßgrößen im Klimasystem der Erde. Durch die Simulation des Klimas im Rahmen solcher Modelle lassen sich Prognosen für die Entwicklung des Weltklimas und der regionalen Auswirkungen ableiten. Die Simulationen können unter verschiedenen Annahmen, etwa verschiedener Entwicklungen klimarelevanter Emissionen, durchgeführt werden, um den Einfluß des Menschen durch zukünftige Aktivitäten einzubeziehen.

Das Klima unseres Planeten ist allerdings ein hochkomplexes Phänomen, in dem sich verschiedenste Faktoren gegenseitig beeinflussen. Dazu kommt, daß trotz vieler Anstrengungen und Fortschritte in der Klimabeobachtung die Daten nur ungenau erfaßt werden können. Diese gering aufgelösten Grunddaten führen zwangsläufig zu ungenauen Simulationsergebnissen, wenn man die zukünftige Entwicklung abschätzen möchte. Nicht genau bekannte Faktoren und ihre Abhängigkeiten werden in den Modellen nur abgeschätzt oder gar weggelassen, was die Ungenauigkeit dieser Modelle zusätzlich erhöht.

Klimamodelle sind trotz ihrer Unzulänglichkeiten von großer Bedeutung. Sie werden überprüft, indem sie auf dokumentierte Klimadaten „losgelassen" werden. Moderne Klimamodelle und -simulationen beschreiben die bisherigen Entwicklungen, etwa die der global gemittelte Oberflächentemperatur, sehr gut. Auch wenn detaillierte Aussagen, wo sich das Klima wann wie entwickelt, (noch) nicht möglich sind: Sie geben jedoch eine Tendenz an, die mit den heute beobachteten Folgen des Treibhauseffektes konsistent ist.

Klimawandel – was ändert sich schon heute?

Das eindeutigste Anzeichen dafür, daß wir uns in einer Zeit des Klimawandels befinden, ist der langsame aber stetige Anstieg der global gemittelten oberflächennahen Temperaturen auf unserem Planeten. Für einige Regionen ergeben sich daraus jedoch heute schon dramatische Veränderungen, weil die regionalen Temperaturänderungen weitaus größer sein können.

Ein guter Teil des Anstiegs des Meeresspiegels wird alleine durch die Er-

wärmung der Meere verursacht, weil sich das Wasser ausdehnt. Der arktische Eisschild ist in den letzten 3 Jahrzehnten dramatisch geschrumpft,
sowohl in seiner Fläche, wie auch in seiner Dicke. Die arktischen Permafrost-Böden, die, wie ihr Name sagt, über Jahrhunderte oder Jahrtausende
durchgehend gefroren waren, tauen auf und destabilisieren Gebäude und
ganze Küstenlinien.

Neben diesen dramatischen großräumigen Entwicklungen haben Extremwetter-Ereignisse im Laufe der letzten Jahrzehnte in vielen Regionen deutlich zugenommen: Dürreperioden, Starkniederschläge und schwere Stürme. Dabei erhöht sich neben der Häufigkeit dieser Ereignisse auch ihre Intensität, weil höhere Temperaturen der Erdoberfläche und der Atmosphäre
zunehmend mehr Energie für solche Wetterereignisse liefern.

In einem System mit einer positiven Rückkopplung wirkt sich die Trendänderung eines Meßwertes so aus, daß diese Trendänderung verstärkt wird.
Ein einfaches Beispiel ist das oben geschilderte Abschmelzen von Gletschern: Durch die Freilegung des normalerweise dunkleren Gesteins wird
eine weitere Erwärmung der Umgebung des Gletschers verursacht, die wiederum den Gletscher schneller schwinden läßt, wodurch noch mehr Ge-
steinsfläche freigelegt wird usw. Das gleiche gilt für den bereits beobachteten Rückgang des arktischen Eisschildes: Das Meerwasser absorbiert das
Sonnenlicht viel stärker als das gut reflektierende Eis. Ist ein Teil der Eis-
fläche durch eine Erwärmung der Umgebung abgeschmolzen, vergrößert
sich die Fläche unbedeckten Meeres. Dieses erwärmt sich stärker und führt
zu einem vermehrten Abschmelzen des Eisschildes bzw. einer geringeren
Neubildung von Eis im jahreszeitlichen Zyklus.

Werden die Eigenschaften des Systems Erde durch anthropogene
Kohlendioxid-Emissionen so verschoben, daß die Temperaturen steigen,
wird auch die Wasserdampfkonzentration in der Atmosphäre exponentiell
zunehmen. Bei einem geringen Temperaturanstieg steigt die Konzentration
des Wasserdampfes überproportional. Die erhöhte Wasserdampfkonzentration trägt ihrerseits zu einem verstärkten Treibhauseffekt bei, womit sie sich
weiter erhöht, bis sich die Strahlungsflüsse *von* der Sonne zur Erde und von
der Erde *zum* Weltraum wieder in einem Gleichgewicht befinden. Allerdings mit dem Effekt, daß die Temperatur in der Atmosphäre und auf der
Erdoberfläche angestiegen ist.

Die Erhöhung der Wasserdampfkonzentration hat eine weitere Konsequenz, die stabilisierend wirkt: Mehr Wasserdampf bedeutet eine verstärkte
Bildung von Wolken, die mehr Licht in den Weltraum reflektieren, bevor es
auf den Erdboden gelangt – die Wolken wirken als negative Rückkopplung
einer Erwärmung entgegen. Es ist noch nicht geklärt, welcher der beiden
Effekte überwiegt.

Positive
Rückkopplungen
überwiegen …

Das Risiko einer besonders gefährlichen positiven Rückkopplung liegt in dem Auftauen von Permafrostböden, die große Mengen an Methangas speichern oder gar der Freisetzung der Methanhydrat-Vorkommen an den Kontinentalschelfen durch eine Erwärmung der Ozeane. Beide Methan-„Lager" würden die Methangas-Konzentration der Atmosphäre beträchtlich erhöhen. Das hochwirksame Treibhausgas Methan würde zu einer weiteren Erhöhung der globalen Temperatur führen und damit zu einem schnelleren Auftauen der Permafrost-Böden sowie zu einer schnelleren Erwärmung der Meere usw.

Dürreperioden erhöhen immer die Gefahr großflächiger Waldbrände, die in zweierlei Weise wirken: Erstens wird der von den Pflanzen in Jahrzehnten gebundene Kohlenstoff innerhalb weniger Wochen durch die Verbrennung freigesetzt. Zweitens stehen diese Flächen über viele Jahre nicht als effektive Kohlendioxidsenke für das durch den Waldbrand freigesetzte Kohlendioxid zur Verfügung, weil sich der Bewuchs erst langsam wieder bilden kann.

Die große Gefahr der überwiegend positiven Rückkopplungen liegt darin, daß schlagartige und weitreichende Änderungen der klimatischen Verhältnisse möglich sind. Auch aus der persönlichen Perspektive wären solche Umwälzungen bedrohlich: Ein Abschmelzen des Nordpolareises innerhalb von 30 Jahren und die Folgen würden heute 20-jährige im Alter von 50 Jahren erleben!

Gefährliche globale Wirkungsgefüge

Der Golfstrom ist – salopp formuliert – die „Zentralheizung" Europas. Dieser Meeresstrom wird durch die sogenannte thermohaline[4] Pumpe angetrieben: In der Arktis wird Wasser ausgefroren und die Salzkonzentration dadurch erhöht. Das Wasser wird zudem abgekühlt. Beide Effekte erhöhen die Dichte und lassen das Wasser absinken. Das kühlere und dichtere Wasser strömt durch den Atlantik bis in äquatornahe Gefilde, wo es wieder nach oben steigt und durch die tropische Sonne aufgewärmt wird.

Wird der arktische Eisschild nun kleiner, wird auch weniger Wasser ausgefroren und das Meerwasser mit folglich geringerer Dichte sinkt nicht mehr so schnell herab. Erste Hinweise aus Messungen der Salzkonzentration lassen auf eine Entwicklung in diese Richtung schließen ([CURR2003]). Dieser Effekt führt zu einer Verlangsamung des Golf-Stromes, die mit einer Verringerung der transportierten Wärmemenge einhergeht. Eine Folge ist die Abkühlung des Klimas in den Staaten Mittel- und Nordeuropas, und sie ist die meistdiskutierte Folge.

Aber im Gegenzug bedeutet der geringere Wärmetransport eine Erwärmung des äquatornahen Atlantiks und des Golfs von Mexiko. Und was dies bedeuten könnte, hat die Hurricane-Saison des Jahres 2005 eindrucksvoll vor Augen geführt. Ob diese Jahresbilanz eine Auswirkung des Klimawan-

---

[4]thermos=Wärme, halos=Salz

dels ist oder nicht, mit einem Erlahmen des Golfstroms würde die Anzahl und die Stärke der Stürme drastisch zunehmen. Die Folgen des Hurricanes Katrina waren schlichtweg nicht beherrschbar, was an der Fläche der Katastrophengebiete, der Anzahl der vernichteten Wohnstätten und der tiefgreifenden Schädigung der Stadt New Orleans deutlich wird. In anderen Regionen der Welt, die dichter besiedelt und schlechter mit Fahrzeugen sowie Lebensmitteln ausgestattet sind, wäre die Zahl der menschlichen Opfer wohl weitaus höher gewesen: Der relativ schwache Hurricane Stan hat in der gleichen Hurricane-Saison alleine durch Überschwemmungen und Erdrutsche in Guatemala etwa 1400 Todesopfer gefordert.

Eine andere Folge könnten Erdbeben sein, deren Gefahrenpotential durch den Tsunami im indischen Ozean zum Ende des Jahres 2004 veranschaulicht wurde. Gelegentlich wird die Beeinflussung tektonischer Vorgänge durch schmelzende Gletscher und einen ansteigenden Meeresspiegel genannt. Ein schmelzender Gletscher entlastet lokal die Erdkruste, der Anstieg des Meeresspiegels würde die Erdkruste unter den Meeren belasten. Es wäre also nicht verwunderlich, daß an Stellen, an denen sich eine Kontinentalplatte unter die andere schiebt, veränderte Bedingungen durch den Belastungswechsel ergeben.

Erdbeben als Folge der globalen Erwärmung?

Könnten Erdbeben sogar durch eine Erwärmung der Erdkruste gefördert werden? Wenn die Temperatur der Erdkruste steigt, wird sie sich zwangsläufig auch in alle Richtungen ausdehnen. Dazu muß die Sonne nicht einmal die Erde durchdringen, die Tatsache, daß die Wärme aus dem heißen Erdinneren bei einer höheren Oberflächentemperatur schlechter abgegeben wird, führt zu einer Temperaturerhöhung in der Erdkruste. Hält man sich die üblichen Bewegungsgeschwindigkeiten von Kontinentalplatten vor Augen, die in der Größenordnung einiger Zentimeter pro Jahr liegen, würde eine thermische Ausdehnung in der gleichen Größenordnung einen mindestens vergleichbaren Effekt haben wie die natürliche Kontinentaldrift. Legt man eine Erwärmung der Erdkruste von nur 0.01 Grad pro Jahr zugrunde, würde sich eine Kontinentalplatte, die stark vereinfacht als ein homogener Gesteinsblock angenommen wird, bei 3000 Kilometer Länge immerhin um 15 Zentimeter pro Jahr ausdehnen. Inwieweit die reale Erdkruste auf eine solche Erwärmung reagieren würde, kann eine solche einfache Abschätzung nicht zum Ergebnis haben, schließlich sind Kontinentalplatten keine starren Felsblöcke. Das genaue Maß der Erwärmung der Erdkruste und ihrer Reaktion darauf bedarf einer Untersuchung bzw. genauen Modellierung, bevor weitreichendere Aussagen gemacht werden können.

Nicht genug, daß wir versuchen müssen, das komplexe System Erde zu verstehen und als zusätzliche Komplikation die Treibhausgase in die Atmosphäre eingebracht haben. Es gibt noch weitere Effekte, die immer wieder für Irritationen der ansonsten klar vermittelbaren Zusammenhänge führen.

Solare Einstrahlung

Langzeitmessungen der korrekten Sonneneinstrahlung auf die Erde existieren zwar, wenigstens über die letzten Jahrzehnte. Aber auch diese werden in ihrer Genauigkeit noch diskutiert: Die Empfindlichkeit von Meßsensoren kann über Zeiträume von Jahrzehnten driften. Die mit ihnen gewonnenen Meßwerte verändern sich bei gleichen physikalischen Bedingungen langsam und täuschen somit eine Veränderung der Meßgröße „Sonneneinstrahlung" vor. Nach heutigem Wissen können allerdings bedeutende Änderungen der Sonneneinstrahlung durch Effekte der Sonnenaktivität ausgeschlossen werden.

Global Dimming

Ein wesentlich unangenehmerer Einfluß des Menschen auf den Strahlungshaushalt ist das sogenannte Global Dimming. Es wurde zwischen den 1950er und 1990er Jahren zunehmend beobachtet: Eine stetige Abnahme der Sonneneinstrahlung, die in einigen Gegenden 10 oder gar 30 Prozent maß, im weltweiten Schnitt immerhin etwa 5 Prozent ausmachte. Diese Entwicklung ist seit den 1990er Jahren rückläufig. Aerosole, Rußpartikel und Stäube, vor allem durch die Verbrennung fossiler Brennstoffe verursacht, führen auch heute zu meßbaren Auswirkungen, die per Satellit festgestellt werden können. Solche Partikel halten sich in der Atmosphäre und verdunkeln den Himmel kaum merklich, für das menschliche Auge nicht wahrnehmbar.

Seit den 1980er Jahren wurden Ruß- und Staubemissionen durch viele Maßnahmen deutlich verringert, sei es durch die verbesserte Verbrennung in den Pkw-Motoren und Hausheizungen oder durch die Rauchgasreinigung in Großkraftwerken. Der Temperaturanstieg durch die Treibhausgas-Emissionen könnte durch das Global Dimming kompensiert worden sein. Die in den letzten 20 Jahren erfolgreich umgesetzten Maßnahmen zur Luftreinhaltung wären dann dafür verantwortlich, daß seit ihrer Einführung die Erwärmung stärker durchschlägt ([WILD2005]). Dies trifft mit den steigenden globalen Mitteltemperaturen und dem vermehrten Auftreten der Wetterextrema innerhalb der letzten 10–15 Jahre zusammen.

Kondensstreifen

Kondensstreifen beeinflussen die Strahlungsbilanz in beide Richtungen. Entweder sie reflektieren das Sonnenlicht und verringern so den Wärmeeintrag in die Erdatmosphäre. Oder sie reflektieren die vom Erdboden ausgesendete Infrarotstrahlung. Aufgrund des permanenten Flugverkehrs ist die Erstellung einer Bezugsmessung ohne Kondensstreifen kaum möglich.

Die Attentate des 11. September 2001 hatten jedoch zur Folge, daß der Flugverkehr für mehrere Tage eingestellt wurde. Die dadurch möglichen Vergleichsmessungen ohne Kondensstreifen ergaben, daß sich die Temperatur*schwankungen* tatsächlich um etwa 1 Grad verringerten ([TRAV2002]). Tagsüber wurden die Temperaturen ohne Kondensstreifen mangels Abschattung höher, in der Nacht konnte der Boden die Wärme besser abgeben und die Temperaturen konnten stärker fallen. Der zeitlich gemittelte Effekt durch die Kondensstreifen ist offensichtlich vernachlässigbar. Für Ökosysteme, die von Temperaturschwankungen abhängen, kann jedoch die Auswirkung der Verringerung der Schwankungen um etwa 1 Grad Celsius bedeutend sein.

Die bisherigen Beispiele berücksichtigen hauptsächlich die nichtbelebten Bestandteile von Ökosystemen, aber wie reagieren die Populationen von Pflanzen und Tieren auf neue Temperaturverteilungen im System Erde? In den Medien wird häufiger über Malaria-Fälle in dafür unüblichen Gegenden berichtet. Die Überträger, die Moskitos, dringen in wärmer werdende Gebiete vor, weil sie dort optimale Temperaturen vorfinden. Es gibt auch in unseren Breiten Anzeichen für eine Verschiebung von Populationen, etwa die Verbreitung der auf Kastanienbäume spezialisierten Minier-Motte. Ihre Larven fressen die Blattsubstanz durch ihr hohes Aufkommen radikal auf, so daß die Bäume schon im Spätsommer vollkommen kahl sind. Oft wandert der Schädling schneller als seine natürlichen Feinde. So kommt es zu einer Explosion der Schädlingspopulation, die nur durch die Begrenzung des „Futters", also des Kastanienbaumbestandes, wieder reduziert wird. Wälder, eine biologische Lebens*gemeinschaft*, können sich an Temperaturänderungen von etwa 1 Grad pro Jahrhundert anpassen. Alleine im 21. Jahrhundert werden jedoch weitaus drastischere Temperaturänderungen erwartet. Wälder können nicht „wandern", jedenfalls nicht die individuellen Bäume. Hier wird es eher so sein, daß Wälder sich, sofern wir Menschen es zulassen, in die Richtung ausbreiten, wo die klimatischen Bedingungen optimal sind. An ihren ehemaligen Standorten entstehen neue Pflanzengemeinschaften.

Wirkungen auf Organismen und Lebensgemeinschaften

Die menschlichen Aktivitäten verursachen verschiedenste Emissionen, etwa Umweltgifte, Partikelemissionen und Treibhausgase. Sie können sich gegenseitig kompensieren, wie es beim Global Dimming und dem Treibhauseffekt beschrieben wurde. Sie können aber auch beide in eine Richtung wirken.

Kombinierte Wirkungen von Klimawandel und anderen Effekten

Bei der Verbrennung fossiler Brennstoffe wird neben Kohlendioxid auch Ruß freigesetzt. Das Kohlendioxid führt über eine Veränderung der Strahlungsbilanz zur globalen Erwärmung, der sich auf Eisflächen absetzende Ruß führt zu einer stärkeren Absorption des Sonnenlichtes und trägt zusätzlich zur Erwärmung dieser Eisflächen bei: Das Eis schmilzt schneller. Die gleiche Tätigkeit, das Verbrennen fossiler Brennstoffe, führt demnach über zwei unterschiedliche Wirkungsmechanismen zum gleichen Effekt. Die durch den Menschen verursachten Eingriffe in unsere Lebensumgebung betreffen bei weitem nicht nur die Beeinflussung des Weltklimas und andere Emissionen der Energienutzung, sondern in sehr hohem Maß auch die Veränderung der Erdoberfläche. In den industrialisierten Ländern werden Flächen zuasphaltiert und mit Gebäuden versiegelt. Schlimmer noch: In

vielen tropischen Ländern wird Regenwald durch Brandrodung zu Ackerflächen umgewandelt, die aber nur ein paar Jahre genutzt werden können. Versiegelte Flächen und Starkniederschläge verursachen lokale Überschwemmungen. Entwaldete Berggebiete und Starkniederschläge führen zu
Erdrutschen und Schlammlawinen mit ihren oft tödlichen Folgen.

Beide Beispiele zeigen gefährliche Allianzen zwischen dem Klimawandel
und anderen Aktivitäten, mit denen wir Menschen in das System Erde eingreifen. Die genannten Effekte kennen wir, aber es steht zu befürchten, daß
wir viele Auswirkungen noch nicht einmal erahnen können.

Der Mensch ist als Verursacher akzeptiert

Die täglichen – wenn auch indirekten – Erfahrungen durch die Meldungen
in den Nachrichten lassen es die meisten Menschen wenigstens hier und
da ahnen, daß wir etwas in Gang gesetzt haben und weiter betreiben, was
unser System Erde destabilisiert.

Atomkonsens und CO_2-Emissionszertifikate wurden dem deutschen Bürger
als Trennkost verabreicht. Es war offensichtlich nicht opportun, die Kli-
madebatte und die Atomausstiegs-Debatte gleichzeitig zu führen: In einer
offenen Diskussion um eine sinnvolle Energieversorgung hätte, unter Ein-
beziehung der dramatischen Wetterereignisse, die Kernenergie eine realistische Chance gehabt – als Übergangslösung zu einer regenerativ dominierten Energieversorgung. Aber einige Jahre nach dem Atomkonsens konnte
die Debatte um den Klimawandel auch von Seiten der Politiker geführt werden, und zwar endlich mit einem klaren Bekenntnis zu der Tatsache, daß der
Mensch der Hauptverursacher dieser Entwicklung ist.

Wahrnehmung des Klimakrise: Deutschland

Gerade in Deutschland scheint Klimaschutz eher ein „Kuschelthema" zu
sein, schließlich haben wir ja unsere Kohlendioxid-Emissionen zwischen
1990 und 2005 um ca. 18 Prozent reduziert und sind damit, was die Emissionsminderungen geht, an der Weltspitze. Aber in diese Selbstwahrnehmung
haben sich Fehler eingeschlichen:

- Der Zusammenbruch des Wirtschaftssystems der DDR hat dazu
  geführt, daß ineffiziente Kraftwerke und Produktionsanlagen entweder geschlossen oder durch hochmoderne Systeme ersetzt wurden. Dabei wurde der Anteil der kohlendioxid-intensiven Braunkoh-
  le am Primärenergiebedarf deutlich gesenkt und durch das weniger
  kohlendioxid-intensive Erdgas ersetzt. Diese Entwicklung hat massiv zur Senkung innerdeutscher Kohlendioxid-Emissionen beigetra-
  gen. (Siehe Bildtafel 1, S. 172.)
- Produktionsabläufe wurden und werden zunehmend in das Ausland verlegt, hiermit auch die dabei auftretenden Kohlendioxid-
  Emissionen. Sie tauchen nicht mehr in der deutschen Bilanz auf, sondern werden regelrecht in das Ausland „exportiert".
- Das heutige Niveau unserer Kohlendioxid-Emissionen ist immer
  noch viel zu hoch und überlastet auf diese Weise das System Erde.

Der Zusammenhang zwischen unserem Umgang mit Energie, den Kohlendioxid-Emissionen und den Folgen ist uns *nicht* ausreichend bewußt!

Wir haben nicht den geringsten Grund, uns zufrieden zurückzulehnen. Neben ein paar Prozentpunkten tatsächlicher Emissionsminderungen durch erneuerbare Energien und effizientere Technologien ist der Hauptanteil durch den Zusammenbruch einer Wirtschaft und dem damit verbundenen Umstieg auf andere fossile Energieträger verursacht worden.

Die Entwicklung zu immer geringeren Kohlendioxid-Emissionen bei Einzelsystemen führt trotzdem zu einem stets steigenden Bedarf an fossilen Brennstoffen: Es werden immer mehr Einzelverbraucher eingesetzt und wir nutzen immer stärker Dienstleistungen, die Energie benötigen. Das 3-Liter-Auto ist ein inzwischen vom Markt genommenes Randprodukt, Windenergie ist nahezu ausgereizt, das 20. Stand-By-Lämpchen leuchtet munter und City-Hopping mit dem Flieger ist ein Wochenendspaß geworden – kein Wunder, daß „die Grenzen der Schrumpfung" bei den Kohlendioxid-Emissionen erreicht sind.

Wir müssen dringend über den Tellerrand unseres Landes blicken. Schon heute ist beispielsweise der Lebensraum der Inuit[5] durch den Klimawandel so dramatisch verändert worden, daß sie die Jagdtraditionen, die gleichzeitig ihr Leben sicherten, praktisch vollständig aufgeben mußten. Die Küsten werden geschädigt, weil sie kein Eis mehr schützt. Permafrost-Böden tauen auf. Viele Häuser sind vom Einsturz bedroht. Solche Folgen des schleichenden Klimawandels und extreme Wetterereignisse, die in das Bild des Klimawandels passen, werden durch die Medien zu uns transportiert: Weit entfernt, zweidimensional, ohne Geruch und wohl portioniert. Erschwerend kommt hinzu, daß Extremwetter-Ereignisse, die mit hoher Wahrscheinlichkeit durch den Klimawandel verursacht wurden, schnell mit Naturkatastrophen in einen Topf geworfen werden. Die Tatsache, daß *wir* für die energiebedingten Treibhausgas-Emissionen und ihre Folgen verantwortlich sind, wird dadurch verwässert. Obwohl wir als Bürger der industrialisierten Staaten das Wissen um diese Entwicklung haben, fehlt uns die eigene, konkrete Erfahrung – erst diese eigene Erfahrung würde einen Handlungsdruck aufbauen, der uns tatsächlich auch zum Handeln bringt. Die massive Unterschätzung des Treibhauseffektes als Bedrohung macht Bildtafel 10, S. 181 deutlich.

Wahrnehmung des Klimakrise: Welt

Auch wenn die Wahrnehmung der Klimakrise nicht ihrem tatsächlichen Ausmaß und vor allem ihrem absehbaren Potential entspricht, hat sich in den Jahren 2003-2006 sehr viel verändert: Die Stimmen derer, die behaupten, daß es so etwas wie den Klimawandel durch menschliches

Wahrnehmung des Klimakrise: Ein Hoffnungs-schimmer

---

[5]Bezeichnet die arktischen Völker, die auch unter dem Namen Eskimos bekannt sind

Treiben nicht gäbe, sind verstummt. Noch wichtiger ist allerdings, daß die Auffassung, die Temperatur werde sich überall langsam und stetig nach oben bewegen, falsch ist. Es ist allgemein anerkannt, daß die langsame Erhöhung der Treibhausgas-Konzentration, bedingt durch unsere exzessive Nutzung fossiler Brennstoffe, in der Erdatmosphäre auch zu einem sprunghaften Verhalten des Systems Erde, einem Klima-GAU, führen kann:

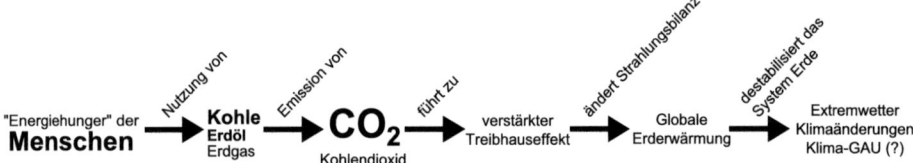

Es gibt immerhin den Hoffnungsschimmer, daß die Bedeutung der Klimakrise sowie die Rolle des Menschen langsam erkannt werden. Selbst wenn es sich herausstellen sollte, daß der Mensch nur zu 30 Prozent am beobachteten Klimawandel beteiligt ist ... es könnten die 30 Prozent sein, die zu einer Klimakatastrophe mit unüberschaubaren Opferzahlen, die in die Millionen oder Milliarden gehen, führen.

Die Methoden der Technikfolgenabschätzung und der Respekt vor den Gefahren unseres Tuns sollten genauso auf die Verbrennung fossiler Brennstoffe angewandt werden, wie es bei der Kernenergie seit jeher üblich ist.

Es bleibt darüber hinaus zu hoffen, daß aus diesen Erkenntnissen auch ein Handeln erwächst, welches die Klimakrise wenigstens abmildert.

2.3. Nebenkrisen der Energiekrise

Die Nebenkrisen der Energiekrise wachsen im Schatten der Hauptkrisen heran, sind aber für unser Leben von vergleichbarer Bedeutung und unterstützen die Hauptkrisen.

Uns Menschen fehlt an vielen Stellen das naturwissenschaftlich-technische Wissen, um mit Energie sinnvoll umzugehen. Auf der anderen Seite begrenzt unsere Wahrnehmung das Verständnis Folgen unseres Umgangs mit Energie.

Die Wirtschaft eines Industriestaates ist in gnadenloser Weise von der Versorgung mit Energie abhängig, daher hängen auch unsere Arbeitsplätze sehr stark am Tropf der Energieversorgung.

Wirkungen unseres Umgangs mit Energie beeinflussen oftmals indirekt, aber nicht weniger wirkungsvoll unser Leben und unser Lebensumfeld. Die Zusammenhänge werden durch komplizierte Wirkungsketten verschleiert.

Eine weitere gefährliche Nebenkrise ist das mangelnde Verständnis dafür, daß wir tatsächlich in eine Energiekrise steuern und daß die Energiekrise eine beunruhigende Dimension hat.

Die Wissens-, Verstehens- und Wahrnehmungskrise

Das System Erde wird bis heute nur in Ansätzen verstanden und es gibt viele Lücken, deren Existenz wir unter Umständen noch nicht einmal erahnen. Auch wenn Klimasimulationen, selbst die dramatischeren Varianten, vielen von uns kaum Anlaß zur Sorge geben: Wir wissen *nicht* genau, wie klimatische Veränderungen auf Ökosysteme wirken. Wir wissen nur, daß die Lebensbedingungen für einzelne Organismen bzw. Tier- und Pflanzengesellschaften sich ändern. Tiere werden den besseren Lebensbedingungen hinterherwandern, Pflanzen werden sich, allerdings verzögert, ebenfalls in Richtung besserer Lebensbedingungen ausbreiten. Dadurch werden eingespielte Lebensgemeinschaften auseinandergerissen, neue Arten-Zusammensetzungen entstehen, die wiederum ihre eigene Dynamik entwickeln. Ändern sich die Lebensbedingungen sehr langsam, können sich Pflanzen, Tiere und Menschen gut darauf einstellen. Ändern sich die Lebensbedingungen so schnell, daß es zum weiträumigen Zusammenbruch von Ökosystemen kommt, haben wir keine Chance mehr, uns darauf vorzubereiten.

In Wirkungsketten führen unsere oft rudimentären Kenntnisse in jedem Schritt zu neuen Fehlern, die sich immer weiter fortpflanzen. Zwar sind unsere Fähigkeiten und Möglichkeiten zur Diagnose sehr weit entwickelt, aber wir erfassen nur den Ist-Zustand. Immerhin können wir inzwischen auch relativ gute Prognosen bei der Wettervorhersage oder mit Klimamodellen erzeugen, deren Aussagen aber aufgrund vieler Annahmen zur „Überbrückung" fehlender Datenpunkte mit Fehlern behaftet sind.

Unsere Kenntnisse und besonders unsere Fähigkeiten versagen vollkommen, wenn wir uns mit dem Klimasystem der Erde weiterhin „anlegen", indem wir es durch die Emission von Treibhausgasen verändern.

In unserer Welt gibt es viele verschiedene Gefahren, die uns in unterschiedlicher Weise treffen können. Wie wahrscheinlich diese einzelnen Gefahren sind, kann man einstufen, einmal nach persönlichen, zum anderen nach möglichst objektiven Gesichtspunkten. Eine Studie, deren Ergebnisse in der Bildtafel 10, S. 181 graphisch dargestellt sind, hat genau diese Einstufung für 40 Gefahrenquellen untersucht. Dort erkennt man, daß fast allen in diesem Buch beschriebenen problematischen Auswirkungen unserer Energienutzung viel zu wenig Bedeutung zugemessen wird. Seien es der Treibhauseffekt, die Dieselruß-Emissionen, Allergene oder Lärm. Die friedliche Kernenergienutzung wird hingegen als Gefahrenpotential massiv überbewertet.

Mangelnde Kenntnis des Systems Erde

Fehlwahrnehmung von Gefahrenpotentialen

Viele Vorgänge werden durch den Einsatz von Technik heute zunehmend virtualisiert und erscheinen uns dadurch weniger wirklich, was wiederum dazu führt, daß die problematischen Entwicklungen bagatellisiert werden. Auch dies spiegelt sich in der genannten Studie wider, denn unausgewogene Ernährung, Bewegungsmangel und psychischer Streß sind nicht nur selbst Folgen der starken Virtualisierung, sondern werden auch in ihrer Bedeutung vollkommen unterschätzt. Erschreckend ist weiterhin, daß die Angst vor Krankheitserregern deutlich zu hoch eingeschätzt wird. Dabei hat unser Körper den Umgang mit diesen natürlichen Feinden viel besser gelernt, als den Umgang mit den von Menschenhand geschaffenen „Feinden" wie Dieselruß oder künstliche Allergene. Auch dies ist ein deutlicher Hinweis auf unsere fortgeschrittene Entfremdung von den ursprünglichen Lebensgrundlagen.

Irrationale Verhaltensweisen

In den Panorama-Sparten kann man lesen, daß Teile von Gletschern in Skigebieten mit weißer Folie abgedeckt werden, um sie vor einem zu starken Abschmelzen zu bewahren. Durch die Destabilisierung dieser Eismassen könnten Teile herausbrechen und Skipisten unbrauchbar werden. Ein paar Wochen später kommt die Idee in die Schlagzeilen, den wochenendlichen Wintersportverkehr mit Billigfliegern zu verstärken, damit niemand bei der Urlaubsreise im Stau stehen muß. Der kurze Wochenend-Skiurlaub wird attraktiv und mit den Flugzeugen kann man auch im Winter noch Gewinne erwirtschaften. Solche Einzelmeldungen, hier in einen Zusammenhang gestellt, zeigen das Ausmaß der ungebührlichen Wahrnehmung des Themas. Für den Freizeitspaß werden Gletscher vor dem Abschmelzen bewahrt, gleichzeitig wird mehr Kohlendioxid durch Billigflieger in die Luft geblasen, um die Leute in die Urlaubsorte zu bringen.

Daß eine Notwendigkeit zum Handeln besteht, ist zwar vielen Menschen intellektuell klar, die Dringlichkeit des Handelns wird aber nicht verstanden. Der Begriff Klimawandel suggeriert, daß wir das konkrete Handeln noch 20 oder 50 Jahre aufschieben könnten. Auch das Erdöl reicht schließlich noch für 40 Jahre. Aus der persönlichen Perspektive wird eine eher virtuelle, latente Bedrohung wahrgenommen. Wenn man jedoch davon ausgeht, daß die Vorboten in beiden Bereichen, Klimawandel und Ölknappheit, schon jetzt ihre Signale aussenden, sollte dies dem Verständnis der Dringlichkeit nachhelfen. Besonders, wenn man sich klarmacht, daß wir nicht einmal wissen, wie wir Klimagase drastisch reduzieren könnten oder wie wir das Erdöl ersetzen sollen. Dieses Wissen muß erst noch geschaffen werden.

Grundlagenforschung kann man nicht auf Erfolg programmieren. Forschung und Entwicklung, um Grundlagenwissen in Anwendungen umzusetzen, scheitert oft an Tücken in Detailschritten. Gerade unsere nur durch gründliches Training zu erwerbende Fähigkeit, in längeren Wirkungsketten,

Kreisläufen und komplexen Wirkungsgefügen zu denken, bedeutet, daß wir Zeit brauchen, uns in systemisches Denken hineinzufinden, um dann auch wirklich gute Entscheidungen treffen zu können. An vielen Stellen müssen wir erst noch Methoden zur Darstellung von und des Umgangs mit Wirkungsgefügen erarbeiten. Diese Prozesse sind dem konkreten Treffen von Entscheidungen und dem Umsetzen von Lösungen vorgelagert, kosten also weitere Zeit. In Anbetracht der bedrohlichen Situation müßten heute schon Zehntausende Forscher alleine in Deutschland in Universitäten, Forschungszentren und Unternehmensabteilungen nur noch eines tun: Energieforschung auf einer sehr breiten Basis betreiben.

Energie, Wirtschaft und Arbeit

Was bedeutet „qualitativ hochwertige" Energie? Energie muß sauber gewonnen werden, zuverlässig fließen und bezahlbar sein.

Qualitativ hochwertige Energie als Voraussetzung sozialer Stabilität

Saubere Energien erzeugen weniger Krankheiten, weniger Klimawandel, schonen dabei das System Erde und die in das System Erde eingebetteten Menschen. Weniger Krankheiten und langsamerer Klimawandel bedeuten, daß weniger Geld aufgewendet werden muß, die Schäden abzumildern oder zu beheben, ganz abgesehen von dem erstrebenswerten Zuwachs an Lebensqualität. Verläßliche Energie ermöglicht überhaupt erst die zuverlässige Produktion von Gütern und Dienstleistungen. Sind diese beiden Anforderungen erfüllt, steigt das allgemeine Wohlbefinden sowie die Menge des für Nahrungsmittel, Bücher, Theaterbesuche und Reisen verfügbaren Geldes.

Auf der anderen Seite soll Energie prinzipiell „bezahlbar" sein, also keinen Menschen und kein Unternehmen durch zu hohe Preise von der Energienutzung ausschließen. Schließlich ist Energie die Grundlage für das Überleben, für Bildung, für Kultur und für das Ausleben menschlicher Kreativität.

Ein gesundes System Erde für *alle* Menschen ließe eine Verteilungsdebatte gar nicht erst aufkommen. Eine zuverlässige Energieversorgung macht moderne Wirtschaftszweige erst möglich, schafft damit auch außerordentlich viele Arbeitsplätze; Arbeitslosigkeit ist hingegen eines der größten Übel für eine Gesellschaft. Ihre Vermeidung bzw. Behebung muß Priorität für eine Gesellschaft haben.

Die ursprüngliche Bedeutung der Arbeit wird im heutigen Erwerbsleben stark in den Hintergrund gedrängt. Leben Menschen hingegen in kleinen Gruppen, die selbst für Nahrung, Unterkunft und Kultur sorgen müssen, stehen die Arbeitsvorgänge und die Deckung der Bedürfnisse in direktem Zusammenhang. Erntet man mit den eigenen Händen das Korn vom Feld, was dann vom Nachbarn gemahlen wird, der es dann wiederum seinem

Funktion der Arbeit für den Menschen

Nachbarn, dem Bäcker gibt, der das Brot backt, was alle ernährt, ist die Bedeutung der eigenen Arbeit direkt erkennbar. Sie steht in einem unmittelba-
ren Zusammenhang mit der eigenen Tätigkeit. Dies gilt auch für den Bau
von Hütten oder Häusern und die Gestaltung von kulturellen Ereignissen,
die durch die Mitglieder einer solchen kleinen Gruppe geleistet werden.

Die heutigen Gesellschaften sind extrem arbeitsteilig, besonders die industrialisierten Länder. Sie zeichnen sich dadurch aus, daß der eigene Schaf-
fensprozeß im Arbeitsleben nur noch in sehr seltenen Fällen der direkten Bedürfnisdeckung dient. Der Zweck der Arbeit ist heute der Gelder-
werb. Geld zu haben bedeutet, daß man seine Bedürfnisse decken kann,
indem man das „normierte" und lagerfähige Tauschmittel Geld in benötigte und gewünschte Produkte beziehungsweise Dienstleistungen zurück-
tauscht. Diese Entkopplung führt oft zu einem Verlust der Befriedigung
durch die tägliche Arbeit – Arbeit als Tätigkeit zum Lebenserhalt wird virtualisiert, ist also nicht mehr in dieser Funktion begreifbar.

Dies erklärt, warum gerade in den industrialisierten Ländern viele Menschen in einer Sinnkrise gefangen sind. Fragen kommen auf: Wofür arbeite
ich überhaupt? Worin liegt der Sinn meines Schaffens? Wofür lebe ich? Es
wird Zeit, entweder die Notwendigkeit der Arbeit als lebenserhaltende Tätigkeit trotz der Virtualisierung zu verstehen oder wenigstens anteilig physi-
sche Tätigkeiten zu verrichten. Was spricht dagegen, einen 32-Stunden-Job
im Büro zu verrichten und 8 Stunden die Woche städtische Grünflächen zu
pflegen?

Arbeit ist zunehmend von Energie abhängig

Wohl verpackt in Werkhallen benötigen Stahlöfen oder Fließbänder gigantische Energiemengen, ohne daß man dies sehen kann. Flotten von Trans-
portfahrzeugen, Schiffen und Flugzeugen bewegen Millionen Tonnen von
Rohstoffen, Halbzeugen und Gütern zwischen Förderanlagen, Industrie-
standorten und Endverbrauchern und benötigen dafür Unmengen an Kraftstoffen. Die Koordination dieser Abläufe geschieht mit einer komplexen
Infrastruktur aus kommunikations- und informationstechnischen Systemen,
die riesige Mengen an Strom verbrauchen. Der Betrieb dieser energiehungrigen Infrastruktur schafft und sichert unsere Arbeitsplätze. Fiele die Energieversorgung für 4 Wochen aus, könnten wir alle bis auf wenige Ausnahmen unserer Arbeit nicht mehr nachgehen.

In einer Gesellschaft, in der menschliche Arbeitskraft und Arbeitszeit zu
teuer sind oder als zu teuer erachtet werden, gibt es einen starken Trend
zur Rationalisierung. Menschliche Tätigkeiten werden dabei zunehmend
durch Maschinen ersetzt, die entsprechend mehr Energie benötigen. Der auf
einen Arbeitsplatz bezogene Energiebedarf steigt im Durchschnitt an. Will
man die Anzahl der Arbeitsplätze also auch nur erhalten, steigt unweigerlich der Bedarf an Nutzenergie. Der Primärenergiebedarf ist in Deutschland
in den letzten 10 Jahren etwa konstant geblieben: Moderates Wirtschafts-

wachstum, Auslagerung energieintensiver Prozesse und langsam verbesserte Energieeffizienz haben sich in etwa ausgeglichen. Will man *neue* Arbeitsplätze schaffen, muß man mehr produzieren und steigert dadurch den Energiebedarf zwangsläufig.

Ist die Verfügbarkeit von Energie beschränkt, vermindert dies wiederum das Potential heutiger hochindustrialisierter Gesellschaften, Arbeitsplätze zu schaffen. Dieser Situation nähern wir uns auf bedrohliche Weise, was sich in den Arbeitsmarktzahlen widerspiegelt. Die ganze Wahrheit würde dann auf den Tisch kommen, wenn die Arbeitsmarktstatistik über die letzten 20 Jahre auf der Basis einer konstanten Bewertungsgrundlage berechnet und dargestellt würde.

Die Entwicklung läuft also auf ein gefährliches Dilemma hinaus: Mehr Arbeit und damit mehr Energieverbrauch oder aber mehr Arbeitslosigkeit und konstanter oder sinkender Energieverbrauch. Entweder schädigen wir uns über die Auswirkungen eines steigenden Energiebedarfs oder über eine die Gesellschaft insgesamt destabilisierende hohe Arbeitslosigkeit.

Wir brauchen in Deutschland 2 Prozent Wachstum, um die Arbeitsplätze stabilisieren zu können. Wachstum ist aber heutzutage von der Verfügbarkeit billiger Energiequellen abhängig, weil in vielen Prozessen sehr viel Energie steckt. Nennenswertes Wirtschaftswachstum bedeutet in der mittelfristigen Perspektive immer eine Zunahme des Energiebedarfs. Daran sind bei dem heutigem Stand der Energietechnik schädliche Emissionen und bedrohliche Risiken gekoppelt. Neben den direkten Auswirkungen aus der Energienutzung gibt es auch indirekte Risiken, etwa wenn zwei oder drei Nationen an dem gleichen Ölfeld interessiert sind, sich aber nicht friedlich einigen können … und der Staat, in dem dieses Ölfeld liegt, wird nicht einmal in diesen Entscheidungsprozeß einbezogen.

Wirtschaftswachstum als Stabilisator?

Das Modell „Wirtschaftswachstum als Stabilisator" steckt in der Krise, ist wahrscheinlich zum Scheitern verurteilt: In einer beschränkten Welt ist es unmöglich, durch stetiges Wachstum einen Status Quo zu erhalten. Dies gilt besonders für die Struktur heutiger Energieversorgungen, die fast ausschließlich fossile und damit begrenzte und schädliche Energieträger einsetzen. Und Kohle, Erdöl und Erdgas werden wohl noch auf viele Jahrzehnte die Struktur der globalen Energieversorgung prägen.

Subtilere Wirkungsketten

Die hohe Mobilität von Gütern und Menschen eröffnet für viele Organismen vollkommen neue Wege, von einem Kontinent zum anderen zu gelangen. Schiffe schleppen an ihrer Außenhaut Meeresbewohner beispielsweise von Neuseeland nach Hamburg. Mit dem Frachtgut gelangen Pflanzensamen, Krankheitserreger, Insekten, kleine Säugetiere unbeabsichtigt an neue

Schädlingsausbreitung und Pandemien

Orte. Viele dieser Lebewesen haben im Zielhafen keine Überlebenschance und sterben dort. Andere wiederum nisten sich, sofern die Umweltbedingungen ihr Überleben sichern können, an ihren neuen Standorten ein. Gerade die globale Erwärmung eröffnet verschleppten Arten neue Lebensräume, wodurch oftmals die heimischen Lebensgemeinschaften beeinträchtigt oder zerstört werden.

Flugzeuge sind weitaus schnellere Verkehrsmittel und werden von Menschen rege genutzt, um dienstliche Termine oder Urlaube wahrzunehmen. Eine Grippe-Epidemie kann mit diesem Transportmittel in Tagen zur Grippe-Pandemie werden, einer die ganze Erde umfassenden Krankheitswelle, die nicht beherrschbar ist. Man stelle sich nur vor, daß diese Grippe bei einem großen internationalen Sportereignis ausbricht: Menschen aller Länder könnten das Virus in wenigen Tagen in ihre Heimatländer tragen und dort weitere Menschen anstecken.

Wir haben in den letzten 100 Jahren durch unsere weiträumige und schnelle Lebensweise, die durch den Einsatz von Energie erst möglich wurde, viele neuartige Bedrohungen geschaffen, auf die es derzeit kaum Antworten gibt.

Rückkopplungen auf die Energieversorgung

Wasserkraftwerke werden durch Niederschläge gespeist, in den meisten Fällen von Wasser aus Eis- und Schneeregionen, etwa Gletschern. Die globale Erwärmung führt schon heute dazu, daß viele Gletscher sich zurückbilden. Sind die Gletscher verschwunden, weil Niederschläge ausfallen, steht für Kraftwerke kein Wasser mehr zur Verfügung. Außerdem gleicht eine Eismasse, die das gebundene Wasser langsam abgibt, die Niederschlagsereignisse aus und führt zu einer gleichmäßigen Versorgung von Stauseen. Fallen die Eismassen weg, könnten die Wasserkraftwerke nur noch bedingt arbeiten – gerade diese sehr wertvollen kohlendioxid-neutralen und grundlastfähigen Kraftwerke wären besonders betroffen.

Flüsse sind von länger andauernden Trockenperioden in ihrer Funktion als Transportwege betroffen. Der extrem trockene Sommer des Jahres 2003 hat die Binnenschiffahrt auf dem Rhein zeitweilig lahmgelegt und über viele Wochen stark behindert. Der notwendige Transport von Treibstoffen mußte dann per Tankwagen erfolgen und ist wesentlich ineffizienter: Mehr Energiebedarf und mehr Kohlendioxid-Emissionen.

Schadstoffe, die die Ozonschicht ausdünnen, führen indirekt zu einer Erhöhung der UV-Strahlungsintensität. Eine verstärkte UV-Strahlung kann nicht nur zu Hautkrebs führen, sondern auch Pflanzen schädigen. Damit sinkt die Produktivität von Pflanzen, und infolgedessen der Ertrag für ihren Einsatz als Energiepflanzen. Wir entziehen also der Option „Erneuerbare Energien" eine Grundlage.

Das Global Dimming – die durch Ruß und Aerosole verringerte Sonneneinstrahlung – wirkt direkt auf die Leistung von Photovoltaikanlagen. Sinkt die Strahlungsintensität durch diesen Effekt um 25 Prozent, steigen die Investitionen für eine Anlage mit einer festgelegten Leistung um 33 Prozent oder die Amortisationszeit wird um 33 Prozent länger. Diese Systeme wären dann an deutschen Standorten noch unattraktiver, sowohl in wirtschaftlicher wie auch in energetischer Hinsicht.

Es zeigt sich, daß gerade die stark wetterabhängigen, aber aufgrund ihrer relativ guten Umweltverträglichkeit wünschenswerten erneuerbaren Energien besonders empfindlich durch die Folgen der fossilen Energienutzung getroffen werden können.

In einer Welt, die sich in Habende und Nicht-Habende einteilen läßt, spielt Energie eine teilende Rolle: Die energiehungrigen industrialisierten Länder laben sich an den Quellen, die oftmals in geringer industrialisierten Ländern liegen. Industrieländer sichern den Zugang zu Energie mit wirtschaftlichen und militärischen Zwangsmaßnahmen – durch eigene Maßnahmen oder indirekt durch die Unterstützung der Aktionen anderer Nationen. Die bestehende Ungleichheit bietet terroristischen Regimen, Terror-Gruppen und Einzeltätern ideologisch motivierte Begründungen für Attentate gegen Menschen in den industrialisierten Staaten.

Energie und Terrorismus

Der Terrorismus ist noch in einer anderen Weise mit dem Thema verknüpft: Flugzeuge mit vollen Kerosintanks wurden für die Attentate auf das World Trade Center und das Pentagon eingesetzt, ein Flüssiggas-Tanklaster bei dem Attentat auf Djerba. Energieträger, zur friedlichen Nutzung gedacht, werden als Bomben verwendet. Noch schlimmere Folgen könnte ein erfolgreiches Attentat auf ein Kernkraftwerk mit einem Flugzeug sein, bei dem radioaktive Stoffe in nennenswerter Menge freigesetzt würden. Unser energetischer Reichtum gibt Terroristen die Mittel an die Hand, unsere Länder anzugreifen und dabei bis ins Mark zu erschüttern. Die Anpassung unserer Gesellschaften an die Bedrohung unserer verwundbaren Infrastruktur hat auch eine zunehmende Kontrolle der Bürger zur Folge. Sie bedeutet eine tiefgreifende Einschränkung unserer persönlichen Freiheit – ein hoher Preis für unseren allzu freizügigen Umgang mit Energie.

Energie hat uns ein ungeahntes Maß an Bequemlichkeit gebracht. Wir müssen für viele Dinge des Alltags, die vor 100 Jahren noch richtig Arbeit bedeuteten, nur noch ein paar Knöpfe drücken. Dank der Automatisierung vieler Abläufe bedeutet etwa das Heizen eines Hauses, daß ein oder zweimal pro Jahr ein paar Einstellungen an der Heizungsanlage getätigt werden müssen. Vor 100 Jahren bedeutete das Heizen hingegen, ein oder zweimal im Jahr tonnenweise Kohlen zu schaufeln und jeden Tag die Kohlen aus dem Keller in die Wohnung zu schleppen. Wir haben den direkten Bezug zu vielen Dienstleistungen, die wir heute kaum merklich in Anspruch nehmen, vollkommen verloren. Gleiches gilt auch für das Reisen: In einem modernen Auto sind das Lenken, das Fahren und das Navigieren virtualisiert. Wir brauchen uns mit Entfernungen oder dem Auffinden unseres Ziels

Energie, Dekadenz und Unzufriedenheit

auf einer realen Karte nicht mehr zu beschäftigen. Zudem ist die Maximalgeschwindigkeit auf 200 Stundenkilometer gestiegen, wobei einschränkend anzumerken ist, daß reale gemittelte Reisegeschwindigkeiten aufgrund des hohen Verkehrsaufkommens selten 100 Stundenkilometer übersteigen.

Wir, das meint die Bewohner der hochindustrialisierten Länder, haben heute einen derart hohen Energiedurchsatz, daß sich ein vollkommen neuer Lebensstil herausgebildet hat. Wir leben in einer Welt, deren Komplexität und Geschwindigkeiten sehr weit über das natürliche Maß hinausgehen. Wir leiden unter dem Auseinanderklaffen zwischen der eigenen körperlichen Ausstattung und den technischen Hilfsmitteln, derer wir uns bedienen. Die verlorengegangene Direktheit vieler Abläufe führt zu einer Dekadenz, die unser Wohlbefinden, ohne daß wir merken, woran es liegt, oft zerstört. Es ist ein Unterschied, ob die 10 Kilometer zu einem Aussichtspunkt mit einem Auto zurückgelegt werden oder ob man sie mit eigener Kraft erwandert: Die Befriedigung, zu wissen, was man geleistet hat, ist durch technische Hilfsmittel nicht zu ersetzen! Unsere energieverwöhnte Lebensweise führt zu einer Degeneration unseres Körpers und unserer Erfahrungen. Eine oft übersehene Nebenkrise unseres Umgangs mit Energie, die wir in ihrer Bedeutung vollkommen unterschätzen – Bildtafel 10, S. 181 zeigt diese Fehleinschätzung anhand der Begriffe „Bewegungsmangel" und „psychischer Streß" sehr deutlich.

Die Dimension der Krise

Globaler
Charakter der
Krisen

Globalisierung ist keine Entwicklung, die sich alleine auf die Weltwirtschaft bezieht. Globalisierung findet auch bei der Verteilung der Emissionen auf zweierlei Weise statt: Schadstoff-Emissionen werden an einem Ort produziert und dann weltweit verteilt oder die Teilprozesse einer Produktion oder Dienstleistung sind über den ganzen Globus verstreut; die Emissionsquelle wird damit ausgelagert. Heute kann sich kein Staat mehr den Emissionen anderer entziehen. Die Globalisierung der schädlichen Auswirkungen ist für viele Arten von Emissionen vollzogen. Damit können die Menschen den entsprechenden Wirkungen kaum mehr ausweichen – wo gibt es z. B. in Deutschland noch reine Luft in natürlicher Stille?

Dabei fällt ins Auge, daß die Emissionen zwar weltweit verteilt werden, die Vorteile des globalisierten Handels jedoch fast ausschließlich den industrialisierten Ländern zugutekommen. Die gering industrialisierten Länder bekommen hingegen die negativen Folgen am stärksten zu spüren und können dem nichts entgegenstellen.

Klima-GAU als
ultimatives Risiko

Der „größte anzunehmende Unfall" des zweifelsohne vom Menschen stark beeinflußten Klimas ist das Umkippen der klimatischen Verhältnisse. Es wird mit Sicherheit nicht so schnell geschehen wie das nächtliche Umkippen eines überdüngten Gewässers. Aber selbst eine vergleichsweise langsame Umorientierung des Weltklimas innerhalb einiger Jahrzehnte würde viele Opfer fordern.

Würde der Golfstrom sich deutlich verlangsamen, hätte dies zur Folge, daß sich der Atlantik vor Mittelamerika erwärmt, der Atlantik vor Europa abkühlt. Eine Neuorganisation der Meeres- und Luftströmungen ist eine mögliche Konsequenz, die dramatische Änderung regionaler Klimasysteme nach sich zöge. Wer glaubt, daß wir irgendeinen Einfluß auf solche Veränderungen ausüben könnten, leidet an Größenwahn. Wir müßten vielmehr kapitulieren und den Rückzug auf hoffentlich noch verbleibende Landflächen antreten. Aber diese dürften rar sein, ebenso wie die Möglichkeiten, überhaupt dort hinzukommen. Man denke nur an die Probleme, unter nur mäßig widrigen Umständen 50 000 Menschen aus New Orleans zu evakuieren, nachdem der Hurricane Katrina dort sein Unwesen getrieben hat. Wenn 500 000 000 Menschen wandern, ist dies definitiv nicht mehr beherrschbar. Viele werden auf dem Weg umkommen und der Verteilungskampf um bewohnbares Land wird weitere Opfer fordern. Es fallen aber nicht nur bewohnbare Gebiete weg, sondern die gesamte Nahrungs- und Rohstoffversorgung, die von gemäßigten klimatischen Bedingungen abhängig ist, würde wegbrechen. Neben den Versuchen, schlechten Bedingungen durch Flucht auszuweichen, würden uns Nahrung und Kraftstoff ausgehen. Kommunikationsnetze würden ohne Strom zusammenbrechen. Vor den immer häufiger und heftiger werdenden Extremwetter-Ereignissen könnte noch nicht einmal mehr gewarnt werden, weil kein Sender mehr in Betrieb wäre, der eine Warnmeldung über Radio oder Fernsehen ausstrahlen könnte.

Diese Beschreibung eines Klima-GAUs soll keine unnötige Angst machen, sie ist eher der Versuch des Autors, zu verdeutlichen, daß die Klimakrise *die* ultimative Krise werden wird, wenn wir nicht *schleunigst* anfangen, gegen diese Entwicklungen zu steuern.

Die bereits beschriebene Umweltkrise im Sinne einer Vergiftung und die Versorgungskrise sind nach heutiger Kenntnis von deutlich geringerer Bedeutung, weil sie meist regional wirkt und noch aufgefangen werden könnte. Gegen Rußpartikel und Schadgase helfen Filter. Ölsande, Gas- und Kohleverflüssigung können unsere Kraftstoffversorgung selbst bei einem deutlich steigendem Verbrauch noch für 100 Jahre problemlos sicherstellen. Ein Klima-GAU würde dagegen den gesamten Planeten betreffen, wir könnten uns weder durch den Einsatz von Technik anpassen noch unser Leben durch Flucht retten.

Das Klimasystem der Erde besitzt aufgrund der Masse der beteiligten Komponenten eine hohe Trägheit. Diese Trägheit hat die gute Eigenschaft, viele kurzzeitigen Einflüsse abzumildern. Auf der anderen Seite laufen träge Sy- | Systemeigene Trägheiten steme selbst dann noch in eine Richtung weiter, wenn die Einflüsse längst abgeklungen sind.

Ein großer Öltanker braucht, wenn er aus voller Fahrt zum Stillstand gebracht werden soll, ca. 100 Kilometer „Bremsweg". Auf hoher See ist daher das Ausweichen vor Hindernissen der einzige Weg, eine Kollision zu vermeiden. Weil aber auch diese Richtungsänderung nicht beliebig schnell funktionieren kann, muß per Radar und Satellitennavigation jedes Manöver mit einer Voraussicht von einer halben Stunde, für das Anfahren eines Hafens sogar mit mehreren Stunden Vorlauf geplant und durchgeführt werden. Neben massebedingten Trägheiten können Systeme auch durch andere Faktoren bedingte Reaktionsträgheiten besitzen. Die Entscheidungsfindung, wohin eine Gruppe einen Ausflug machen möchte, ist von der Anzahl der Menschen abhängig. Je größer diese Anzahl ist, desto länger dauern Entscheidungsprozesse, weil mehr Abwägungen getroffen werden: Mehr Personen, mehr Ideen, mehr Entscheidungsmöglichkeiten, längere Diskussionen. Die Anzahl der „Entscheider" bedingt eine Trägheit der Entscheidungsfindung.

Was bedeuten globale Trägheiten? Hier geht es nicht um 200 000 Tonnen oder 100 Menschen, sondern, etwa bei dem Thema Kohlendioxid-Emissionen, um 30 000 000 000 Tonnen und über 6 000 000 000 Menschen. Diese Unmenge an Emissionen muß entscheidend reduziert werden, und um dies zu erreichen, müssen sich alle Menschen entscheidend bewegen.

Katastrophen und der „Point of no Return"

Die Trägheit des Systems Erde hilft uns, indem sie die Folgen unseres Treibens abfängt. Das große Kohlendioxid-Reservoir Atmosphäre läßt sich von 1 oder 10 Jahren Kohlendioxid-Emissionen des Menschen nicht beeindrucken. Allerdings verschieben wir stetig Strahlungsbilanzen und in der Folge verschiedene andere Parameter unseres Systems Erde, ohne daß wir es zunächst merken. Die globale Erwärmung kann zu vielen positiven Rückkopplungen führen, die sie nochmals beschleunigen. Erst dann, wenn eine Systemantwort mit katastrophalen Folgen beginnt, würden wir sehen, was auf uns zukommt. Die Vorwarnzeit betrüge vielleicht nur 10 Jahre, viel zu wenig, um noch Gegenmaßnahmen zu ergreifen. Um wieder beim Beispiel Klimawandel zu bleiben: Selbst wenn wir heute die Kohlendioxid-Emissionen schlagartig auf Null herunterfahren würden – was wir definitiv nicht können – wären die durch die bisherigen Emissionen hervorgerufenen Systemänderungen auf ein oder zwei Jahrzehnte „gebucht". Es ist die gleiche Situation, die auf einem großen Tankschiff auftreten würde, wenn man erst eine halbe Stunde vor dem Zielhafen anfangen würde zu bremsen. Dieses Schiff hätte den „Point of no Return" überschritten und würde unweigerlich in die Katastrophe laufen. In diesem Beispiel betrifft es – schon schlimm genug – nur einen Tanker und einen Küstenabschnitt.

Die Energiekrise betrifft jedoch unseren gesamten Lebensraum Erde. Hier bedeutet das Überschreiten eines „Point of no Return" daß dieser Lebensraum zu einem für Menschen kaum mehr bewohnbarem Planeten umgestaltet wird. Wir würden allesamt sehenden Auges den Untergang unserer Art erleben, ohne daß wir etwas dagegen tun könnten.

3. Zukunft?

Energie ist unsere Zukunft. Wenn wir so mit ihr umgehen, daß sie unsere Lebensgrundlage, unseren Heimatplaneten Erde nicht länger in ungebührlicher Weise nachteilig verändert. Dieser neue Umgang mit Energie bedeutet einen Paradigmenwechsel, der – entgegen den vielen Ankündigungen und unzulänglichen Versuchen der letzten 20 oder 30 Jahre – einen Umbruch darstellen muß, der die industrielle Revolution um ein Vielfaches überbietet.

Mit welchen Werkzeugen können wir unsere Zukunft so gestalten, daß aus der Energiekrise keine Katastrophe wird, sondern wir die Chancen, die sich aus der derzeitigen Krise ergeben, wirklich nutzen? Welche konkreten Werkzeuge können wir hervorbringen, mit denen es uns gelingt, eine nebenwirkungs- und risikoarme Energieversorgung auf unserem Planeten zu etablieren? Wie groß muß der Handlungsdruck noch werden, daß aus den Verschiebebahnhöfen des globalisierten Austauschs von Gütern, Arbeitskraft, Schadstoffemissionen, Informationen und Geld zum Macht- und Geldgewinn endlich ein sinnvolles Netzwerk von Stoff-, Informations- und Energieflüssen wird, von dem möglichst viele Menschen profitieren, weil die Ressourceneffizienz ganzheitlich optimiert wird?

3.1. Ziele einer zukünftigen Energieversorgung

Mehr als fatal: Die Zielsetzung, nach der eine Energieversorgung der Zukunft gestaltet werden soll, verschwimmt zunehmend. Nachdem es in den 1960er Jahren ganz klar war, daß Erdöl und Kernenergie die Energieträger der Zukunft sein würden, ist mit der – in jedem Fall berechtigten – Kritik an fossilen Brennstoffen und der Kernenergie in den 1980er Jahren folgende Situation entstanden: Wir wissen genau, was wir nicht wollen. Übrig bleiben die erneuerbaren Energien und der effizientere Einsatz von Energie. Aber warum resultiert der Einsatz der erneuerbaren Energien und die Effizienzverbesserungen kaum in einer Senkung des Primärenergiebedarfs Deutschlands?

Sicher ist, daß eine zukunftsfähige Energieversorgung *neu konstruiert* werden muß. Dafür müssen wir Ziele definieren und Kriterien finden, wie diese Ziele erreicht werden können. Zunächst müssen wir Menschen uns darüber im klaren sein, wie wir leben wollen. Dies ist eine Frage der Wohlstandsdefinition sowie des Willens, Probleme zu akzeptieren und sie auch anzugehen.

Die Handlungsspielräume sind begrenzt; es gibt Grenzen, die wir aufstoßen können, aber auch solche, die wir akzeptieren und in unsere Entscheidungen einbeziehen müssen. Zu den Grenzen gehören die nur beschränkt vorhandenen Energieressourcen. Eine viel engere Grenze setzt uns allerdings die Fähigkeit des Systems Erde, unsere Emissionen und ihre Auswirkungen aufzufangen.

Will man die Planung einer neuen Konstruktion von Energietechnik und Energieversorgung konkretisieren, müssen klare Anforderungen an Energieträger, -speicher, -transport und -wandler gestellt werden. Dabei ist es von herausragender Bedeutung, das Zusammenspiel dieser Komponenten innerhalb einer Energieversorgung, aber auch die Interaktion mit der menschlichen Gesellschaft sowie dem System Erde zu berücksichtigen.

Wie wollen wir leben?

Die Konstruktion einer Energieversorgung hängt wesentlich davon ab, wie das tägliche Leben gestaltet werden soll. Es wird sich zwischen den Extremen „zurück zu den Wurzeln" und „auf zu den Sternen" abspielen. Zurück zu den Wurzeln hieße, im täglichen Leben die Energienutzung stark einzuschränken. Auf zu den Sternen hieße, immer mehr Energie zu produzieren, so daß wir weiter expandieren können.

Weil die Wahrheit dazwischen liegen wird, müssen Abwägungen getroffen werden, die uns einen optimalen Kompromiß erlauben. Nur dann, wenn ein faires Ringen um diesen optimalen Kompromiß stattfindet, werden gute Lösungen gefunden. Dies setzt die Konfrontation mit den Fakten voraus – das heute oft praktizierte Verdrängen der Realität läßt die Probleme erst dann zu Tage treten, wenn es schon viel zu spät ist.

Wie wir unser Leben gestalten wollen, hängt von dem Wertegebäude ab, welches uns vermittelt wurde, was wir aber auch durch unsere Lebenserfahrung erweitert und modifiziert haben. Dieses Wertegebäude gibt uns die Grundlage, zu entscheiden, unter welchen Bedingungen wir uns wohlfühlen. Unmittelbar damit verknüpft ist der Begriff des Wohlstandes, der hier als aus materiellem Wohlstand und immateriellem Wohlbefinden zusammengesetzt verstanden werden soll: ein *ganzheitlicher* Wohlstand. Darin enthalten ist auch eine soziale Komponente, denn ein persönliches Wohlbefinden wird sich erst dann einstellen, wenn es den Nachbarn oder den Kollegen gut geht und keiner dem anderen etwas neiden muß. Aber sind wir in der Lage und willens, unser eigenes Leben gegebenenfalls einzuschränken, um anderen Menschen und Ländern Luft zu ihrer Entwicklung zu geben? Wir müssen es sein, denn die Energiefrage ist eine Überlebensfrage der *gesamten* Menschheit.

Wie wollen wir unser Leben gestalten?

Heute sind Energie-, Stoff- und Informationsflüsse auf der einen Seite, die dabei entstehenden Emissionen und Folgewirkungen auf der anderen Seite globalisiert. Das System Erde ist heute durch den Menschen praktisch vollständig in Beschlag genommen – ein tragfähiger Kompromiß muß dementsprechend global abgestimmt werden. Dieser Kompromiß muß globale Aspekte global, regionale Aspekte regional, lokale Aspekte lokal berücksichtigen. Er darf nicht in Gleichmacherei enden, sondern muß in gegenseitiger Abstimmung auf gleicher Augenhöhe fortentwickelt werden. Ein Kompromiß, der

- die Funktionsfähigkeit des Systems Erde erhält,
- die Ziele der Menschheit möglichst breit abdeckt und
- den Bedürfnissen der einzelnen Menschen gerecht wird,

muß aus Abwägungen erarbeitet werden, wie wir mit der Energiekrise und allen ihren Komponenten fertig werden können.

Will man dem Menschen gerecht werden, muß man seinen Bedürfnissen nach Gesundheit, sozialen Kontakten sowie Zeit zur Muße Rechnung tragen, genauso seine natürlich vorgegebenen Grenzen für Komplexität und Geschwindigkeit respektieren.

Wir können versuchen, eine Beeinflussung des Systems Erde möglichst vollständig, wenigstens jedoch möglichst weitgehend zu vermeiden. Diese Strategie der Vermeidung bedeutet, Techniken zu etablieren, die Energie nahezu ohne Emissionen bereitstellen. Die technischen Maßnahmen können durch ein entsprechendes Verhalten der Verbraucher ergänzt werden. Haben wir das System Erde allerdings schon so weit beeinflußt, daß wir

Strategie der Vermeidung oder der Anpassung?

unter Umständen selbst in Gefahr geraten, müssen wir uns diesen Gefahren anpassen. Etwa indem wir in Gebieten mit immer häufigeren und höheren Überschwemmungen bestehende Dämme aufstocken und neue Dammanlagen bauen. Für alle Handlungen, die wir heute durchführen oder planen, kann die Strategie der Vermeidung noch greifen, alles, was wir bisher getan haben, kann, sofern es Probleme bereitet, nur durch Anpassung bewältigt werden. Damit wird eine gemischte Strategie die einzige Chance sein, weiterhin mit relativ hoher Sicherheit leben zu können.

Derzeit ist die Vermeidung von Emissionen und Folgewirkungen eher die Ausnahme, wenngleich sie sich an einigen Stellen wenigstens in der nachträglichen Reduktion von Emissionen niederschlägt – etwa bei Autokatalysatoren oder bei der Rauchgasreinigung von Kohlekraftwerken. Auf der anderen Seite gibt es sichtbare Anpassungen wie den schon genannten Bau oder Ausbau von Dämmen.

Mindestens genauso bedeutsam sind die heutigen Anpassungen innerhalb von Gesellschaften, die über Geldtransfers in den Katastrophenschutz oder die Gesundheitssysteme stattfinden und zur Bewältigung der Folgen dienen. Der Katastrophenschutz wird ausgebaut und versucht schnelle Anpassungen, etwa durch das Auslegen von Sandsäcken bei Überflutungen, zu machen. Unser Gesundheitssystem fängt viele Erkrankungen, die Folge der Emissionen der Energienutzung sind, auf, indem versucht wird, die Menschen wieder zu heilen. Beide Anpassungen sind nur sehr schlecht wirksam, weil viele Rettungsversuche erfolglos verlaufen und Krankheiten trotz teurer Behandlungen nicht geheilt werden können. Dieser mittelbare Anpassungsprozeß ist in vollem Gange, entzieht der Gesellschaft viel Geld, wird aber kaum wahrgenommen.

Nur ein ausgewogener Mix aus Vermeidung *und* Anpassung kann ein lebenswertes Überleben der Menschheit sichern, weil

- Emissionen in Zukunft eher noch ansteigen werden,
- viele Auswirkungen von Emissionen auch dann noch auf uns zukommen werden, wenn die Emissionen eingeschränkt oder gestoppt werden,
- ökologische und ökonomische Kriterien bei der Abwägung zwischen Vermeidung und Anpassung zu berücksichtigen sind und
- viele unvorhergesehene Auswirkungen bei der Einführung neuer Energietechnologien auf uns zukommen können.

Unsere Diagnosefähigkeiten für die Vermessung von Technikfolgen sind zwar gut und die Prognosegenauigkeiten für neue Technologien immerhin noch brauchbar. Aber wir müssen der Vermeidungsstrategie den Vorrang einräumen, weil ihre Auswirkungen viel einfacher abzuschätzen sind. Zudem ist sie in den meisten Fällen deutlich günstiger, wenn man die verdeckten Kosten in die Rechnung einbezieht.

Wenn die Folgen erst einmal eingetreten sind, werden die Probleme schnell erdrückend oder gar nicht mehr durch eine Anpassung beherrschbar. So können wir beispielsweise das globale Klima *nicht gezielt* beeinflussen. Uns fehlt einerseits das Wissen über das Klimasystem, um kleine Stellschrauben zu finden, die wir mit unserer Kraft in die richtige Richtung drehen können. Auf der anderen Seite besitzen wir keine technische Systeme, mit denen wir das globale Klima unmittelbar in geeigneter Weise beeinflussen könnten. Eine früh begonnene Vermeidungsstrategie ist hier also überlebenswichtig.

Heutige hochindustrialisierte Gesellschaften erzeugen einen sehr hohen Durchsatz an Energie, Stoffen, Kapital und Informationen. Um diese Flüsse in Bewegung zu halten, wird seinerseits Energie benötigt, nachdem eine Infrastruktur unter hohem Energieaufwand eingerichtet wurde. Eine Tendenz, diese Ressourcenflüsse zu verstärken, kann beobachtet werden: Billigprodukte sind zwar kostengünstig aber nur kurzlebig und müssen unter hohem Ressourcenverbrauch häufig ersetzt werden. Internetanwendungen werden immer üppiger, die Bandbreiten für den Datentransfer immer höher – immer neue Systeme brauchen zunehmend größere Strommengen für ihren Betrieb. Autos und Häuser werden zusehends größer und benötigen oftmals mehr Energie als ihre Vorgänger.

Eine zunehmende Zahl von Unternehmen klinkt sich in diese Ressourcenströme ein, um Geld zu erwirtschaften: Zeitarbeitsfirmen klinken sich in den Kapitalstrom zwischen Arbeitgeber und Arbeitnehmer ein, Energieversorger wollen zunehmend Energie verteilen statt Energie zu „produzieren", usw. Daher besteht kaum Interesse, die Ressourcenströme zu reduzieren.

Ressourcenströme werden sogar künstlich erhöht, indem die Einheiten, die verkauft werden, größer gestaltet werden. Autos oder Schoko-Osterhasen kann man nur einmal alle 5 Jahre bzw. 1 mal pro Jahr an den Kunden bringen; mit großen, reichhaltig ausgestatteten Pkw oder der 1-Kilo-Variante des Schokoladen-Osterhasen wird der Umsatz pro verkaufter Einheit deutlich erhöht. Die schiere Größe der Produkte animiert die Kunden, auch mehr Geld auszugeben, weil der Gegenwert offensichtlich vorhanden ist. Bei den großen straßentauglichen Geländefahrzeugen, den Sports-and-Utility-Vehicles (SUV), kommen hohe laufende Kosten für den drastisch erhöhten Treibstoffbedarf, teurere Reifen und teurere Reparaturen auf den Kunden zu, die Geld in die Kassen der Unternehmen spülen.

Die vielfältigen nachteiligen Folgen des steigenden Ressourcenbedarfs zeigen, daß das Prinzip einer Durchsatz-Gesellschaft nicht nachhaltig ist. Vielmehr muß ein Umdenken in Richtung einer Bestandspflege-Gesellschaft stattfinden. In dieser Bestandspflege-Gesellschaft würden langfristig nutzbare Produkte bevorzugt, die durch Modifikationen und Erweiterungen an neue Aufgaben angepaßt werden können. Besonders für Häuser, Autos,

Von der Durchsatz-Gesellschaft zur Bestandspflege-Gesellschaft?

aber auch Möbel und Multimediageräte, die oft die größten materiellen Investitionen ausmachen, könnten unnötige Energieflüsse vermieden werden. Die Tätigkeiten zur Anpassung bestehender Produkte wären mit einer regional verfügbaren Dienstleistung verbunden, wodurch globale Material- und Energieflüsse verringert und durch sparsamere regionale Ressourcenflüsse ersetzt würden.

Natürlich muß zwischen langlebiger Auslegung eines Produktes und dem Einwegcharakter ein Optimum gefunden werden. Es ist zweifelhaft, ob eine wiederverwendbare Glasspritze, die nach jedem Einsatz mit heißem Dampf sterilisiert werden muß, wirklich „umweltfreundlicher" ist als eine Einweg-Plastikspritze, vor allem, wenn man in einer Life Cycle Analysis mögliche Infektionen durch schlecht durchgeführte Sterilisationen mit einbezieht. Wenn man hingegen einen Computer durch einen neuen Prozessor 5-mal schneller machen kann und dies nur die Hälfte dessen kostet, was zur Anschaffung eines neuen Komplettsystems fällig wäre, würde sich die Pflege des Bestandes finanziell auszahlen. Die Arbeit mit dem System könnte sofort weitergehen, ein kaum mit Geld zu bewertender Vorteil.

Große Firmen würden in einer Bestandspflege-Gesellschaft nicht mehr das große Geld durch den häufigen Verkauf von Komplettsystemen machen, sondern weniger Geld umsetzen, aber wahrscheinlich gleiche Nettogewinne erwirtschaften. Dafür würden „vor Ort" mehr Arbeitsplätze entstehen, um die notwendigen Anpassungen und Aufrüstungen durchführen. Durch den herausgeschobenen Neukauf wird Geld frei, welches dann genau in diese weniger energieintensiven Dienstleistungen fließt.

Das Ziel im Rahmen einer zu bevorzugenden Vermeidungsstrategie muß also eine Verringerung von Ressourcenströmen aller Art sein, was in einer Bestandspflege-Gesellschaft besser gelänge. Die reine Bestandspflege darf aber keine Maxime sein, die stur befolgt wird. Letztendlich müssen Entscheidungen aufgrund der *Gesamtbilanz* zu vergleichender Verfahren getroffen werden.

Interessen von Bürgern und „der Wirtschaft" abgleichen

Bürger haben das Interesse, Produkte zu möglichst günstigen Preisen und, oft allerdings zweitrangig, mit möglichst hoher Qualität einzukaufen. Unternehmen wollen möglichst hohe Gewinne machen, dürfen zumindest jedoch keine Verluste machen. In diesem „Tauziehen" werden Produkte, Dienstleistungen sowie ihre Preise gestaltet. Wenn immer mehr Produkte und Dienstleistungen gekauft bzw. in Anspruch genommen werden, müssen diese zu stets sinkenden Preisen angeboten werden. Mehrere Mechanismen dienen unter dem harten Druck der Konkurrenz zur Optimierung des Verkaufspreises: Die verdeckte Umlage von Kosten auf die Kundschaft, die Verschlechterung der Qualität von Produkten, die Verabhängigung des Kunden und die Einbindung der Kundschaft als kontrollierbare logistische Größe:

- Der große Supermarkt im 10 Kilometer entfernten Gewerbegebiet zahlt im Vergleich zum kleinen Geschäft um die Ecke geringere Quadratmeter-Mieten und kann ein großes Sortiment einfacher verwalten. Dafür muß der Kunde 20 Kilometer mit seinem Auto fahren und die entsprechenden Investitionen an Geld und Zeit werden ihm aufgetragen, ohne daß er sie auf dem Kassenzettel sieht.

- An vielen Stellen verschwinden bezahlbare Produkte mit guter Qualität und langer Lebensdauer. Was bleibt, sind sehr preisgünstige Produkte, die man sich leicht kaufen kann, die aber ungern genutzt werden und dabei noch schnell kaputt gehen. Was weiterhin bleibt, sind Produkte, die langlebig und von sehr hoher Qualität sind, aber so hohe Preise haben, daß sie nur wenigen vorbehalten bleiben. Das mittlere Preissegment schwindet zusehends.

- Die Verabhängigung der Kunden findet dadurch statt, daß die Anschaffungspreise von Produkten, etwa eines Autos oder eines Mobilfunkvertrages, günstig gestaltet werden, aber durch vorprogrammierte Folgekosten wie Reparaturen oder Gesprächskosten nach der Anschaffung dem Unternehmen Gewinne bringen. Dem Kunden wird zusätzlich der Wechsel zur Konkurrenz erschwert.

- Eine Infrastruktur, etwa die eines Transportdienstleisters, wirft dann am meisten Gewinn ab, wenn sie gleichmäßig genutzt wird. Billigtickets erhöhen die Auslastung der Verkehrsmittel außerhalb der Stoßzeiten. Der Kunde wird zu einer logistischen Größe degradiert, die nach den Bedürfnissen des Unternehmens optimiert wird. Die Dienstleistung wird also zunehmend weniger nach den Bedürfnissen der Kunden ausgerichtet.

„Die Wirtschaft", die diese Mechanismen zunehmend nutzt, darf dabei nicht als Feind betrachtet werden. Sie ist vielmehr ein essentieller Bestandteil einer Industriegesellschaft, die Arbeitsplätze schafft und unsere Bedürfnisse zwar an vielen Stellen erst weckt, aber an wichtigen Stellen auch deckt.
Wirtschaft und Bürger entscheiden damit in sehr hohem Maße, *wie* unsere Welt aussieht. Wenn wir nur auf den Preis schauen, selektieren wir die Unternehmen aus, die zu den geringsten Kosten produzieren und riskieren damit Qualitätsverschlechterungen. Wenn wir unsere Kosten senken und unser persönliches Wohlbefinden verbessern wollen, dürfen wir nicht immer die billigsten Produkte kaufen. Dadurch werden Wirtschaftsunternehmen mit einem höheren Qualitätsbewußtsein und einer stärkeren Kundenorientierung bessergestellt – der Bürger ist damit ein *starkes* Korrektiv für das Warenangebot, welches die Unternehmen bereitstellen müssen, um ihre wirtschaftliche Existenz zu sichern.

Wieviel Natur, wieviel Technik wird die Zukunft bringen?

Wie weit gehen wir mit der Technisierung unseres täglichen Umfeldes? Werden wir in einer von Technik durchdrungenen und durch Technik stabilisierten Sphäre leben, die dann eine reine *Techno*sphäre wird? Oder werden wir mit Hilfe von Technik und angemessenem Verhalten in einer Welt leben, in der die Natur ihre Chance hat, in der *Bio*sphäre zu wirken?

Die Entwicklung von der naturnahen zur volltechnisierten Lebensweise ist in geschichtlichen Dimensionen außerordentlich schnell vonstatten gegangen. Aber aus der persönlichen Perspektive sind viele Errungenschaften nach ein, zwei oder fünf Jahren selbstverständlich und werden von uns genutzt, als gäbe es sie schon immer. Es ist gerade einmal fünf Jahre her, daß Handys sich in Deutschland zum Alltagsgegenstand mauserten, und schon ist es Standard. Neue Geräte können nur noch durch die Schaffung eines Handykults mit multifunktionalen Geräten – und multipotenten Pfaden des Geldmachens über Klingeltöne, Hintergrundbilder, Spiele und Filmchen – an den Mann, die Frau oder die Kinder gebracht werden.

Wie weit technische Artefakte in einem hochindustrialisierten Land wie Deutschland die Biosphäre durchziehen, wird erst dann klar, wenn wir uns in die „Natur" stellen und versuchen, diese pur zu erleben. Die Geräusche und optischen Reize technischer Objekte sind mit hoher Permanenz, oft hoher Penetranz zu vernehmen. Autos, Flugzeuge, Musikanlagen, Klimaanlagen, dröhnende Blatt-Wegblas-Maschinen ... die Liste ließe sich beliebig fortführen. Auf der optischen Seite ist es kaum anders: Handyantennen, Stromtrassen, Industrieanlagen, Verkehrswege, Siedlungen tummeln sich auf der Oberfläche, der Himmel ist jeden zweiten Tag von einem Gewebe von Kondensstreifen durchschnitten und des Nachts werden per Scheinwerfer Wolken beleuchtet – offensichtlich Bestandteil der „Kunst am Bau". Wir können uns schon heute nicht mehr den vielfältigen wahrnehmbaren Auswirkungen der Techniknutzung entziehen, weder zeitlich noch räumlich!

Das Lebensumfeld eines Raumfahrers ist hochgradig künstlich und voll und ganz von dem Funktionieren der entsprechenden Technik abhängig. Dies drückt der Name „Lebenserhaltungssystem" treffend aus, der die Komponenten bezeichnet, die für die Schaffung einer atembaren Atmosphäre im Raumfahrzeug oder im Raumanzug verantwortlich sind. Dazu kommen die besonderen Bedingungen der Schwerelosigkeit und die vorhandene kosmische Strahlung. Und das ganz konkrete Überleben hängt dazu noch von der genauen Kenntnis anderer Objekte in der Erdumlaufbahn einschließlich der Erkennung von Weltraumschrott ab: Raumfahrzeuge müssen des öfteren die Lage und den Kurs korrigieren, um diesen Geschossen auszuweichen. Trotz dieser exotischen Umgebung können Menschen ein Jahr ohne wesentliche Probleme unter diesen Bedingungen verbringen. Im Vergleich dazu kommen uns unsere heutigen Abhängigkeiten von Strom, dem funktionierenden Automotor oder einem dichten Hausdach eher bescheiden vor.

Dennoch sind wir auf dem besten Weg in eine Welt, die ähnlich komplex wie die eines heutigen Raumfahrers ist.

Wir werden jedoch ohne Technik auf der Erde in Zukunft nicht auskommen können. Ein „Zurück zu den Wurzeln" oder besser ein „Zurück in die Wohnhöhle" wird es kaum geben. Aber wir sollten uns auch darüber im Klaren sein, daß ein zuviel an Technik, vor allem an *schlechter* Technik, die den Einsatz weiterer Technik nach sich zieht, um die Folgen der bisherigen Technik einzudämmen, dramatische Gefahren birgt:

Technik und ihre Gefahren

- Das permanente Aufsatteln von Technik auf Technik ähnelt einer Spirale, deren Ressourcenströme schon jetzt über die Kapazität des Systems Erde oder die technische Leistungsfähigkeit der Menschheit hinauswachsen.

- Die permanente und stets schneller wachsende Komplizierung von Systemen, in denen jede eingeführte Technik weitere Techniken nach sich zieht, wird für die Menschheit zu komplex, so daß diese Systeme, unbeherrschbar geworden, drohen, in sich zusammenzubrechen.

- Unsere evolutiv erworbene Anpassungsfähigkeit hilft uns, „technische" Geräusche und andere Sinneseindrücke wegzufiltern, aber diese Filtersysteme kosten uns Ressourcen an Wohlbefinden und Gesundheit.

- In einer allzu technischen Umgebung gehen essentielle Komponenten verloren, seien es Inhaltsstoffe aus ursprünglicher hochwertiger Nahrung oder die Sinneserfahrung eines Waldes, der in wohltuend geringer Lautstärke rauscht, gut riecht und eine wohltuende Lichtkulisse schafft.

Technik kann, wenn sie sinnvoll eingesetzt wird, helfen, unser System Erde besser zu bewahren. Ein einzelnes Großkraftwerk ersetzt etwa 5000 Windräder und nimmt nur etwa ein Fünfzigstel der Fläche in Anspruch. Die gesamten Windkraftanlagen Deutschlands ließen sich derzeit (2006) durch 4 Großkraftwerke ersetzen, die einen regionalen Eingriff bedeuten, aber bei weitem nicht das Ausmaß der unzähligen Windparks erreichen. Ein solches Großkraftwerk müßte natürlich so sicher wie ein Kohlekraftwerk und so kohlendioxidneutral wie ein Kernkraftwerk sein.

Die Erzeugung von Biokraftstoffen in Form von Pflanzenölen benötigt gigantische Anbauflächen, die wir in Deutschland nicht haben – ein starker Ausbau der Biodieselnutzung würde dazu führen, daß Ackerflächen in anderen Ländern genutzt ... oder Tropenwälder unumkehrbar in Ackerflächen „umgewandelt" würden. Eine starke Ausweitung der Biomassenutzung wäre ein nicht tolerierbarer Eingriff in das System Erde mit zerstörerischen Folgen – siehe dazu auch Bildtafel 8, S. 179. Eine wirklich „gute" Großtechnik könnte aus diesem Dilemma heraushelfen und eine zukunftsfähige Energieversorgung erst ermöglichen. Sie wird wahrscheinlich sogar der Schlüssel zu einer solchen Energieversorgung sein.

Technik als
Werkzeug
betrachten!
Wir bewegen uns heute zwischen den Extremen der Technikfeindlichkeit und der Technikgläubigkeit, aber die Wahrheit liegt auch hier dazwischen. Die Worte „Technik" und „Fortschritt" werden aus Wahrigs Deutschem Wörterbuch des Jahres 1971 zitiert, um den Fokus auf die Bedeutung dieser beiden Begriffe zu lenken:

> **'Tech|nik** <f. 20; i. w. S.> *die Kunst, mit den zweckmäßigsten u. sparsamsten Mitteln ein bestimmtes Ziel od. die beste Leistung zu erreichen, [...]*
>
> **'Fort·schritt** <m. 1> *Entwicklung vom Niederen zum Höheren, vom Einfachen zum Komplizierten; das Vorwärtskommen, Besserwerden, Wertsteigerung; [...]*

Die Zweckmäßigkeit muß allerdings *bewertet* werden. Und dies ist eine schwierige Aufgabe, was an der Überflutung des Marktes mit Mobiltelefonen verdeutlicht werden soll. Was ist der Zweck eines Handys? Immer erreichbar zu sein, immer erreichen zu können? Das neueste Gerät vorzeigen zu können? Für die Gerätehersteller und Mobilfunkbetreiber eine Gelderwerbsquelle? Die kurzen Produktzyklen und die permanente Zurschaustellung neuer Features scheinen eher den Gewinnerwerb in den Vordergrund zu stellen. Weniger eine einfache und immer mögliche Kommunikation. Doch selbst diese permanente Kommunikationsmöglichkeit hat ihre zwei Seiten: Es ist ein Segen, bei schönem Wetter spazieren gehen zu können und dabei auch einmal einen lange schon verschobenen Anruf zu tätigen oder bei einem Unfall schnell den Rettungsdienst rufen zu können. Im Normalbetrieb trüben jedoch die permanente Erreichbarkeit und die unklaren Kostenstrukturen für Gespräche, den SMS-Versand, herunterzuladende Klingeltöne oder Handy-Spiele oftmals die Freude am Einsatz des Handys. Hingegen wäre ein einfaches Handy mit Telefon- und SMS-Funktion, eingebautem Computermodem und – heute bei Handys unverständlicherweise nicht üblich – einer sich selbst genau stellenden Uhr mit Weckfunktionen für 99.9 Prozent der Handynutzer vollkommen ausreichend. Solche Produkte sucht man jedoch vergebens, obwohl sie mehr Freude an dem eigentlichen Zweck, der Kommunikation, bereiten würden.

Was heute sehr oft fehlt, ist die Definition des *Zieles*, welches ein potentieller Benutzer mit einer technischen Neuerung erreichen könnte. Besser noch sollten Menschen sich ihrer Bedürfnisse unabhängig von den technischen Möglichkeiten bewußt sein und nach ihren Bedürfnissen Technik als Werkzeug einsetzen. Die folgende Worttransformation bringt dies zum Ausdruck:

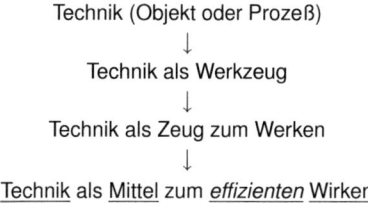

Technik (Objekt oder Prozeß)
↓
Technik als Werkzeug
↓
Technik als Zeug zum Werken
↓
Technik als Mittel zum *effizienten* Wirken

Ein Maurer, der eine Wand aus einzelnen Steinen hochziehen möchte, wird sein Hauptwerkzeug schnell auswählen können: Eine Kelle und eine Wasserwaage. Diese Werkzeuge faßt er 8 oder 10 Stunden am Tag mit seinen Händen an und wird sie jahrelang nutzen können. Das Ziel besteht darin, den Mörtel zügig und in gleichförmiger Dicke auf die vorhergehende Steinschicht aufzutragen, den Stein daraufzusetzen und mit der Wasserwaage so auszurichten, daß er gerade liegt. Diese anscheinend einfache Tätigkeit, eine ordentliche, haltbare Mauer zügig fertigzustellen, erfordert eine hohe handwerkliche Fertigkeit und ein gutes Gefühl für die verwendeten Materialien. Das Werkzeug wird solide, möglichst ergonomisch und auf lange Sicht kostengünstig sein.

Genauso wie Kelle und Wasserwaage können alle Komponenten einer Energieversorgung einschließlich der von uns genutzten Systeme wie Heizung, Auto oder Musikanlage als Werkzeuge angesehen werden, mit denen ein Ziel verfolgt werden soll. Die Ziele können wie folgt definiert werden:

- Energie für alle notwendigen und schönen Tätigkeiten bereitzustellen und

- Energie auf eine Weise bereitzustellen, die keine nennenswerten Nebenwirkungen und Risiken verursacht.

Eine Energieversorgung, die sich an diese beiden Maximen hält, wäre technischer Fortschritt nach der beschriebenen Definition.

Diejenigen, die Probleme erkennen, ernst nehmen und damit ihre Mitmenschen – privat oder öffentlich – auch noch „belästigen", werden schnell in die Schublade „Kassandra" geworfen. Sind sie auch noch lebensfrohe Menschen, die Kraft aus ihrer Lebensfreude ziehen, um sich auch mit Problemen auseinanderzusetzen, scheint das Verständnis der meisten Menschen an die Grenzen zu gelangen: Eine solche Einstellung ist offensichtlich nicht in der Gesellschaft verankert.

Verdrängung von oder Beschäftigung mit Problemen?

Aus diesem Grunde werden viele Probleme verdrängt. Die Vogelgrippe taugt zwar als mediales Schreckgespenst, allerdings profitieren bestenfalls die Hersteller von in diesem Falle kaum wirksamen Grippeschutzimpfstoffen oder Grippemedikamenten. Vielleicht profitieren noch die Schweine- und Rindfleisch-„Produzenten", weil die Kundschaft Geflügel meidet, aber trotzdem Fleisch auf dem Teller haben möchte. Tieferliegende Probleme kommen bestenfalls in Nebensätzen vor, wie etwa die aus Platzmangel oft entstehende Nähe zwischen Menschen und Nutztieren im Verbund mit der hohen Mobilität von Menschen, Tieren und Tierprodukten. Diese Nebenbedingungen begünstigen eine Modifikation zum Supervirus und die Ausbreitung einer Grippeepidemie.

Die Energie-Diskussion verläuft ebenfalls in engen, besser engstirnigen Dimensionen. Es scheinen nur das Nein zu fossilen Brennstoffen und das Nein zur Kernenergie zu existieren. Daraus wird ein Ja zur Nutzung erneuerbarer Energien abgeleitet. Warum sind wir aber nach 20 oder 30 Jahren der heftigen Debatte, deutlicher technischer Entwicklung und hoher Investitionen immer noch zu fast 90 Prozent von fossilen Brennstoffen abhängig? Weil erneuerbare Energien bei heutiger, leider auch bei der morgen verfügbaren Technik schlichtweg die derzeitigen Verbrauchsmengen und Versorgungsstrukturen *nicht* bedienen können. Eine offene Diskussion ist zwangsläufig unbequem und deutlich komplizierter, und das scheint sich politisch sowie publizistisch schwerer verkaufen zu lassen. Eine offene und konsequente Diskussion müßte eine ausreichende, aber dabei die Umwelt nur geringfügig beeinflussende Energieversorgung zum Ziel haben.

Wir sollten uns solchen Diskussionen offen stellen, alle mit Liebe gehegten und gepflegten vorgefaßten Meinungen, Vorurteile und Ideologien wenigstens einmal die Woche für eine oder zwei Stunden über Bord werfen. Das Erkennen von Problemen und der Prozeß ihrer Lösung können durchaus befriedigend sein, ja sogar Spaß machen. Ob wir im Beruf eine Aufgabe angehen und bewältigen oder ob es um das Großziehen von Kindern geht: Es ist stets die Bewältigung von Problemen und „Krisen". Wir sollten lernen, diese alltäglichen Erfahrungen auch in die Auseinandersetzung mit Themen einzubringen, die die gesamte Gesellschaft betreffen. Die Energiedebatte ist eines von vielen Beispielen, wahrscheinlich aber *das* dringendste Beispiel für eine solche bitter notwendige Auseinandersetzung.

Wohlstand durch Repressalien oder Wohlbefinden in Frieden?

Wir können unsere Zukunft gestalten, indem wir versuchen, unseren materiellen Status Quo zu halten, ihn womöglich anzuheben. Dies ist die derzeitige Situation, deren Credo das Wirtschaftswachstum, der Schrei nach mehr, mehr, mehr ist. Es hat den Anschein, daß die hochindustrialisierten Staaten heute eine relative politische Stabilität in vielen Regionen der Welt nur noch mit Repressalien –Wirtschaftskriegen und militärischen Interventionen – erreichen können. Hingegen ist das Ringen um eine Zukunft, die möglichst vielen Menschen einen ganzheitlichen Wohlstand bietet, ein Weg, bei dem wir, die Bewohner der industrialisierten Staaten, von unserem materiellen Wohlstand ein großes Stück abgeben müßten. Diese Auffassung steht gegen den Trend, weil sie nach der geltenden materiell dominierten Wohlstandsdefinition als Verschlechterung unserer heutigen persönlichen Lebensqualität wahrgenommen wird.

In der heutigen Welt gibt es anscheinend nur eine Richtung des „Fortschritts": Mehr Gehalt, höhere Aktienkurse, mehr Wirtschaftswachstum. Dieses Mehr wird erreicht, indem Unterschiede der Lebens- und Sozialstandards auf der ganzen Welt durch global operierende Konzerne genutzt werden, um Waren und Dienstleistungen möglichst billig anbieten zu können. Zunächst profitieren beide, das Unternehmen und ein Billiglohnland, indem das florierende Unternehmen Arbeitsplätze schafft. Unter dem harten Konkurrenzdruck anderer global operierender Unternehmen sinken die Produktpreise, damit müssen die Lohnkosten reduziert werden. Entweder durch den Einsatz von Maschinen und die Entlassung von Mitarbeitern, durch die Verringerung der Löhne oder durch ein Ausweichen in Länder mit billigeren Arbeitslöhnen. Die Länder, in denen man noch billiger produzieren kann, gehen aber langsam zur Neige und das einzige, was zur Preisreduktion beitragen kann, ist der Ersatz von Menschen durch Maschinen oder eine weitere Senkung der Arbeitslöhne. Der dadurch verständlicherweise grassierende Unmut in den Ländern dieser Produktionsstätten ist der Nährboden für Unzufriedenheit und Neid bis hin zu terroristischen Aktivitäten. Nicht, daß die unzufriedenen Menschen mit Terroristen gleichzusetzen wären. Jedoch greift ideologisch unterfütterte Propaganda bei den Betroffenen eher als bei Menschen, die mit ihrem Leben zufrieden sind. Der „Kampf gegen den Terrorismus", vorwiegend mit geheimdienstlichen und militärischen Mitteln geführt, wirkt bestenfalls gegen die Folgen, entzieht jedoch den terroristischen Aktivitäten keinesfalls den Nährboden.

Globale Verteilungsgerechtigkeit kann nicht darin bestehen, daß jeder Mensch ab sofort an jedem Ort gleichen meßbaren materiellen Wohlstand besitzt. Der Begriff heißt daher auch nicht Verteilungsgleichheit, sondern Verteilungs*gerechtigkeit*. Würde man jedem Menschen die gleiche Menge Heizenergie zugestehen, wüßte ein Zentralafrikaner nicht, wozu er sie verbrauchen soll, während ein Norweger den halben Winter bitterlich frieren würde: Eine gerechte Verteilung von Ressourcen würde solche Unterschiede angemessen berücksichtigen. Es ist auch fraglich, ob wir allen Menschen schnellstmöglich die gleiche Menge an Kapital zur Verfügung stellen sollen. Auch dies wäre nicht gerecht. Schließlich gibt es Länder, in denen ein Kilogramm Brot 3 Euro kostet, andere, in denen es umgerechnet einen halben Euro kostet. Auch hier wäre es sinnvoller, zu schauen, daß Menschen beider Länder sich Nahrungsmittel, Wohnraum, Kleidung, Bildung, Kultur und andere Dinge unter den dortigen Bedingungen bei ähnlichem Aufwand leisten können.

In einer Welt, in der Informationen weltweit fließen und viele Abläufe den ganzen Globus umspannen, wird langfristig eine Angleichung der Lebensverhältnisse stattfinden. Dies unter der Voraussetzung, daß wir allen Menschen gleiche Chancen bieten, sich in ihrer Umgebung zu entwickeln. Vielleicht haben wir Deutsche als Musterexemplare der Vertreter hochindustrialisierter Staaten dann weniger Arbeit, weniger Gehalt, weniger materielle Güter, aber wieder mehr Zeit, mehr Freude am Leben. Letzteres können wir gut von Bürgern anderer, materiell ärmerer Staaten lernen! Genau an dieser Stelle müssen wir eine Antwort auf die Frage „Was bedeutet Wohlstand für uns?" finden. Ist Wohlstand durch die Menge an Geld und anderen Besitz definiert oder gilt ein erweiterter Wohlstandsbegriff, der persönliches Wohl*befinden* mit einschließt?

Grenzen und Einschränkungen

Wieviel materiellen Wohlstand wir überhaupt erreichen können, unterliegt Grenzen und Einschränkungen, die die Randbedingungen für die Gestaltung unserer Zukunft markieren. Es gibt Grenzen, die nach bestem Wissen und Gewissen auch im Jahr 2050 oder 2100 nicht aufgehoben sein werden. Verschiedene Entwicklungsrichtungen können daher heute schon ausgeschlossen werden.
Wir können in vielen Fällen bestenfalls Prognosen wagen. Je weiter wir in die Zukunft schauen, desto unschärfer werden solche Prognosen. Eine Binsenweisheit, die man sich aber immer vor Augen halten sollte.

Die Grenzen unseres Lebensraums

Unser Planet ist aus unserer persönlichen Perspektive gigantisch. Ein Mensch bräuchte etwa 6 Jahre für eine Erdumrundung, wenn er pro Tag 20 Kilometer zurücklegt. Aber wie groß ist sein Lebensraum, wenn er ihn mit gut 6 Milliarden seiner Art in gleiche Stücke aufteilt? Jeder Mensch hat im Schnitt 85 000 Quadratmeter für sich, ein Quadrat von ca. 300×300 Metern (siehe dazu auch Bildtafel 1, S. 172). Diese Fläche erscheint zunächst groß, aber drei Viertel sind Wasserfläche, nur ein Viertel ist Land, also 150×150 Meter! Diese Landfläche ist natürlich in die verschiedenen Flächenarten unterteilt, wozu fruchtbares Land und Wälder gehören, die eine hohe Biomasseproduktivität aufweisen. Aber jeder hat auch sein Stück Arktis, Wüste und pflanzenarme Steppe. Nun stelle man sich vor, man müsse von dem, was dieser Fleck hergibt, sein komplettes Leben bestreiten: Ein Haus bauen, Rohstoffe für den täglichen Bedarf finden, Nahrung und Holz produzieren, Wasser holen, Energiepflanzen anbauen oder Energieträger fördern. Große Häuser, die viel Heizenergie brauchen oder ein eigenes Auto wären kaum zu betreiben, weil das Land nicht genügend Energie abwirft. Dieses Bild führt plastisch vor Augen, wie klein doch unsere Erde ist, wenn jeder von seinem Fleckchen Land leben müßte.
Auch das, was unter der Erde ist, ist begrenzt: Würden die wirtschaftlich gewinnbaren fossilen Rohstoffreserven auf alle Menschen gleich verteilt, hätte jeder 100 Tonnen Kohle, 25 Tonnen Erdöl, 20 Tonnen (30 000 Ku-

bikmeter) Erdgas und 6 Gramm Uran. An nicht-energetischen Rohstoffen stünden jedem Menschen etwa 11 Tonnen Stahl, 4 Tonnen Aluminium, 53 Kilogramm Kupfer, 11 Kilogramm Blei und 6.5 Kilogramm Nickel zur Verfügung – diese Zahlen zeigen, warum Hochspannungsleitungen aus Aluminium gefertigt werden und die Speicherung von Strom in Blei- oder Nickelmetallhydrid-Akkus fast ausschließlich mobilen Anwendungen vorbehalten bleiben wird. Dieser Sachverhalt ist in Bildtafel 1, S. 172 graphisch dargestellt.

Wären die Ressourcen auf alle Erdenbürger gleich verteilt, würden wir viel vorsichtiger mit ihnen umgehen! Das gilt nicht nur für die Ressourcen, die wir in stofflicher oder energetischer Form zur *Ver*sorgung benötigen, sondern genauso für die Ressourcen, die wir zur *Ent*sorgung unserer Emissionen und Abfälle benötigen. Die Gleichverteilung würde jedem Menschen Atmosphäre mit einer Kohlendioxid-Menge von ca. 500 Tonnen zuordnen. Die durchschnittliche Menge an Kohlendioxid, die ein Erdbürger durch die Energienutzung emittiert, liegt bei 4.5 Tonnen pro Jahr. Pro Jahr wird die Kohlendioxid-Konzentration derzeit um ca. 1 Prozent erhöht. Wir greifen also massiv in das System Erde ein, viel deutlicher, als es uns bewußt ist! Der durchschnittliche Deutsche „besitzt" in der Luft über seinem durchschnittlichen Flächenanteil von gut 4000 Quadratmetern gerade einmal 25 Tonnen Kohlendioxid. Er stößt jedoch pro Jahr 12 Tonnen dieses Gases aus – würde sich das Kohlendioxid nicht weltweit verteilen, würden wir binnen zwei Jahren die Kohlendioxid-Konzentration über unserem Land *verdoppeln*.

Diese Grenzen unseres Lebensraumes, die auf viele Jahrzehnte, wenn nicht für viele Jahrhunderte gelten werden, müssen wir uns immer vor Augen halten. Wir werden auf lange Sicht nicht von unserer Erde flüchten können. Die Erde ist damit das Lebenserhaltungssystem der Menschheit, ähnlich wie der Raumanzug einen Raumfahrer am Leben erhält. Mit dem Unterschied, daß der Raumfahrer wieder zur Erde zurückkehren kann.

Energie wird bei jeder Nutzung „entwertet". Dies bedeutet, daß Strom, etwa in einer Kochplatte zu Wärme umgewandelt, nie wieder in seiner ganzen Energiemenge zurück in Strom verwandelt werden kann. Dies liegt nicht etwa an mangelnden Wirkungsgraden, sondern daran, daß Strom eine gerichtete Energie ist: Die Elektronen in einem Stromkreislauf bewegen sich brav in eine Richtung. Alles, was sie aus dieser Richtung ablenkt, etwa Stöße mit dem Kristallgitter, mindert die Menge elektrischer Energie, die letztendlich genutzt werden kann. Diese Verluste treten in Form von Wärme auf, sind aber in den meisten Fällen vernachlässigbar. In der Herdplatte wird jedoch durch einen Draht mit hohem elektrischem Widerstand genau dieser Effekt, also die Wechselwirkung des elektrischen Stromes mit den Atomen im Draht, dazu verwendet, den elektrischen Strom in Wärme um-

Naturgesetzliche
Grenzen

zuwandeln. Und dabei ist die Effizienz praktisch gleich 100 Prozent. Will man jedoch aus der Wärme der Herdplatte wieder Strom gewinnen, muß man die *un*gerichtete Wärmeenergie wieder zu einer gerichteten Energie umwandeln. Die Effizienz dieser Umwandlung ist immer kleiner 100 Prozent: Sie wird durch den Carnot-Wirkungsgrad beschrieben. Würde man einen Kessel auf der Herdplatte dazu nutzen, Wasserdampf zu erzeugen, der eine Turbine mit daran befestigtem Dynamo antreibt, so läge der maximal zu erreichende Wirkungsgrad bei ungefähr 15 Prozent. Wohlgemerkt: Dabei würde eine perfekte Technik vorausgesetzt, die verlustfrei funktioniert.

Eine weitere harte Grenze besteht darin, daß viele Vorgänge aus naturgesetzlichen Gründen eine entsprechende Menge Energie voraussetzen. Ein Elektroauto sei als Beispiel gewählt. Es braucht 3 Kilowatt elektrischer Leistung, um 50 Stundenkilometer fahren zu können. Es soll solar betrieben werden und auch bei leichter Bewölkung alleine mit Strom aus den Solarzellen fahren können. Bei leicht bedecktem Himmel kommen etwa 50 Watt Energie pro Quadratmeter in Form von Licht auf unserer Erdoberfläche an. Selbst bei perfekten Solarzellen mit 100 Prozent Effizienz braucht man 60 Quadratmeter Solarmodul-Fläche. Bei 2.5 Metern Breite wäre das Gefährt 24 Meter lang – die knapp 3 Kilowatt Motorleistung würden nicht ausreichen, um ein solches Gefährt auch nur annähernd auf 50 Stundenkilometer Geschwindigkeit bringen zu können. Hier schließen sich also Forderungen unabdingbar aus – bei physikalischen Grundsätzen gibt es keinen „Verhandlungsspielraum"!

Technische Grenzen

Es gibt natürlich auch technische Grenzen, etwa unzulängliche Energiewandler wie die Verbrennungsmotoren unserer Autos. Es ist durchaus möglich, einen Dieselmotor zu bauen, der 50 Prozent Wirkungsgrad hat. Die Hälfte der im Dieselkraftstoff chemisch gebundenen Energie wird in mechanische Energie umgesetzt. Aber solche Dieselmotoren laufen sehr langsam, sie werden daher vorwiegend in großen Überseeschiffen eingesetzt, die langsam beschleunigen und sehr gleichmäßig fahren. Ein Automotor muß hingegen mit verschiedensten Geschwindigkeiten laufen und diese auch schnell wechseln können. Man hat hier nicht die Zeit, die Verbrennungsgase im Zylinder abkühlen zu lassen und die in ihnen vorhandene Wärme gut auszunutzen. Selbst modernste Pkw-Dieselmotoren haben im Schnitt gerade einmal einen Wirkungsgrad von etwa 20 Prozent.

Es gibt aber auch technische Grenzen anderer Art, etwa bei den photovoltaischen Solarzellen. Für jedes auf eine Solarzelle fallende Lichtquant kann mit den heute üblichen Schichtaufbauten nur ein Elektron bewegt werden. Bis dieses eine Elektron bewegt wird, spielen weitere Effekte eine wesentliche Rolle. Das Lichtquant muß in die aktive Schicht der Solarzelle eindringen, es darf also vorher weder reflektiert noch absorbiert worden sein. Dann muß die Energie des Lichtquants so hoch sein, daß überhaupt ein Elektron in der aktiven Schicht herausgelöst werden kann. Und hier gehen die Probleme weiter: Ein Teil des Sonnenspektrums entspricht Lichtquanten mit zu geringer Energie, die nicht genutzt werden können. Haben Lichtquanten mehr Energie, als nötig ist, ein Elektron in Gang zu setzen, wird diese überschüssige Energie ebenfalls nicht genutzt. Damit kann eine normale Solarzelle grundsätzlich nur etwa 30 Prozent des einfallenden Lichtes in elektrischen Strom umwandeln. Im Labor werden Werte von etwa 25 Prozent erreicht. Glücklicherweise finden Materialwissenschaftler und Ingenieure aus solchen Situationen Auswege: Mehrschicht-Solarzellen, deren Einzelschichten jeweils für Lichtquanten verschiedener Energiebereiche optimiert sind und die Laborwirkungsgrade von deutlich über 30 Prozent erreichen. Aktuelle Untersuchungen an Solarzellen mit mikrostrukturierten Oberflächen zeigen inzwischen, daß pro Lichtquant mehrere Elektronen bewegt werden können, wenn die Energie des Lichtquants hoch genug ist. Die Wirkungsgrade könnten mit dieser Technik prinzipiell in Richtung 100 Prozent gehen.

Was nutzt es, eine Solarzelle mit einem phantastischen Wirkungsgrad von 30 Prozent herstellen zu können, wenn sie pro Watt Spitzenleistung 100 Euro kostet? In der Raumfahrt, wo jedes überflüssige Gramm abgespeckt wird, sind solche Preise nicht abschreckend. Schließlich kann ein Watt elektrischer Energie im Weltraum – man denke an Telekommunikationssatelliten – dabei helfen, eine sehr begehrte und damit teure Dienstleistung bereitzustellen. Dazu kommt, daß gerade in der Raumfahrt Solarzellen eine langfristige und zuverlässige Energieversorgung garantieren: Die Sonne ist in einem erdnahen Orbit zu 50 Prozent der Zeit mit voller Intensität verfügbar und die gewonnene Energie muß nur für die knappe Stunde Dunkelphase zwischengespeichert werden. Die Mehrkosten amortisieren sich sehr schnell und fallen bei den typischen Gesamtpreisen von Weltraumprojekten, die bei vielen 100 Millionen Euro liegen, kaum ins Gewicht.

Kosten und Wirtschaftlichkeit

Wenn es aber darum geht, Menschen auf der Erde mit Energie zu versorgen, muß Energie, zumindest bei der heutigen Bedarfsmenge, sehr billig sein. Gerade wir in den industrialisierten Ländern des Nordens verbrauchen ungeheure Mengen an Energie. Und zwar nicht nur in Form von Strom im Haushalt oder Kraftstoffen für unser Auto, sondern natürlich auch dann, wenn wir Güter kaufen oder Dienstleistungen, etwa eine Fernreise mit dem Flieger, in Anspruch nehmen.

Strom aus Hochleistungssolarzellen dürfte um die 10 Euro pro Kilowattstunde kosten und wäre damit um das 70-fache teurer als der Strom aus dem Energiemix fossiler Brennstoffe, Kernenergie und den regenerativen Energien Wasser und Wind. Selbst ein äußerst energiesparender Kühlschrank der Effizienzklasse A+ würde jährliche Stromkosten von 1700 Euro verursachen, jährliche Stromkosten durch das Duschen – täglich 5 Minuten mit 22 Kilowatt-Durchlauferhitzer – beliefen sich auf 6600 Euro! In diesem Fall scheitert das technisch Mögliche an der wirtschaftlichen und gesellschaftlichen Durchsetzbarkeit.

Gesellschaftliche Akzeptanz

Wie eine Energieversorgung in Zukunft gestaltet werden soll, wie sie überhaupt gestaltet werden kann, ist kaum mehr zu erkennen: Jeder will irgend etwas nicht. In einem „modernen" Staat muß auf alle Rücksicht genommen werden. Jedesmal, wenn genügend Leute aufstehen und monieren *„Nein, besser nicht, für diesen oder jenen entstehen Nachteile; und das geht ja nicht, wir sind eine Demokratie und da muß man auf jeden Rücksicht nehmen ...",* werden wichtige Entscheidungen und vor allem Handlungen aufgeschoben.

Würden sich die Menschen, speziell in Deutschland, so für eine energiesparende Lebensweise engagieren, wie sie sich, zumindest emotional, gegen die Kernenergienutzung ins Zeug legen, könnte man die Kernkraftwerke wohl jetzt schon zur Hälfte abschalten. Ob man wegen der Treibhausgas-Emissionen besser Kohlekraftwerke abschalten würde, soll an dieser Stelle nicht diskutiert werden. Wie wird also die persönliche kreative Energie der Menschen ausgerichtet? Leider allzuoft *gegen* die eine Sache und *nicht für* eine andere. Die Entscheidung „Gegen" ist einer Nicht-Entscheidung vergleichbar, die uns eine aktive, klare und unbequeme Entscheidung sowie die damit verbundene Verantwortung abnimmt.

Viele Dinge sind natürlich auch den Experten nicht klar. Wir wissen nicht, ob Off-Shore-Windräder den Vogelflug nennenswert behindern oder zu einer Häufung von Schiffs-Havarien führen. Wir wissen nicht, ob wir jemals die Kernfusion auf unserer Erde zur Energieerzeugung nutzen können. Und wir wissen nicht, ob es nicht doch Möglichkeiten gibt, radioaktive Abfälle zu vernichten, sie wirklich unschädlich zu machen. In diesen Bereichen müssen wir Menschen den Willen zum kontrollierten Experiment haben, den Mut, die Ergebnisse *transparent* offenzulegen und die Stärke, die Ergebnisse auch zu akzeptieren.

Politische Randbedingungen

Die Diskussion um die Kernenergie, so könnte man vermuten, ist gar nicht so sehr eine gesellschaftliche Debatte sondern aus politischen Profilierungsgründen in dieser Weise geführt worden. Warum wird im Jahr 1999 der Atomkonsens thematisiert und erst 5 ganze Jahre später die Reduktion der Treibhausgase? Hat man im Jahr 1999 irgendwelche Abwägung aus Regierungskreisen gehört, die auch nur den Hauch einer Abwägung zwischen globalem Klima-GAU und mit gewisser Wahrscheinlichkeit auftretenden Kernkraftwerks-GAUs gehört? Oder einen Vergleich zwischen der geplanten Endlagerung radioaktiver Abfälle und der seit Jahrzehnten praktizierten Endlagerung von Kohlendioxid in der Erdatmosphäre? Nein! Wenige Jahre nach dem Atomkonsens konnte man auch von Seiten der Rot-Grünen

Bundesregierung den äußerst wahrscheinlichen Zusammenhang zwischen Treibhausgas-Emissionen und Klimawandel wieder thematisieren und damit in der nächsten Runde, dem Emissionshandel, punkten.

Doch damit nicht genug: Es wird ein Weg vorgegaukelt, der mit Windenergie, Biomasse und weiteren „Kuschelenergien" die Energieversorgung Deutschlands ohne Nebenwirkungen sichern könnte. Dazu wird auch das bestehende Energieeinspeisegesetz, EEG, kurzerhand in das Erneuerbare-Energien-Gesetz, ebenfalls EEG, umgetauft. Ein Marketing-Coup ersten Ranges, denn das Erneuerbare-Energien-Gesetz ist nichts als die Fortführung des 1991 von der damaligen Regierung eingeführten Energieeinspeisegesetzes. Ein wenig Nachdenken sollte zu dem Schluß führen, daß solche kleinen Revolutionen, wie eben der Vormarsch der Windenergienutzung, Vorlaufzeiten von vielen Jahren oder gar Jahrzehnten brauchen. Dies sind die Zeiträume, die Forschung und Entwicklung benötigen, um ihre Ergebnisse in technisch umsetzbare Lösungen zu gießen. Erst dann können Produktionsanlagen aufgebaut und die Windräder produziert werden. Der Windenergie-Boom ist daher auf das Energieeinspeisegesetz von 1991 zurückzuführen.

Offensichtlich werden die Sachfragen oft dem Selbstmarketing der Parteien oder der einzelnen Politiker unterworfen. In einem medialen Klima, in dem nur noch der Knalleffekt zählt, hat eine konsequente und offene Beschäftigung mit Sachfragen keinen Platz mehr. Eine Folge besteht darin, daß sich auch die Bürger immer weniger mit diesen Fakten und Entwicklungen auseinandersetzen und wenn, dann mit mangelnder Sachkenntnis.

Ideale Energieträger, -speicher und Energiewandler

Die idealen Eigenschaften der Komponenten einer zukunftsfähigen Energieversorgung ergeben sich direkt aus unseren Zielen für eine Energieversorgung sowie den existierenden naturwissenschaftlich-technischen und ökologischen Randbedingungen. Wir müssen Antworten auf diese Fragen finden:

- Wie sieht ein idealer Energiespeicher aus?
- Wie sieht ein idealer Energieträger aus?
- Wie sieht ein idealer Energietransport aus?
- Wie sieht ein idealer Energiewandler aus?

Die Antworten und Lösungen sind Grundlage für das Design einer zukunftsfähigen Energieversorgung. Vertiefende Informationen zu den Komponenten sind im Anhang ab Seite 155 zu finden.

Energiespeicher können mit Energie beladen und wieder entladen werden, während Energieträger als solche nur „entladen", also ihre Energie freigesetzt werden kann. Ideale Energiespeicher müssen folgende Eigenschaften besitzen:

- Sie können beliebig oft be- und entladen werden,
- Die eingespeiste Energiemenge entspricht der wieder aus ihnen entnehmbaren Energiemenge.
- Die entnehmbare Leistung ist möglichst hoch.
- Sie enthalten möglichst keine Stoffe, die im Fall einer Fehlfunktion zu Umweltschäden führen können
- Die zur Herstellung benötigten Rohstoffe sind ausreichend verfügbar.

Die folgenden Kriterien gelten sowohl für Energiespeicher *und* Energieträger:

- Sie lassen sich, bezogen auf die Energieumsätze, kostengünstig herstellen, einsetzen und entsorgen.
- Die Energiedichte ist möglichst hoch.
- Die Systeme sind skalierbar, um auch sehr große Energiemengen speichern zu können.
- Die Systeme fügen sich in die menschlichen und gesellschaftlichen Bedürfnisse nahtlos ein.

Die Anforderungen an ideale Energiespeicher und -träger haben auch Konsequenzen für die wirtschaftliche und technische Realisierbarkeit eines solchen Speichers:

- Eine hohe Energiedichte hält die Abmessungen und das Gewicht der Speichervolumina von Energiespeichern und -trägern klein.
- Umweltverträgliche Energieträger und Bestandteile von Energiespeichern machen kostenaufwendige Schutzmaßnahmen überflüssig.
- Energiespeicher aus umweltverträglichen Materialien vereinfachen ihre Entsorgung und ihr Recycling. Umweltverträgliche Reaktionsprodukte von Energieträgern verringern die Kosten, weil keine Filter- und Reinigungsmaßnahmen erforderlich sind.
- Ein einfaches Handling und vernachlässigbare Giftigkeit erlauben den Einsatz einfacher Speichersysteme, einfacher Umfüllanlagen und vermeiden gefährliche Unfälle, wodurch eventuelle Zusatzkosten sehr gering bleiben.

Moderne wiederaufladbare Batterien kommen in einigen Kriterien nah an die Anforderungen heran, scheitern aber in zwei Punkten: An der Verfügbarkeit der Ressourcen und an der Wirtschaftlichkeit. Es gibt nicht genug

Blei auf der Welt, um genügend Bleiakkus zu bauen, die eine auf der Photovoltaik basierende Energieversorgung bei heutigem Strombedarf ermöglichen könnten. Der Bau von Pumpspeicherwerken würde, sollten sie nennenswerte Energiemengen speichern können, zu schweren ökologischen Problemen führen. Große Wärmespeicher für Raumwärme sind gerade am Rande der Wirtschaftlichkeit, aber auch nur dann, wenn sie in einer Größe gebaut werden, die ganze Siedlungen versorgt. Wir besitzen derzeit keine Energiespeicher, die auch nur annähernd an das Ideal herankommen. Bei den Energieträgern sieht es genauso aus, weil die Masse fossiler Energieträger im Einwegverfahren genutzt wird und so ihre umweltschädigenden Wirkungen entfaltet.

Energieträger sind eine spezielle Form von Energiespeichern, die sich dadurch unterscheidet, daß sie nicht voll reversibel sind. Ist der Energieträger verbraucht, kann er mit dem zur Nutzung eingesetzten Energiewandler nicht wieder in den Energieträger zurückverwandelt werden. In Systemen zur Speicherung von Energie können Energieträger jedoch als Bestandteile auftreten: Methan, Benzin oder Diesel können in einer zukünftigen Energieversorgung eine Rolle als Speichermedium für Energie spielen, wenn sie in Kreisläufen genutzt werden. Dies gilt auch für Biomasse – siehe dazu die Abbildung auf Seite 160, mittleres Teilbild.

Die Funktion idealer Energieträger in Speichersystemen

Energieträger erfüllen dann den Zweck eines Energiespeichers oder besser eines Energiezwischenspeichers in einem offenen Kreislauf. Das Beladen eines echten Energiespeichers entspricht dem Herstellen des energietragenden Stoffes, das Entladen des Energiespeichers entspricht der Nutzung des energietragenden Stoffes. Gerade bei mobilen Anwendungen ist der Weg über einen recycelbaren Energieträger interessant, weil die mobilen Systeme – Autos, Flugzeuge, Notebooks – dadurch leichter, kostengünstiger und einfacher gestaltet werden können. Sie müssen nur die Komponenten zur „Entladung" mitführen.

Die Nutzung in einem offenen Kreislauf könnte auch eine Chance für eine grundlastfähige Stromversorgung, die vollkommen auf erneuerbaren Energien basiert, bieten: Beispielsweise dann, wenn aus Kohlendioxid, Wasser und Sonnenenergie auf solarchemischem oder solarbiologischen Wege ein Energieträger wie Methanol auf Vorrat produziert und bei Bedarf in Kraftwerken oder Brennstoffzellen zur Stromerzeugung eingesetzt würde.

Der ideale Energietransport ist

Der ideale Energietransport

- verlustfrei,
- birgt keine Umweltrisiken und
- ist zu wirtschaftlichen Kosten durchführbar.

Die Supraleitung – ein Beispiel für den Transport elektrischen Stroms – ist zwar für sich genommen verlustfrei und birgt keine nennenswerten Umweltrisiken, sie ist jedoch bei heutigem Stand nicht wirtschaftlich: Supraleitende Kabel sind teuer in der Herstellung und sie müssen unter Energieaufwand auf niedrigen Betriebstemperaturen gehalten werden. Flüssiges Helium, zumindest aber flüssiger Stickstoff sind als Kühlmittel notwendig. Im Vergleich dazu ist der Transport über Hochspannungsleitungen heute schon wirtschaftlich und die Verluste liegen mit der Hochspannungs-Gleichstromübertragung bei ca. 3 Prozent pro 1000 Kilometer Leitungslänge. Zu hohe Verluste für ein globales Verbundnetz, aber für kontinentale Verbundnetze ausreichend niedrig.

Die hohen Energiedichten chemischer Energieträger wie z. B. Kohlenwasserstoffe oder Alkohole erlauben einen hohen Transport-Wirkungsgrad. Eine relativ gute Umweltverträglichkeit verringert die Risiken und Auswirkungen bei Havarien. Die Transportsysteme sind unkompliziert und damit vergleichsweise wirtschaftlich. Sie kommen in der Summe ihrer Eigenschaften einem idealen Energieträger recht nahe.

Der ideale Energiewandler

Ein idealer Energiewandler muß folgende Anforderungen erfüllen:

- Möglichst geringe Emissionen klimarelevanter Stoffe, chemischer Gifte, schädlicher Partikel, radioaktiver Strahlung,
- möglichst geringe Lärmemissionen,
- möglichst geringe Emission elektromagnetischer Strahlung, elektrischer Felder, magnetischer Felder, Wärme,
- möglichst hoher Wirkungsgrad der Energieumwandlung,
- möglichst gut verfügbarer Rohstoffe zur Herstellung des Wandlers,
- möglichst ressourcenschonende Herstellung durch geringen Materialaufwand und effiziente Herstellungsprozesse,
- möglichst geringe Gesamtkosten für Herstellung und Betrieb des Wandlers,
- möglichst gute Integration in die menschlichen und gesellschaftlichen Anforderungen.

Als Beispiel möge die Brennstoffzelle dienen, die oft als optimaler Energiewandler beschrieben wird: Fahrzeugtaugliche Brennstoffzellen benötigen bei heutigem Stand der Entwicklung zwei Edelmetalle als Katalysatoren, Rhodium und Platin. Diese Edelmetalle sind extrem teuer und tragen trotz ihres geringen Anteils von einigen Gramm deutlich zum Preis einer Brennstoffzelle bei. Wollte man alle Pkw in Deutschland, das sind etwa 45 Millionen, auf Brennstoffzellenbetrieb umrüsten, wäre das 5-fache der Weltjahresförderung an Platin notwendig. Platin wird aber für viele andere Anwendungen benötigt und der Preis würde bei einer extrem gesteigerten Nachfrage, die nicht nur aus Deutschland käme, explodieren, und sich auf die Wirtschaftlichkeit mindernd auswirken: Brennstoffzellen würden schnell unbezahlbar.

Der aus der theoretischen Perspektive ideale Energiewandler Brennstoffzelle wird, bei heutigem Stand der Technik, in der praktischen Anwendung für Privatfahrzeuge keine Rolle spielen können. In U-Booten oder Militär-Lkw ist die Brennstoffzelle – in Kombination mit einem Elektromotor – als leises Antriebssystem eindeutig überlegen: U-Boot oder Lkw werden vom Feind nicht entdeckt. Bei diesen Vorteilen und bei dem hohen Grundkosten solcher Militärfahrzeuge fällt der hohe Preis für Brennstoffzellen nicht mehr ins Gewicht – ökologische Gründe haben also keine Bedeutung, auch wenn die Darstellung in den Medien dies teilweise suggeriert.

Ein stetes Streben nach dem Ideal für die Komponenten einer Energieversorgung führt zu einer langen Suche ohne praktisch verwertbaren Erfolg. Wir können bestenfalls ein *Optimum* erzielen, von dem wir allerdings heute noch weit entfernt sind. Der Energieträger Wasserstoff ist, was seine energetischen Eigenschaften und seine Umweltkompatibilität anbelangt, ein nahezu idealer Energieträger, scheitert aber an der schweren Handhabung. Methanol kann dem Wasserstoff hingegen leicht den Rang ablaufen: Die einfache Infrastruktur zu seiner Handhabung läßt die geringere Energiedichte des eigentlichen Energieträgers verschmerzen. Methanol kann in herkömmlichen Motoren ohne viel Aufwand genutzt werden, läßt sich aber auch in Direkt-Methanol-Brennstoffzellen ohne Umwege in elektrischen Strom verwandeln. Gelänge es nun noch, Methanol in solarchemischen oder solarbiologischen Verfahren aus Wasser und atmosphärischem Kohlendioxid wirtschaftlich herzustellen, würde niemand mehr über Wasserstoff als Energieträger nachdenken. Methanol wäre nach diesen Überlegungen der optimale Energieträger und vermeintlichen Idealen vorzuziehen, die sich nicht verwirklichen lassen.

Realistisch bleiben, das Optimum suchen

Ideale und optimale Energieversorgung

Optimale Komponenten sind natürlich die Voraussetzung für eine optimale Energieversorgung, aber die einzelnen Komponenten müssen auf sinnvolle Weise in eine Energieversorgung eingebunden werden. Das gesamte Energieversorgungssystem muß daher Ansprüchen genügen, denen sich die einzelnen Komponenten unterordnen müssen.

Aus den einzelnen Anforderungen des vorangehenden Abschnitts an Energieträger und Energiewandler lassen sich klare Forderungen an eine zukunftsfähige Energieversorgung stellen:

Eigenschaften einer zukunftsfähigen Energieversorgung

- Geringe Emissionen in der Gesamtbilanz an Treibhausgasen, Giften, Radioaktivität etc. bei dem Umgang mit Energie.
- Geringe, besser keine Produktion von treibhauswirksamen, giftigen und radioaktiven Abfällen aus der Energieerzeugung, die die Umwelt

schädigen können oder auf komplizierte Weise entsorgt werden müssen.

- Hohe Gesamteffizienz über den gesamten Lebenszyklus bei Energiewandlern, -speichern und -transportsystemen.
- Angemessenheit an die jeweiligen natürlichen Ressourcen in lokaler, regionaler, nationaler und globaler Ebene.
- Angemessenheit an die zu der jeweiligen Zeit gegebenen quantifizierbaren Randbedingungen wie z. B. Ressourcen, technisches Können, ökonomische Situation.
- Den menschlichen Faktor beachten – Einbettung in die verschiedenen Gesellschaften und Kulturkreise.

Die hier genannten Punkte werden nun vertieft.

Vorrang für die Vermeidungsstrategie ...

Wir haben das System Erde schon heute, zu Beginn des 21. Jahrhunderts, drastisch modifiziert, indem wir Siedlungen und Verkehrswege gebaut haben. Die Nutzung, leider oftmals auch Übernutzung von Ackerflächen, Weideflächen, Tropenwäldern und Fischgründen stößt an die Grenzen der Regenerationsfähigkeit dieser Untersysteme der Erde, hat sie teilweise deutlich überschritten. Die Nutzung der Atmosphäre als „Müllkippe für Treibhausgase" trägt zum Klimawandel und dieser wiederum zur Landvernichtung bei, ob es die fortschreitende Wüstenbildung oder schwere Überschwemmungen sind. Die Menschheit wird in den nächsten Jahrzehnten sehr viel Anpassungsarbeit leisten müssen, um neue Nahrungsquellen zu erschließen oder sich vor Unwettern zu schützen, und sich auf weitere, heute noch gar nicht absehbare Gefahren einzustellen.

Unser Umgang mit Energie sollte sich wenigstens von nun an *strikt* an die Maxime halten, die dabei auftretenden Wirkungen auf das System Erde zu minimieren, besser zu vermeiden. Dies wird selbst für neue Autos und Kraftwerke nicht von heute auf morgen gehen. Jedoch sollten die Fahrzeuge und Kraftwerke in zehn oder zwanzig Jahren in jedem Fall dieser Maxime streng folgen. Nur dann kann der schon heute starke Einfluß des Menschen auf unsere Erde stabilisiert und in fünfzig Jahren vielleicht deutlich reduziert werden. Die dafür notwendige Anstrengung, die von allen Menschen geleistet werden muß, ist gewaltig.

Verlassen wir uns hingegen zu sehr auf unsere trotz aller Technik sehr beschränkte Anpassungsfähigkeit, wird es viele Opfer geben.

Zentrale oder dezentrale Energieversorgung?

Die oftmals in ideologischer Verbissenheit zwischen den Extremen Zentralität und Dezentralität geführte Debatte schiebt einen Keil zwischen die Befürworter und Gegner von Großkraftwerken und zentralen Versorgungsstrukturen. Dies ist ein gefährlicher Zustand: Eine tragfähige Energieversorgung wird aller Voraussicht nach immer aus zentralen *und* dezentralen Versorgungsstrukturen bestehen, die sich ergänzen.

Erdgas ist viel zu schade, um es in großen Gas-und-Dampfturbinen-Kraftwerken zu verfeuern. Für Hausheizungen ist es dagegen ein effizienter und
derzeit wohl der sauberste Energieträger, wenn man von den Kohlendioxid-
Emissionen absieht. Wenn Kernenergie aufgrund ihrer vernachlässigbaren
Treibhausgas-Emissionen die Zeit zwischen der Ära der fossilen Brennstoffe und der Ära der Sonnenenergienutzung überbrücken soll, kann dies
nur mit zentralen Kernkraftwerken geschehen. Kernkraftwerke können aus
naturgesetzlichen Gründen nicht beliebig klein gebaut werden.

Die oft hochgelobte Wasserstoff-Wirtschaft wird ebenfalls stark zentra-
lisierte Strukturen besitzen, auch die „kuschelige" Solar-Wasserstoff-
Wirtschaft: Selbst wenn jeder Haushalt seine eigene autarke Energieversorgung – bestehend aus Solarzellen, Wasserstoffspeicher und Brennstoffzelle
– besitzt: Die Menschen sind strikt von den Konzernen abhängig, die
ihnen diese hochkomplexe Haustechnik verkaufen und sie in Gang halten.
Viel wahrscheinlicher ist jedoch eine Wasserstoffversorgung über ein
Rohrleitungsnetz, welches zu einer direkten Abhängigkeit der Endkunden,
vergleichbar mit der Situation bei Strom oder Erdgas, führt.

Die Wahrheit liegt also zwischen den Extremen. Die optimale Struktur
einer zukunftsfähigen Energieversorgung wird zentrale Einrichtungen und
dezentrale Komponenten enthalten. Saubere, effiziente Großkraftwerke,
teilweise mit Abwärmenutzung, ergänzen sich mit Windrädern und
solar unterstützten Hausheizungen. In der Vernetzung dieser Energiever-
sorgungseinheiten besteht die Chance, für jeden Zustand des Systems
optimale Einstellungen zu finden, Überschüsse und Mängel auszugleichen:

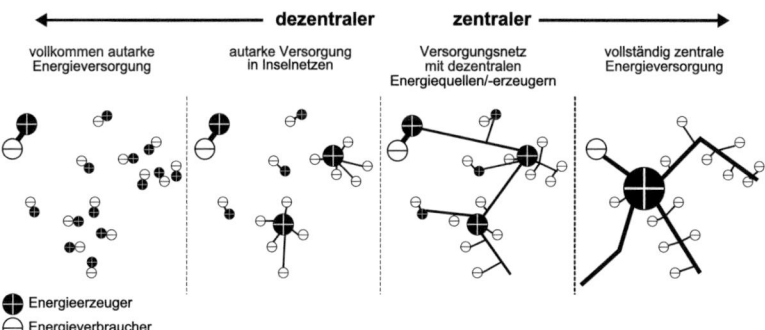

In Organismen ist die Abwägung zwischen zentraler und dezentraler Ener-
giebevorratung ähnlich gelöst. Beim Menschen sorgt der Blutkreislauf für
den vom Herzen zentral angetriebenen Transport von energietragenden
Stoffen und den Abtransport der Stoffwechselprodukte, es gibt energiespei-
chernde lokalisierte Gewebestrukturen wie Leber oder Fettgewebe, aber jede Zelle hat auch einen kleinen „Mundvorrat", um plötzliche Spitzen des

Energiebedarfs abfangen zu können. Diese Organisation hat sich über Jahrmillionen und in vielen Extremsituation sehr gut bewährt – wir sollten uns daran ein Beispiel nehmen.

Realistisch: optimale Energieversorgung und synthetisches Szenario

Eine ideale Energieversorgung wird man per definitionem nicht aufbauen können, sie wird ein Wunschtraum bleiben. Aber man kann einen Pfad aufzeigen, der die Konstruktion einer optimalen Energieversorgung unterstützt.

Die Auswirkungen der Energienutzung werden weitgehend durch die eingesetzten Energieträger bestimmt. Fossile Brennstoffe erzeugen bei ihrer Verbrennung klimawirksame Treibhausgase und giftige Schadstoffe. Kernenergie birgt das zwar geringe Risiko der Freisetzung radioaktiver Isotope, aber wenn etwas passiert, sind die Auswirkungen dramatisch. Das Spektrum der direkten und indirekten Nutzung der Sonnenenergie wird die Energiequelle der Zukunft sein, darüber läßt sich kaum streiten. Zu welchem Zeitpunkt Sonnenenergie die fossilen Energien und die Kernenergie ersetzen kann, ist jedoch strittig. Aber es wird wohl noch 50, eher jedoch 100 Jahre dauern, bis grundlastfähiger Strom sowie Kraftstoffe nahezu ausschließlich mit der Energie der Sonne gewonnen werden. Die Bildtafel 2, S. 173 verdeutlicht eine mögliche zeitliche Entwicklung der Energieträger-Zusammensetzung und der dabei auftretenden Emissionen und vergleicht sie mit den Reichweiten der konventionellen Energieträger.

Es gibt aber nicht nur die zeitliche Perspektive, sondern auch eine räumliche, geographische Herangehensweise. Dabei wird sich die jeweilige Form der Energiegewinnung sehr stark an die lokalen und regionalen Gegebenheiten anpassen müssen, wenn eine optimale Energieversorgung etabliert werden soll. Es ist natürlich nicht sinnvoll, ein Kernkraftwerk mit 1600 Megawatt elektrischer Leistung in der Mitte des afrikanischen Kontinentes zu bauen, wo die Menschen in geringer Bevölkerungsdichte über den halben Kontinent verstreut leben. Hier sind Solarlaternen, Solarkocher und kleine Wasserkraftwerke zunächst die angepaßten Lösungen. Im Gegensatz dazu würde es nicht funktionieren, die „energiehungrigen" Bewohner im nicht ganz so sonnigen Nordrhein-Westfalen autark mit batteriegepufferten Photovoltaikkraftwerken zu versorgen, weil alles Blei der Welt nicht ausreichen würde, die entsprechenden Akkumulatoren zu bauen. Eine mögliche, an die jeweiligen Gegebenheiten angepaßte Lösung zeigt die Bildtafel 7, S. 178 in der räumlichen Dimension und vergleicht sie mit den heute bekannten Reserven an fossilen Brennstoffen und nuklearem Material.

Jede Zeit und jeder Ort hat eine optimale Struktur der Energieversorgung, die im wesentlichen von den eingesetzten Energieträgern und den am Ort bzw. in der Nähe vorhandenen Ressourcen abhängig ist. Ein solches Szenario, welches sich nach den Randbedingungen richtet, aber dabei *alle* Register zieht, kann man als synthetisches Szenario bezeichnen. Fossile Energien werden noch Jahrzehnte ihre Rolle spielen, die Sonnenenergie, also die Gruppe der erneuerbaren Energien, wird das Ziel sein. Die Kernenergie wird aller Voraussicht nach unter dem akuten Druck des Klimawandels und des noch auf lange Sicht steigenden Energiebedarfs eine lebenswichtige Rolle spielen: Sie kann die Brücke zu einer zukunftsfähigen regenerativen Energieversorgung schlagen.

Eine Energieversorgung soll dem Menschen dienen: Sie soll sich den Bedürfnissen der Menschen anpassen und nicht den Menschen an die Energieversorgung. Neben allen naturwissenschaftlich-technischen Gesichtspunkten müssen auch die menschlichen Aspekte berücksichtigt werden. Was nutzt ein absolut betriebssicheres Kernkraftwerk, wenn die Anwohner trotzdem noch Angst vor einem Reaktorunfall haben? Was nutzt das Anpreisen von Biomasse als Zukunftslösung, wenn es klar ist, daß die Flächen in einem Land und auf der ganzen Welt nicht ausreichen können, die benötigte Bioenergie nachhaltig zu gewinnen?

Interaktionen zwischen Energieversorgung und Gesellschaft

Eine zukunftsfähige Energieversorgung *muß* die Akzeptanz in der Gesellschaft finden. Sie kann nur dann geschaffen werden, wenn Bürger wenigstens die Chance haben, sich an diesem Prozeß zu beteiligen. Und eine Beteiligung an diesem Prozeß setzt ein gerüttelt Maß an Bildung voraus, um die richtigen Entscheidungen treffen zu können. Die Rolle der Bildung in der Gesellschaft im Hinblick auf die Gestaltung einer zukunftsfähigen Energieversorgung wird im Abschnitt 3.3, S. 141 vertieft.

3.2. Energietechnik heute und der kurzfristige Ausblick

Dieser Abschnitt ist ein kompakter Kurs durch die heute verfügbaren sowie die derzeit diskutierten Energietechnologien. Schwerpunkte sind

- die Wärmeversorgung, besonders die Raumwärme,
- die Versorgung mit Kraftstoffen, die derzeit in absoluter Weise von der Verfügbarkeit des Erdöls abhängt,
- die Erzeugung ausreichender Mengen elektrischen Stroms auf möglichst gering belastende Weise sowie
- die Maßnahmen, die es erlauben, den Energiebedarf und den Bedarf an anderen technischen und natürlichen Ressourcen herunterzufahren.

Gerade im Bereich der Raumwärmeversorgung gibt es heute schon ausgereifte, energetisch sinnvolle Lösungen des effizienten Umgangs mit Energie, der auch den Einsatz der Solarenergie, zumindest in unterstützender

Funktion, als regenerative Energieform möglich und wirtschaftlich macht. Im Gegensatz dazu fehlen in den Bereichen der Kraftstoff- und der Stromversorgung kurzfristig realisierbare Alternativen. Es gibt jedoch Konzepte, um an einigen Stellen den Energiebedarf wenigstens etwas zu reduzieren.

In allen Bereichen besteht ein dringender Handlungsbedarf, vorgelagert aber auch ein mindestens so wichtiger Bedarf an Forschung und Entwicklung. Die hier vorgestellte Vergegenwärtigung der heutigen Situation hat zum Ziel, Maßnahmen für die Gestaltung einer zukunftsfähigen Energieversorgung abzuleiten, die später behandelt werden.

Wärmeversorgung – Alternativen sind vorhanden

Wärme kann entsprechend ihres Temperaturniveaus in zwei Bereiche aufgeteilt werden, die Niedertemperatur- oder Raumwärme und die Hochtemperatur- oder Prozeßwärme. Diese beiden Temperaturbereiche werden per definitionem bei 130 Grad Celsius voneinander getrennt.

Im Bereich der Raumwärmeerzeugung gibt es gute Ansätze, wie sie ohne Rückgriff auf fossile Energieträger gestaltet werden kann. Für Prozeßwärme im großen Stil, also für industrielle Prozesse, gibt es zwar Alternativen, die jedoch als experimentell zu bezeichnen sind.

Raumwärme für Heizung und Warmwasser

Im Jahr 2004 haben wir die Heizung noch relativ sorglos aufgedreht, wenn es uns kalt war. Dies liegt daran, daß Heizungskosten in den Mietkosten ein Stück weit untergehen und nur einmal im Jahr abgerechnet werden. Doch seit dem Winter 2005/2006 ist der Preis für Heizenergie ein Thema. Schnell und beständig steigende Öl- und Gaspreise wie auch die zunehmend höheren Stromkosten belasten schon heute die Bürger erstaunlich stark, nicht selten haben sie einen Anteil von 20–25 Prozent an den eigentlichen Mietkosten. Die Preissteigerungen werden wahrscheinlich erst im Herbst 2006 richtig durchschlagen, weil dann die meisten Abrechnungen stattfinden.

Gerade im Bereich Heizwärme und Warmwasser gibt es schon heute sinnvolle Alternativen, wie etwa

- die solarwärmeunterstützten Heizungsanlagen,
- Wärmepumpen in Verbindung mit Erdwärmesonden oder -speichern,
- das Heizen mit Holz oder Holzpellets in automatisierten Feuerungsanlagen.

Alle diese Verbesserungen der Wärmeerzeugung weisen aber nur dann eine gute Energie- und Gesamtbilanz auf, wenn sie mit einer wirksamen Gebäudeisolation, also einer Maßnahme zur Energieeinsparung *kombiniert* werden. Eine gute Isolation nach dem Niedrigenergiestandard kann den Heizwärmebedarf eines typischen Einfamilienhauses Baujahr 1970 um den Faktor 3 (!) senken, also von etwa 20 auf 6 Liter Heizöl pro Quadratmeter und

Jahr. Eine gute Gebäudeisolation ist eine notwendige Voraussetzung für den Einsatz von Solarkollektoren, weil die Kollektorflächen entsprechend klein bleiben. Damit wird das Solarwärme-System kostengünstiger und, weitaus wichtiger, die Gesamt-Energiebilanz des Heizungssystems wird deutlich besser. Die Solarkollektoren können im Sommer und in der Übergangszeit alleine durch die Sonne Heizwärme und warmes Wasser bereitstellen, im Winter wenigstens Sonnenenergie ergänzend zur konventionellen Heizungsanlage „beifüttern".

Wärmepumpen sind dann sinnvoll, wenn einerseits der Strom umweltfreundlich gewonnen wird, auf der anderen Seite ein Wärmereservoir angezapft werden kann. Als Wärmereservoir kann der Boden dienen, dem Wärme mit Erdwärmesonden entzogen wird, aber auch die Abluft oder das Abwasser eines Hauses. Elektrische Wärmepumpen erzeugen typischerweise aus 1 Kilowattstunde elektrischer Energie 3–4 Kilowattstunden Wärmeenergie. Bei einem durchschnittlichen Wirkungsgrad des deutschen Kraftwerksparks von etwa 35 Prozent liegt der Gesamtwirkungsgrad von Primärenergie über Stromerzeugung und -leitung zur Wärmepumpe bis hin zur nutzbaren Wärme bei etwa 100 Prozent, allerdings mit entscheidenden Vorteilen: In Großkraftwerken ist eine effektive Abgasbehandlung möglich und es gibt Gas-und-Dampfturbinen-Kraftwerke mit einem Wirkungsgrad von 50–60 Prozent. Mit letzteren kann die aus dem Erdgas gewonnene Nutzwärme – im Gegensatz zu einer direkten Verbrennung – durch Wärmepumpen auf das 1.5–2-fache vergrößert werden. Strom aus Kernenergie, Windkraft und Wasserkraft erlaubt mit Wärmepumpen sogar eine nahezu kohlendioxid-neutrale Raumwärmeerzeugung.

Das Feld der Heizwärme- und Warmwassererzeugung bietet somit hohe Einsparpotentiale und die Möglichkeit, fossile Energieträger wenigstens teilweise zu ersetzen, und das bei heute verfügbarer Standardtechnik. Hier geht es „nur noch" darum, den Gebäudebestand entsprechend nachzurüsten und Neubauten – per Gesetz ist dies ja auch geregelt – ausschließlich mit guter Wärmeisolation zu erstellen. Das geplante Ummünzen der Eigenheimzulage in eine Förderung der energiesparenden Bauweise oder energetischen Sanierung ist ein außerordentlich sinnvoller und wichtiger Beitrag, diesem notwendigen Wandel im Gebäudebestand Vorschub zu leisten. Wie schnell dieser Wandel überhaupt vonstatten gehen kann, läßt sich anhand der Investitionen abschätzen, die aufgewendet werden müssen, um den Gebäudebestand energetisch zu optimieren: Bei 25 Millionen sanierungsbedürftigen Wohnungen und Kosten von durchschnittlich 30 000 Euro pro Wohneinheit muß eine Kapitalinvestition von 750 Milliarden Euro getätigt werden – etwa 10 000 Euro pro Bürger. Daß dieser Wandel mindestens 2 oder 3 Jahrzehnte beanspruchen wird, liegt auf der Hand.

Solararchitektur:
Sonnenlicht-
Management

Gebäude können nicht nur zu kalt sein, sie können auch zu warm sein. Üblicherweise werden Gebäude dann unter erheblichem Energieaufwand mit großen Klimaanlagen gekühlt. Der jährliche auf den Quadratmeter bezogene Energiebedarf zur Kühlung ist in Bürogebäuden mit großen Glasflächen oftmals deutlich höher als der spezifische Energiebedarf für die Beheizung eines schlecht isolierten Hauses des Jahres 1970. Hier kann die architektonische Gestaltung eines Gebäudes ausgleichend wirken, etwa durch die gezielte Ausrichtung der Fenster, den Einsatz massiver Mauern zur Pufferung von Temperaturschwankungen. Der Einsatz von Sonnenblenden sowie strukturierten Gläsern verhilft den Räumen zu einer über das ganze Jahr wohlregulierten Lichtverteilung. Solche konstruktiven passiven Maßnahmen zeichnen sich dadurch aus, daß keine störanfällige und Energie benötigende aktive Regelung benötigt wird, sondern die zwischen Sommer und Winter hin- und herpendelnden Sonnenstände die Energieflüsse regeln. Solche Gebäude sind nicht nur energieeffizient, sondern verbreiten zudem eine angenehme Stimmung. Ohne Lüftergeräusche und Staub aus einer Klimaanlage, ohne erratisch herauf- und herunterfahrende Jalousien und ohne das Pendeln zwischen zu warm und zu kalt durch schlecht programmierte Regelsysteme.

Geschickt ausgerichtete unbeheizte Wintergärten oder eine transparente Wärmedämmung können wie Solarkollektoren wirken. Sie fangen Sonnenlicht ein, welches den Wintergarten bzw. die mit einer transparenten Isolationsschicht abgedeckten Außenwände aufwärmt, halten die Wärmestrahlung jedoch zurück. Auch hier steigt der Wohnwert, während der Heizwärmebedarf sinkt.

Prozeßwärme im
Haushalt: Kochen
und Backen

Kochen und Backen erfordern Temperaturen von 100–300 Grad Celsius, also Prozeßwärme. Diese wird heute bequem mit dem Elektroherd bereitgestellt. Im Vergleich zu anderen Posten unseres Energiebedarfs im Haushalt spielt die Nahrungszubereitung trotz der hohen Leistungsaufnahme des Herdes eine untergeordnete Rolle, weil die Einschaltzeiten relativ gering sind. Daher bringt auch das Kochen auf Gas in der Gesamtbilanz keine deutliche Energieersparnis mit sich, obgleich der Wirkungsgrad von Primärenergie zu Nutzwärme fast doppelt so hoch ist, wie bei einem Elektroherd.

In der afrikanischen Steppe sieht die Situation jedoch vollkommen anders aus. Hier müssen Menschen Kilometer für Kilometer laufen, um ein paar Zweige und Äste zu ergattern, mit denen sie das besonders verlustreiche offene Feuer für die Zubereitung ihres Essens machen können. Einerseits wird viel Zeit auf das Holzsammeln verwendet, auf der anderen Seite wird die sowieso spärliche Vegetation dezimiert, um das lebensnotwendige Holz zu beschaffen. Eine zunehmende Verschlechterung der Lebenssituation dieser Menschen ist die Folge: Die Wüste breitet sich immer stärker auf Kosten

nutzbaren Landes aus. Der einfache, aber an diese Situation bestens angepaßte Solar-Kocher kann helfen, Holz zu sparen. Solar-Kocher bestehen aus
einem großen Parabolspiegel von gut 1 Meter Durchmesser, der justierbar
auf einem Gestell montiert ist. Im Brennpunkt des fokussierenden Spiegels
wird ein Kochtopf aufgehängt. Ein solcher Solarkocher mit einer Leistung
von ca. 0.75 Kilowatt reicht aus, wenigstens einen Teil der täglichen Nahrung für eine Familie zu kochen, und die Übernutzung der Ressourcen ihres
Lebensumfeldes zu reduzieren.

Die größten Mengen an Hochtemperaturwärme werden für industrielle
Prozesse benötigt, etwa das Erschmelzen von Elektrostählen und anderen
hochtemperaturfesten Legierungen. Die Prozeßwärme wird praktisch ausschließlich durch fossile Energieträger oder elektrischen Strom erzeugt, der
seinerseits zum größten Teil aus fossilen Energieträgern gewonnen wird.

Industrie – der Hauptabnehmer für Hochtempera-turwärme

Es besteht also durchaus ein Handlungsbedarf, Hochtemperaturwärme aus
nicht-fossilen Energien bereitzustellen. Hochtemperaturwärme kann bis zu
einem Temperaturniveau von etwa 1150 Grad Celsius mit Hochtemperatur-
Kernreaktoren gewonnen werden. Ein solcher Kernreaktor neben einer In-
dustrieanlage könnte die Prozeßwärme mittels Dampf zur Verfügung stellen. Der Dampf würde, nachdem er seine Wärmeenergie teilweise für einen
Produktionsablauf abgegeben hat, bei 600 Grad Celsius noch eine Dampfturbine antreiben, von der im Modus der Kraft-Wärme-Kopplung Nieder-
temperaturwärme bei 100 Grad Celsius abgezapft werden kann, die für die
Bereitstellung von Raumwärme genutzt würde.

Das Hochtemperaturreaktor-Konzept ist bisher nur in experimentellen oder
Prototypanlagen umgesetzt worden: Dem Kernkraftwerk THTR-300 in
Deutschland und in Form von Heizreaktoren in China und Japan. Es wird
aber derzeit von vielen Ländern, darunter auch Frankreich, Südafrika und
den USA, als zukunftsträchtiges Konzept gehandelt, weil die Reaktoren
neben den hohen Temperaturen auch ein hohes Sicherheitsniveau aufweisen: Hochtemperaturreaktoren können so gebaut werden, daß schwerwie-
gende Unfälle physikalisch *und* technisch ausgeschlossen werden können.
Die nicht gelösten und vielleicht nicht lösbaren Probleme der Endlagerung
und des Mißbrauchs von Kernbrennstoffen hemmen eine Einführung dieses
auch als Generation-IV bezeichneten Reaktorkonzeptes.

An geeigneten Standorten und bei geeigneter Prozeßführung besteht die
Möglichkeit, Sonnenenergie für die Bereitstellung von Prozeßwärme zu
nutzen. Hunderte Spiegel lenken das Licht der Sonne – ähnlich wie bei
den sogenannten Solar-Turm-Kraftwerken – auf eine Fläche, die als Re-
ceiver bezeichnet wird. Temperaturen um 1000 Grad Celsius können problemlos erreicht werden, Temperaturen bis zu etwa 5000 Grad Celsius sind
mit entsprechendem Aufwand erzielbar. Notwendige Voraussetzungen für
einen Einsatz solarthermischer und/oder solarchemischer Produktionsanlagen sind eine zuverlässige Verfügbarkeit der Sonne und ein Produktions-

ablauf, der flexibel mit dem Sonnenaufgang hoch- und am Abend wieder heruntergefahren werden kann. Diese Form der Solarenergienutzung befindet sich im experimentellen Stadium.

Die Abläufe in Industrieanlagen werden heute schon unter dem Druck seit Jahren steigender Energiepreise auf eine hohe Effizienz getrimmt. Eine weitergehende Einsparung läßt sich daher nur noch durch einen geringeren Durchsatz an energetischen und materiellen Gütern realisieren. Dies setzt ein verändertes Kaufverhalten der Kunden voraus, aber auch ein neues Verständnis der Industrie für solche Produkte, die bei geringerem Ressourceneinsatz den Kunden zufriedenstellen und dem Unternehmen gleichzeitig angemessene Gewinne bringen.

Kraftstoffversorgung – Suche nach Alternativen zum Öl

Unsere technische Welt ist inzwischen sehr weitgehend von einem ausreichend leistungsfähigen und genügend schnellen Transport von Informationen sowie Gütern und Menschen abhängig. Die Mobilität von Gütern und Menschen hängt direkt davon ab, ob eine ausreichende Menge von Kraftstoffen zur Verfügung steht, mit denen die Schiffe, Flugzeuge und Landfahrzeuge in Bewegung gebracht werden. Und an dem steten Strom von Rohstoffen, Halbzeugen und Produkten hängt unser stark von Technik bestimmtes Leben sehr konkret, etwa durch den Transport von Nahrungsmitteln.

Erdöl wird nicht mehr unbegrenzt aus der Erde strömen, wir müssen also nach Alternativen suchen. Dabei sind Alternativen vorzuziehen, die im Gegensatz zur bisherigen Erdölnutzung das System Erde möglichst geringfügig beeinflussen.

Kraftstoffe aus Ölsanden, Kohle und Erdgas

Der einfachste nicht-konventionelle Weg ist die Gewinnung von energiehaltigem fossilem Öl aus Ölsand oder Ölschiefer. Unter Hitzeeinwirkung wird den Gemischen zwischen Sand und Sedimenten das von ihnen aufgesogene Öl entzogen und kann dann wie Rohöl in Raffinerien zu Kraftstoffen umgewandelt werden. Diese Form der Ölextraktion ist wesentlich aufwendiger als die Förderung konventionellen Öls und treibt dadurch den Herstellungspreis auf ca. 25 Euro pro Barrel. Angesichts der schnell gestiegenen Rohölpreise und des aktuell hohen Preises von etwa 50 Euro (Anfang 2006) ist dieses sogenannte nicht-konventionelle Öl heute schon konkurrenzfähig. Die Erschließung dieser Rohstoffquellen ist in Fort McMurray, Kanada derzeit in vollem Gange und gilt als weltweit größtes Investitionsprojekt dieser Erde. Mit einer angestrebten Förderkapazität von etwa 3 Millionen Barrel pro Tag im Jahr 2015 können etwa 4 Prozent des heutigen Bedarfs allein aus dieser „Quelle" gedeckt werden.

Kohle ist derjenige fossile Energieträger, der auf lange Sicht verfügbar sein wird. Kohle kann nicht direkt in modernen Verbrennungsmotoren und Flugzeugturbinen genutzt werden. Es gibt aber die Möglichkeit, Kohle per Dampfreformierung in Synthesegas und dieses in einem weiteren Schritt, der Fischer-Tropsch-Synthese, in die verschiedenen Kraftstoffe umzusetzen. Das als Kohleverflüssigung bezeichnete Verfahren, welches im englischen Sprachraum mit dem Begriff Coal-to-Liquid (CTL) bezeichnet wird, ist altbekannt. Während des zweiten Weltkrieges wurden in England und Deutschland in großtechnischem Maßstab Kraftstoffe auf diese Weise produziert, weil die Länder von der Erdölversorgung abgeschnitten waren.

Auf ähnliche Weise kann Erdgas zu Kraftstoffen umgesetzt werden. Dieses Verfahren wird als Gas-to-Liquid-Verfahren (GTL) bezeichnet. Erdgas ist nicht wesentlich länger verfügbar als Erdöl, jedoch lassen sich flüssige Kraftstoffe in Tankern leichter transportieren. Wenn Erdgas als Nebenprodukt der Erdölförderung in rauhen Mengen anfällt, ist es sinnvoll, vor Ort Kraftstoffe daraus herzustellen und diese per Tanker mit hoher Gewinnspanne zu verkaufen. Die erste voll kommerzielle Anlage dieser Art geht in Katar im Jahr 2006 in Betrieb. Sie besitzt eine Kapazität von 34 000 Barrel pro Tag.

Alle hier genannten Kraftstoffe setzen in der Bilanz Kohlendioxid frei, tragen also zum anthropogenen Treibhauseffekt bei. Bei der Nutzung entstehen – wenn auch dank moderner Motortechnik, Abgasreinigung und Partikelfiltern in geringer Menge – Schadstoffe und Partikelemissionen. Kraftstoffe aus Kohle und Erdgas sollten bestenfalls eine Rolle in dem *Übergang* zu einer emissionsarmen, besser emissionsfreien Kraftstoffversorgung spielen, sind jedoch aus den genannten Gründen keine zukunftsfähige Alternative zu den heutigen Kraftstoffen aus Erdöl.

Oft propagiert: Wasserstoff löst bei den Kraftstoffen Benzin, Kerosin sowie Diesel ab und erzeugt keine Schadstoffe. Der Wasserstoff verbrennt mit dem Luftsauerstoff zu harmlosem Wasser, welches bekanntermaßen ungiftig ist. So rosig, wie es oft dargestellt wird, ist eine auf Wasserstoff basierende Energieversorgung jedoch nicht:

Wunschgebilde Wasserstoff-Wirtschaft

- Wasserstoff muß mit entsprechendem Energieaufwand hergestellt werden, dabei können Schadstoffe freigesetzt werden oder es entstehen bei dem Einsatz fossiler und nuklearer Primärenergie-Arten die für sie typischen Risiken und Nebenwirkungen.

- Wasserstoff muß unter weiterem Energieaufwand in eine gut speicherbare Form umgewandelt werden, beispielsweise durch die Verflüssigung, um ihn in Kryotanks speichern zu können.

- Die gesamte Infrastruktur zur Erzeugung, Verteilung, Speicherung und Umwandlung in nutzbare Energie muß erst aufgebaut werden.

> Damit wird die Gesamteffizienz der Nutzungskette deutlich redu-
> ziert.
>
> - Eine Wasserstoff-Wirtschaft wäre hochkomplex, genauso wie jede
>   ihrer Komponenten – alle Nutzer wären vollkommen von den Her-
>   stellern dieser Systeme und wahrscheinlich zusätzlich noch von einer
>   zentralen Versorgung über ein Gasnetz abhängig.
> - In einer Wasserstoff-Wirtschaft wird unweigerlich Wasserstoff durch
>   Lecks oder beim Umfüllen dieses Stoffes in die Erdatmosphäre ge-
>   langen. Die Unbedenklichkeit des Wasserstoffs in der Atmosphäre
>   muß noch bewiesen werden.

Eine Wasserstoff-Wirtschaft wäre, was den Umgang mit diesem Energieträger angeht, technisch heute schon realisierbar, auch wenn sie kompliziert
und recht teuer sein dürfte. Aber das Hauptproblem bleibt: Wo kommt der
Wasserstoff her? Nur wenige Prozentpunkte der Wasserstoffproduktion fallen heutzutage in Elektrolyseanlagen, meist bei Industrieprozessen zur Herstellung von Chlor und Rein-Sauerstoff, als Nebenprodukt an. Anwendungen dieses hochreinen Wasserstoffs sind die Versorgung der chemischen
Industrie oder der Einsatz in den Raketentriebwerken des Space Shuttles.
Der Löwenanteil des Wasserstoffs, etwa 90 Prozent, wird aus wasserstoff-
reichen fossilen Energieträgern wie Erdgas und Erdöl gewonnen. Bei diesen Verfahren wird immer Kohlendioxid freigesetzt.
Der Einsatz von Solarzellen zur Stromgewinnung, die nachfolgende Elek-
trolyse, die Verflüssigung und die Speicherverluste führen zu einer schlechten Gesamtbilanz. Dazu tragen auch die für eine großtechnische Wasserstoffproduktion noch nicht ausgereiften Elektrolysezellen bei: Sie sind
nicht langlebig genug, zu teuer und gegen Lastwechsel intolerant.
Um diese Nachteile zu vermeiden, werden zur Zeit verschiedene Ansätze neuer Routen zu umweltfreundlichem, kostengünstigem Wasserstoff untersucht. Eine elegante Methode der Wasserstoffgewinnung sind photoka-
talytische Zellen, die unter Lichteinwirkung Wasser mit Katalysatoren in
Wasserstoff und Sauerstoff spalten und als Gase freigeben. Noch sind die
Wirkungsgrade klein und, was viel problematischer ist, die Lebensdauer
solcher Zellen von einigen Stunden oder Tagen ist viel zu gering. Eine
weitere Forschungsrichtung beschäftigt sich mit dem Einsatz von Mikroalgen zur Wasserstoffproduktion, die durch Züchtung oder Genmanipulation
nennenswerte Wasserstoffmengen aus Licht, Kohlendioxid und einer Nähr-
lösung produzieren sollen. Ebenfalls untersucht wird die Herstellung von
Wasserstoff in thermochemischen Kreisprozessen, in denen chemische Verbindungen über geeignete Teilreaktionen Wasser alleine durch Wärmeenergie bei etwa 500 Grad Celsius in Wasserstoff und Sauerstoff spalten. Noch
werden hauptsächlich Kernreaktoren als Wärmelieferanten diskutiert, interessanter wäre aber der Einsatz von Sonnenenergie, ähnlich den Prototypen
der sogenannten Solarturmkraftwerke.

Dieser breite Ansatz der Forschung, der besonders in den USA im Rahmen der im Jahr 2003 gestarteten Hydrogen Fuel Initiative verfolgt wird, erscheint sinnvoll. Denn die oft diskutierten „konventionellen" Systeme aus Photovoltaikmodulen, Brennstoffzelle und Metallhydrid-Speichern werden noch für lange Zeit zu teuer und zu kompliziert sein. Weitere Beschränkungen bestehen in der viel zu knappen Verfügbarkeit vieler Stoffe, die für die Herstellung dieser Systeme benötigt werden. Dies gilt zumindest für den heutigen Stand und die absehbare Entwicklung dieser bereits machbaren Technologien.

Die Alkohole Methanol und Ethanol, letzterer entspricht dem Trinkalkohol, vereinigen zwei Vorteile miteinander. Sie sind unter normalen Umgebungsbedingungen flüssig und besitzen eine ausreichend hohe Energiedichte, die immerhin halb so hoch wie die der heute üblichen Kraftstoffe ist. Alkohole können in herkömmlichen Motoren ohne allzu aufwendige Modifikationen eingesetzt werden, ebenso ähnelt die Infrastruktur zur Speicherung und Verteilung derjenigen, die für die heute üblichen Kraftstoffe bereits vorhanden ist. Methanol kann in geeigneten Brennstoffzellen sogar direkt in elektrischen Strom umgewandelt werden; solche Direkt-Methanol-Brennstoffzellen kommen zunächst als kleine Energiewandler, z. B. für Notebooks, auf den Markt. Direktmethanol-Brennstoffzellen könnten aber auch Fahrzeugen mit Elektroantrieb zum Durchbruch verhelfen – der hohe Wirkungsgrad der Wandler, vereint mit einer Speicherung des direkt einsetzbaren Energieträgers in einem einfachen Tank, würde den Aufbau des Gesamtsystems entscheidend vereinfachen und den Preis eines solchen Fahrzeugs drastisch reduzieren.

Der entscheidende Punkt ist: Wie kann man Alkohole sinnvoll herstellen? Alkohole können durch die alkoholische Gärung aus Biomasse gewonnen und danach abdestilliert werden. Allerdings ist die Energieausbeute bei der Alkoholherstellung aus Biomasse, betrachtet man den gesamten Prozeß, eher mager. Zum einen wird nur ein Teil der Biomasse, der Zucker in den zuckerhaltigen Pflanzenteilen, zu Alkoholen umgesetzt, zum anderen muß Energie für den Anbau und die Destillation aufgewendet werden. Man kann Alkohole auch aus Erdgas oder Erdöl produzieren, aber damit wird in der Bilanz das Treibhausgas Kohlendioxid freigesetzt. Dies ist selbstverständlich unter dem Aspekt des Klimaschutzes zu vermeiden.

Sollte es aber gelingen, diese Energieträger auf anderen Wegen herzustellen, könnten Alkohole eine nennenswerte Rolle spielen. Gelänge es, Mikroalgen dazu zu bringen, Methanol oder Ethanol direkt abzusondern, könnten diese Energieträger mithilfe des Sonnenlichtes hergestellt werden. Große Anlagen mit Glasröhren würden, auf unfruchtbarem Land aufgestellt, die „Anbaufläche" vergrößern und könnten dabei auch zur Nahrungsherstellung dienen. Landwirtschaftliche Nutzflächen stünden nicht in Kon-

Alkohole als Energieträger und die Methanolwirtschaft

kurrenz und ließen sich auch in Zukunft zum Anbau hochwertiger Nahrungsmittel nutzen. Gefüttert mit Kohlendioxid, Wasser und Nährstoffen würde ein technischer Kohlenstoffkreislauf etabliert, der in der Bilanz kein Kohlendioxid emittiert, also das Problem der Treibhausgas-Emissionen nicht aufwerfen würde – siehe dazu auch das Bild auf Seite 160. Solche Verfahren sind heute noch Zukunftsmusik, könnten aber das Dilemma zwischen der an sich sinnvollen Biomassenutzung und ihrem extrem hohen Bedarf an guten Böden auflösen.

Noch weiter in der Zukunft liegen Verfahren, die Kohlendioxid aus der Luft und Wasser mit Sonnenlicht direkt in Alkohole umwandeln. Hier kann man sich Konstruktionen aus nanostrukturierten Oberflächen mit geeigneten Enzymen vorstellen – ein Beispiel für die Konvergenz von Bio- und Nanotechnologie: Nanostrukturierte Folien liefern eine Matrix, auf der die Enzyme an Ankerpunkten haften und in der flächigen Anordnung ihre Reaktionen mit hoher Effizienz betreiben können. Die Umsetzung solcher Ideen, die heute noch Zukunftsmusik ist, wird noch viel Arbeit und Zeit beanspruchen, aber hier bestehen große Chancen auf wirklich neue Lösungen.

Wege in eine moderne Kohlenwasserstoff-Wirtschaft

Kohlenwasserstoffe, die aus Biomasse gewonnen werden, sind besonders attraktiv: Die Infrastruktur zur Speicherung und Verteilung der Kohlenwasserstoffe steht, und sie können in kaum oder gar nicht modifizierten Motoren und Turbinen verbrannt werden. Die Netto-Emissionen an Treibhausgasen, insbesondere Kohlendioxid, sind praktisch gleich Null.

Biodiesel, genauer Rapsmethylester, ist ein Biomassekraftstoff, der aus Rapsöl hergestellt wird und an vielen Zapfsäulen getankt werden kann. So verlockend die Idee ist, Kraftstoffe regelrecht vom Feld zu ernten, so viele Probleme weist diese Kraftstoffgewinnung auch auf. Der gesamte Energieaufwand der Biomassegewinnung ist im Vergleich zu dem Energieinhalt der resultierenden Kraftstoffe hoch, was besonders daran liegt, daß nur Pflanzen*teile* genutzt werden. Die Produktivität der Pflanze, aus Sonnenlicht energetische Stoffe aufzubauen, wird dadurch nicht vollständig genutzt. Der resultierende massive Flächenbedarf würde in der Konkurrenz zur Anbaufläche für Nahrungspflanzen und Naturlandschaften wie Tropenwäldern stehen, was die auf diesem Weg überhaupt herstellbare Menge an Biokraftstoffen zusammenschrumpfen läßt.

Die notwendigen Energiepflanzen, die in großen Monokulturen angepflanzt werden müßten, entnehmen den Böden Mineral- und Nährstoffe. Sie machen eine massive Düngung oder einen Wechsel der anzubauenden Pflanzen nötig. Solche Monokulturen sind anfällig für Schädlinge, weil diese sich aufgrund des üppigen Nahrungsangebotes explosionsartig vermehren und weit verbreiten. Entweder verwendet man große Mengen von Schädlingsbekämpfungsmitteln oder man riskiert, daß die „Energieernte" einem

Schädling zum Opfer fällt und die Versorgung mit Energieträgern für Mobilität, Strom und Wärme empfindlich gestört würde.

Ein weiteres Problem wäre der Verlust an uns vertrauten Natur- und Kulturlandschaften. Wenn ein Land wie Deutschland seine Fahrzeuge mit Rapsöl betreiben wollte, würde in Deutschland nichts anderes mehr wachsen und Astronauten würden Deutschland anhand seiner während der Rapsblüte gelben Fläche problemlos erkennen!

Alle diese Probleme der Nutzung spezifischer, also auf einer Pflanzenart oder gar auf Pflanzenteilen basierenden Biomasse, könnten vermieden werden, wenn *beliebige*, unspezifische Biomasse zu Kraftstoffen umgewandelt werden kann. Dies ist tatsächlich möglich, indem man durch die Pyrolyse, also die Behandlung mit Wärme, die Biomasse in kleine Moleküle zerlegt. Das Schwelgas, welches bei der Pyrolyse entsteht, besteht aus Kohlenmonoxid, Wasserstoff und den Verunreinigungen, die in entsprechenden Prozeßschritten abgetrennt werden. Das energetisch nutzbare Synthesegas aus Kohlenmonoxid und Wasserstoff kann dann mit Katalysatoren unter geeigneten Druck- und Temperaturbedingungen nach dem Fischer-Tropsch-Verfahren zu kettenförmigen Kohlenwasserstoffen synthetisiert werden. Analog zu den Verfahren der Herstellung flüssiger Kraftstoffe aus Kohle und Erdgas nennt man diesen Prozeß Biomass-to-Liquid, oder abgekürzt BTL. Man bedient sich einem in der Natur oft eingesetzten Prinzip: Zerlege das, was ankommt, in kleine Bausteine und setze sie so zusammen, daß ein nutzbarer Stoff herauskommt. Dieses Verfahren funktioniert mit beliebiger Biomasse, gleich, ob das Heu einer Sommerwiese oder das Reststroh eines Getreidefeldes eingesetzt wird. Zudem wird die komplette Pflanze genutzt, wodurch die Energieausbeute noch einmal deutlich erhöht wird. Der synthetische Kraftstoff ist hochrein und von deutlich besserer Qualität als die aus Erdöl hergestellten Kraftstoffe. Die Motorleistung steigt und die Schadstoffemissionen sinken. Da der Kraftstoff in seiner Konsistenz den bisherigen aus Erdöl hergestellten Kraftstoffen entspricht, kann die bestehende Infrastruktur zur Verteilung, Speicherung und Nutzung von Kraftstoffen weiterverwendet werden.

Das Verfahren, welches von CHOREN Industries in Prototypanlagen in einem hochoptimierten Verfahren zum ersten Mal nennenswerte Mengen des sogenannten SunFuels bereitstellen soll, kann als derzeit aussichtsreichstes Biomasseprojekt angesehen werden. Es hat das Potential, die Treibhausgas-Neutralität der Biomassenutzung mit einer hohen Gesamteffizienz des Verfahrens, einem geringeren Flächenbedarf und einer hohen Kompatibilität zur bestehenden Kraftstoff-Infrastruktur zu vereinen. Auch bei diesem Verfahren würde, ähnlich wie bei der bereits beschriebenen Methanolherstellung mit Mikroorganismen, ein technischer Kohlenstoff*kreislauf* etabliert, der in der Bilanz keine Kohlendioxid-Emissionen erzeugt (siehe auch das Bild auf Seite 160).

Neue Mobilität
basiert nicht nur
auf neuen
Kraftstoffen!

Giftstoffe sind bei Motoren, die die Euronorm IV oder V einhalten, kein Problem mehr, die Schlüsselprobleme bleiben aber bestehen, und zwar die Versorgung mit Energieträgern und, weitaus folgenreicher, die freigesetzten Kohlendioxid-Emissionen. Netto-Kohlendioxid-Emissionen können bei Kraftstoffen aus Biomasse von vornherein ausgeschlossen werden. Bleibt also noch das Problem der Verfügbarkeit.

Sollen also Kraftstoffe aus Biomasse einmal einen wesentlichen Anteil an der Kraftstoffversorgung leisten, werden sehr große Flächen benötigt, um die Pflanzen anzubauen – man halte sich den im Vergleich zum Energiebedarf an Nahrung 55-fach höheren technischen Energiebedarf in Deutschland vor Augen. Eine solche Form der Biomassenutzung hat nichts mehr mit der bäuerlichen Romantik eines kleinen Gehöfts zu tun, sondern ist ein großtechnisches Unterfangen. Da diese Flächen oftmals in Konkurrenz zur Nahrungsmittelproduktion stehen, insbesondere, wenn diese ökologisch und damit extensiv betrieben werden soll, ist es notwendig, auch am anderen Ende der Nutzungskette, dem Verbrauch, einiges zu ändern:

- Neue Fahrzeuge müssen mit einer deutlich geringeren Menge an Primärenergie pro Kilometer Fahrstrecke auskommen.
- Siedlungsstrukturen müssen so angepaßt werden, daß die zu fahrenden Strecken minimiert werden.
- Der Umgang mit persönlicher Mobilität muß verändert werden, so daß unnötige Mobilität vermieden wird.
- Der unnötige Transport von Gütern muß vermieden, der notwendige Transport besser organisiert werden.

Diese Maßnahmen wirken sich selbstverständlich auf den Verbrauch aller Kraftstoffe aus, egal, wie sie gewonnen werden. Und sie können relativ schnell wirken, also innerhalb etwa 5–10 Jahren, weil in diesem Zeitraum Fahrzeuge ausgetauscht werden, Menschen sich auf neue Verhaltensweisen einrichten können und globale Produktionsabläufe unter diesen Gesichtspunkten optimierbar sind. Einzig die Anpassung von Siedlungsstrukturen nimmt einige Jahrzehnte in Anspruch, wobei kurzfristige Anpassungen in deutlich kürzeren Zeiträumen stattfinden können. Zu solchen kurzfristigen Anpassungen gehört der kleine Lebensmittelladen um die Ecke, der viele Fahrten zu dem großen Supermarkt im Industriegebiet erspart – dies veranschaulicht das folgende Bild:

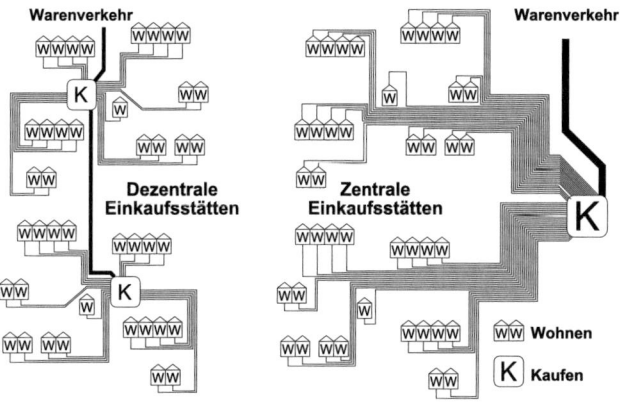

Stromversorgung – wie den steigenden Bedarf meistern?

Ein Schwerpunktthema für die Sicherung und den Ausbau einer zukunftsfähigen Energieversorgung ist die Bereitstellung einer ausreichenden
Menge elektrischer Energie, die mit hoher Versorgungssicherheit und bei
möglichst geringen Umweltauswirkungen produziert werden muß. Strom
läßt sich problemlos und mit hohem Wirkungsgrad in beliebige Nutzenergien wie Wärme oder Licht umwandeln, für die heute so wichtige
Informations- und Kommunikations-Infrastruktur ist Strom sogar eine essentielle Nutzenergie-Form, die ohne Alternative dasteht.

Fossile Energieträger bringen allesamt das heute noch nicht gelöste Problem der Kohlendioxid-Emissionen mit sich, die in der Reihenfolge Kohle,
Erdöl und Erdgas, bezogen auf die erzeugte Kilowattstunde elektrischer
Energie, deutlich abnehmen. Andererseits sind Kohle, Erdöl und Erdgas in
dieser Reihenfolge in abnehmender Menge verfügbar. Dazu kommt, daß
gerade Erdöl als Kraft- und Rohstoff sowie Erdgas als Brennstoff für Heizungen derzeit ohne Alternativen sind. Sie sind damit zu wertvoll, um sie
in Kraftwerken zu verbrennen. Dies erklärt die heute noch hohe Attraktivität der Kohle für den Einsatz in Kraftwerken und ihren hohen Beitrag zur
Deckung des Primärenergiebedarfs.

Um den dabei auftretenden erheblichen Kohlendioxid-Emissionen beizu-
kommen, ist der Rückhalt und die sichere Endlagerung des Kohlendioxids
das Thema verschiedener Projekte. Das Kohlendioxid soll entweder in
das poröse Gestein ausgebeuteter Erdöl- und Erdgasfelder verpreßt oder
mit mineralischen Stoffen gebunden werden. Als Erstmaßnahme mit einer Überbrückungsfunktion mag es angehen, daß Schadstoffe – ähnlich
wie bei der seit etwa 20 Jahren praktizierten Rauchgasreinigung – nach-

Strom aus fossilen Energieträgern

träglich herausgefiltert werden. Allerdings wird die Anlagentechnik weiter verkompliziert und das Risiko geschaffen, daß große Mengen Kohlendioxid z. B. bei einem Erdbeben oder einem Vulkanausbruch schlagartig aus solchen Endlagerstätten freigesetzt werden. Eine breite Einführung dieser auch Kohlendioxid-Sequestrierung genannten Technologie dürfte zudem einige Jahrzehnte dauern, weshalb kein schneller Beitrag zur Senkung der Treibhausgas-Emissionen zu erwarten ist.

Strom aus nuklearen Energieträgern

Kernenergie kann, was die eigentliche Nutzung im Reaktor betrifft, mit kompakten Hochtemperaturreaktoren sicher erzeugt werden. Aber es bleiben zwei Probleme: Bei der Handhabung der Kernbrennstoffe und der nuklearen Abfälle könnte Material abgezweigt werden, mit dem sich schmutzige Bomben oder Kernsprengsätze herstellen lassen. Eine penible Spaltstoff-Kontrolle ist unerläßlich, besonders deshalb, weil Kernenergie nur dann einen längerfristigen Beitrag leisten kann, wenn die Wiederaufarbeitung von Brennelementen zur Nutzung des erbrüteten Plutoniums konsequent betrieben wird. Das zweite Problem ist die bis heute in keiner Weise gelöste Endlagerung der nuklearen Abfälle, die für einen Zeithorizont von mindestens 100 000 Jahren geplant und zuverlässig durchgeführt werden muß – im Vergleich dazu haben die stabilen Zeiträume menschlicher Kultur selten 100 Jahre überschritten, die Phasen politischer Stabilität selten einige Jahrzehnte.

Die Spaltstoff-Kontrolle kann technisch durchgeführt werden und es besteht die Möglichkeit, durch die Verwendung besonderer Isotope den Bau von Kernsprengsätzen unmöglich zu machen. Die Endlagerungs-Problematik könnte befriedigend gelöst werden, wenn man die nuklearen Abfälle vernichtet und dadurch eine Entsorgung überflüssig macht. Das prinzipiell mögliche Verfahren der Transmutation ermöglicht die Umwandlung von radioaktiven Isotopen in stabile oder sehr kurzlebige Isotope. Die kurzlebigen Isotope könnten dann nach einer immer noch notwendigen, aber sehr viel kürzeren Abklingzeit problemlos entsorgt werden. Eine experimentelle Untermauerung dieses Prinzips von Kernumwandlungen steht noch aus.

Die Nutzung der Kernspaltung in sicheren Kraftwerken kann mit neuen Hochtemperaturreaktoren in 1 oder 2 Jahrzehnten gestaltet werden. Die Lagerung der nuklearen Abfälle darf dabei eine Übergangslösung darstellen, langfristig ist aber nur ihre Vernichtung akzeptabel. Eine wirtschaftlich operierende Transmutationsanlage dürfte erst in mehreren Jahrzehnten zur Verfügung stehen, neue Kernreaktoren und andere Kernbrennstoffe könnten zwischenzeitlich die Endlagerungsproblematik entschärfen, weil sie weniger gefährlichen Atommüll produzieren.

Kernfusionsprozesse können heute schon unter Energieeinsatz in Großlabors ausgelöst werden. Von einer kontinuierlichen Kernfusion, die in einem Prototyp-Kraftwerk zur Stromerzeugung genutzt wird, sind wir jedoch noch viele Jahrzehnte entfernt. Die Technik für die Tokamak-Plasmafusion ist sehr komplex, noch nicht beherrscht und teuer. Ein interessantes Kernfusionsverfahren ist die nicht-kontinuierliche Kernfusion, in der Mengen von einigen Gramm eines Deuterium-Tritium-Gemischs mit einem Stromstoß in den Plasmazustand überführt werden, um Fusionsprozesse auszulösen. Dieses Verfahren führt zu Unrecht ein Nischendasein in der heutigen Diskussion um die energetische Nutzung von Kernfusionsprozessen.

Fossile Energien sind wegen ihrer Treibhausgas-Emissionen tabu, die Kernspaltung besitzt ihre Risiken und die Kernfusion steckt in ihren Kinderschuhen, somit richtet sich der Fokus auf die erneuerbaren Energien als Ausweg. Ihr größtes Manko besteht jedoch darin, daß fast alle heute genutzten Formen der erneuerbaren Energien sowohl von der Tages- bzw. der Jahreszeit als auch vom Wettergeschehen abhängen. Bei Wasserkraftwerken ist diese Abhängigkeit sehr gering, bei Wind relativ hoch, bei der Photovoltaik sehr groß. Dies gilt nicht für Meeresströmungs-Turbinen, weitaus stärker hingegen für Wellenkraftwerke. Im Bereich der erneuerbaren Energien fehlt eine Schlüsseltechnologie, und zwar die Speicherung elektrischen Stroms in den erforderlichen Mengen. Einzig die Biomassenutzung, die die Speicherproblematik umgeht, verspricht eine dem Einsatz fossiler Brennstoffe ähnliche Versorgungsqualität.

Strom aus erneuerbaren Energien

Die meisten Formen der regenerativen Energienutzung wie Biomasse, Wasser, Wind oder Sonne führen zu einem großen Landschaftsverbrauch. Dieser Aspekt wird von kategorischen Befürwortern erneuerbarer Energien gerne vernachlässigt, ist aber bedeutend: Die Herstellung von Biodiesel aus Ölpflanzen zur Deckung des deutschen Bedarfs auf inländischen Anbauflächen ist nicht möglich, weil Deutschland schlichtweg zu klein ist. Die Anbauflächen werden dann gerne noch mehrfach „ausgegeben", etwa für Holzplantagen zur Herstellung von Holzpellets, für Naturparks und Naturschutzgebiete, für neue Siedlungen und die Produktion hochwertiger Nahrungsmittel nach Methoden des ökologischen und damit extensiven Landbaus.

Ein interessanter Ansatz zur Massenspeicherung von Strom sind sogenannte Strömungsbatterien. Diese Systeme bestehen aus einer chemischen Reaktionszelle, deren Dimension die elektrische Leistung des Systems bestimmt und zwei Tanks, deren Elektrolyt-Inhalt die speicherbare Energiemenge festlegt ([FAIR2003]). Die derzeit verwendeten Elektrolyte sind jedoch Umweltgifte – hier würde die Entwicklung von Elektrolyten aus unbedenklichen und kostengünstigen chemischen Verbindungen den Bau riesiger, leicht skalierbarer Stromspeicher und damit einen Einsatz von Photovoltaik und Windenergie zur Grundlastdeckung ermöglichen. Strömungsbatterien sind immerhin ein aussichtsreicher Kandidat für Stromspeicher, die erneuerbare Energien grundlastfähig machen könnten.

Die Dilemmata im
Stromsektor

Alle technischen Möglichkeiten zur Stromerzeugung, die uns heute zur Verfügung stehen, sind nicht geeignet, eine zukunftsfähige Stromversorgung aufzubauen. Offensichtlich fehlt immer an der einen oder anderen Stelle eine Schlüsseltechnologie, irgendein Umweltproblem läßt sich einfach nicht sinnvoll lösen oder die auf der Erde vorhanden Ressourcen, etwa Landflächen oder Rohstoffe, reichen nicht zur Realisierung aus: Photovoltaik erzeugt hohe Stromerträge auf relativ geringer Fläche, aber der direkt erzeugte Strom kann nicht gespeichert werden. Biomasse umgeht das Speicherproblem, weil sie selbst als chemischer Speicher der Sonnenenergie dient; dafür ist der Flächenbedarf so enorm, daß sie die fossilen Energieträger kaum ersetzen kann.

Wer die Stromspeicherung so löst, daß gigantische Mengen an Strom auf umweltverträgliche und wirtschaftliche Weise gespeichert und wieder abgerufen werden können, hat das Kernproblem gelöst: Dann könnten Solardächer auf Wohnhäusern, auf Werkshallen und über Parkplätzen den heutigen Strombedarf Deutschlands locker decken. Alle derzeitigen Lösungswege haben den Charakter der Überbrückung, bis eine auf lange Sicht zukunftsfähige Technologie gefunden ist. Es bleibt uns daher nichts anderes übrig, als die besten Instrumente, die wir derzeit haben, einzusetzen, aber *jetzt* schon anzufangen, nach wirklichen Alternativen zu suchen und die genannte Schlüsseltechnologie der Stromspeicherung zu entwickeln.

Verbrauchsseite:
Effizienz-
verbesserung
und Verhaltens-
maßnahmen

Sinnvolle Maßnahmen können Strom einsparen: Durch verbesserte Wirkungsgrade bei Umwandlungen und den optimalen Einsatz von Strom im Sinne einer Optimierung von Abläufen, sei es in Industrieanlagen und im privaten Bereich.

Moderne Leuchtdioden haben den etwa 5-fachen Wirkungsgrad von Glühlampen und sind in dieser Hinsicht mit Leuchtstofflampen vergleichbar. Sie sind aber als Punktlichtquellen auch für Spotbeleuchtungen geeignet und haben ein wesentlich angenehmeres Lichtspektrum, welches dem Sonnenlicht ähnelt. In Signalanlagen können Leuchtdioden den Stromverbrauch im Vergleich zu Halogenlampen mit vorgeschaltetem Farbfilter um den Faktor 20–100 senken, interessant für Ampeln oder Flugfeld-Befeuerungen. Bei Bildschirmen und Fernsehern würde eine aktive Leuchtdiodentechnik den Strombedarf um den Faktor 10–20 reduzieren.

Ein Kühlschrank der Effizienzklasse A+ kommt heute schon mit etwa 150 Kilowattstunden pro Jahr aus, braucht also 30–50 Prozent weniger Strom als ein Klasse B-Kühlschrank.

Moderne Bürogebäude mit großen Glasflächen werden aufwendig gekühlt. Die dabei abgeführte Wärme könnte über Wärmepumpen auf ein höheres Niveau gebracht und in saisonale Wärmespeicher oder ein Schwimmbad eingebracht werden, statt sie aufwendig in einem Kühlwerk schlichtweg an die Umgebung abzugeben.

Bei allen Bestrebungen, neue Technik einzuführen oder auf bestehende Technik draufzusatteln, müssen zwei Punkte berücksichtigt werden: Eine neue Technik verlagert oft große Energieaufwendungen für die Produktion von Energiewandlern, die dann während des Betriebs nicht eingespart werden – hier muß die Gesamtbilanz optimiert werden. Ein verändertes Verhalten der Verbraucher hilft, unnötigen Energieeinsatz zu vermeiden, wie zum Beispiel das konsequente Ausschalten von Verbrauchern, die nicht benötigt werden. Dabei geht es in vielen Fällen nicht um einen dramatischen Verzicht auf die verschiedenen notwendigen und angenehmen Aspekte der Stromnutzung, sondern um den Verzicht auf einige kleine Bequemlichkeiten.

Prinzipielle Grenzen der heutigen Energietechnik

Effizienzverbesserungen können genauso gut Angebot und Nachfrage besser zusammenbringen, wie eine Mehrproduktion an Energie. Allerdings sind auch diesen Effizienzverbesserungen Grenzen gesetzt.

Unsere Energietechnik ist eine Monokultur. Sie basiert auf den fossilen Energieträgern und der Verbrennung derselben. Wir haben uns von der Nutzung des Feuers nur insofern entfernt, daß das Feuer, oft weit vom Ort der Energienutzung, in blickdichten Energiewandlern brennt. Weder im Kohlekraftwerk noch im eigenen Auto machen wir die direkte Erfahrung des Feuers als Energielieferant.

Energietechnische Monokultur als Sackgasse

Erneuerbare Energien leiden unter ihrer unsteten Verfügbarkeit, die Nutzung der Kernenergie bringt ihre spezifischen Probleme mit, weshalb beide nicht so einfach und flexibel eingesetzt werden können wie fossile Brennstoffe. Unser Werkzeugkasten der Energietechnik ist also nicht so reichhaltig bestückt, daß wir uns daraus einfach nur die passenden Werkzeuge herausholen müßten und damit arbeiten könnten – die heute verfügbaren Werkzeuge scheitern an untolerierbaren Nebenwirkungen, unzumutbaren Risiken oder der zu geringen Verfügbarkeit von Ressourcen im allgemeinen Sinne, was in der Bildtafel 9, S. 180 zum Ausdruck kommt.

Um diese Grenzen, diese harten Beschränkungen auflösen zu können, müssen wir unbedingt neue Werkzeuge *erschaffen*, die echte Alternativen darstellen. Eine breite Palette von Möglichkeiten, Energie zu erzeugen und sie effizient zu nutzen, ist die Basis für eine zukunftsfähige Energieversorgung, deren Komponenten zu verschiedenen Zeiten an verschiedenen Orten ihr Optimum an Effizienz erreichen: Auch wenn Photovoltaik in Deutschland nicht zur Grundlastversorgung beiträgt: Eine Solarlaterne mit einem kleinen Solarzellen-Panel kann schon heute in einem afrikanischen Haushalt 12 Kilowattstunden Strom pro Jahr erzeugen. Der Strom wird für den Betrieb einer einfachen Lampe und eines Radios eingesetzt und ermöglicht dadurch den Erwerb von Bildung und den Empfang von Informationen durch die Bewohner dieses Haushalts.

Wie können gesteigerte Wirkungsgrade helfen?

Die Verbesserung der Wirkungsgrade von Umwandlungen führt zwar nur in kleinen Schritten zu einer stetigen Verbesserung der Wirkungsgrade, aber diese Entwicklung vermeidet Primärenergieverbräuche mit all ihren Folgen sehr effektiv. Einige Gefahren bestehen jedoch:

- Ein Effizienzwahn muß unbedingt vermieden werden, denn eine höhere technische Effizienz „kostet" zunächst immer den Einsatz von Energie, Material und Kapital. Dieser vermehrte Ressourceneinsatz darf die beabsichtigten Einsparungen nicht übersteigen – bei autarken Null-Energie-Häusern ist diese Bilanz derzeit schlechter als bei einem Niedrigst-Energie-Haus.

- Eine höhere Effizienz der Einzelsysteme darf nicht dazu führen, daß die Zahl der Systeme erhöht wird, die Energie benötigen. Oft werden Effizienzverbesserungen durch ein Mehr an Systemen aufgefressen – das Beispiel des Stand-By-Verbrauchs führt dies vor Augen.

- Bisher erreichte Effizienz-Verbesserungen werden extrapoliert, obwohl dies aus naturgesetzlichen oder nutzungsspezifischen Gründen nicht möglich ist. Kraft-Wärme-Kopplung kann einem Kraftwerk ohne weiteres zu 75 Prozent Wirkungsgrad verhelfen, die oft genannten 90 Prozent sind höchstens von akademischem Interesse. Die reale, stark variierende Nachfrage nach Strom und Wärme entspricht nicht immer dem für den effizienten Betrieb eines Heizkraftwerk optimalen Verhältnis zwischen diesen beiden Energieformen.

Positive Beispiele von Energieeffizienz sind schon genannt worden, etwa die Maßnahmen zur energetischen Ausstattung von Häusern. Weitere positive Beispiele sind Hybridmotoren, die bei mäßigen Mehrinvestitionen den Kraftstoffverbrauch im Stadtverkehr halbieren. Oder die bereits erwähnten hochmodernen Leuchtdioden, die bei einem Fünftel des Stromverbrauchs einer Glühlampe ein Licht liefern, welches in der Qualität dem Glühlampenlicht in nichts nachsteht: Leicht fokussierbar und mit natürlicher Farbwiedergabe.

Integrale Optimierungsansätze fehlen fast vollständig

Wir haben viele Einzelmaßnahmen eingeführt, die entweder Schadstoffe wegfiltern oder hier und da die Effizienz verbessern. Was fehlt, sind integrale Ansätze in der Energieversorgung, die über die Grenzen zwischen Unternehmen und staatlichen Zuständigkeitsbereichen hinausgehen. Noch werden einzelne Gewinne optimiert, wird an einzelnen Effizienzen gefeilt. Noch werden gerne End-of-Pipe-Technologien, die erzeugte Schadstoffe im nachhinein mit viel Aufwand wieder herausfiltern, realisiert.

Es ist dringend notwendig, die einzelnen Komponenten und Maßnahmen, die zu einer optimalen Energieversorgung führen, so zu kombinieren, daß unser Wissen in optimale Lösungen umgesetzt wird. Dies schließt den Bürger ein, der sein Wissen um den Umgang mit Energie mehren muß, dem aber auch von Staats wegen die Möglichkeit gegeben werden muß, sich kundig zu machen.

Eine nationale, erst recht eine globale Energieversorgung ist eine übergeordnete Aufgabe, weshalb hier die Politik besonders gefordert ist. Der einzelne Bürger kann durch sein Verhalten, *wie* und *wieviel* er konsumiert, viel beeinflussen, er kann sogar den Bau eines einzelnen Kernkraftwerks durch rechtliche Mittel gegen eine große Firma und eine ehemals starke Lobby verhindern. Aber seine *direkten* Möglichkeiten der grundlegenden Umgestaltung der aktuellen Energieversorgung, vielmehr noch der Neugestaltung einer zukunftsfähigen Energieversorgung sind sehr gering!

3.3. Wir brauchen eine zukunftsfähige Energieversorgung

Der Weg in die Energiekrise ist vorprogrammiert

Die Menschheit hat alle Weichen gestellt, die in eine Energiekrise führen. Unser heutiges Verhalten, insbesondere das der Bürger in den hochindustrialisierten Staaten, führt zwangsweise zu einer Übernutzung der Energieressourcen einschließlich vieler anderer Ressourcen des Systems Erde. Viele Auswirkungen unseres energetischen Treibens können kaum noch abgefangen werden. Wir haben es geschafft, uns selbst zu überfordern, indem wir eine Technik nutzen, die der einzelne Mensch nur noch in rudimentären Ansätzen verstehen kann.

Es ist an uns allen, ob als einzelner Bürger, als Teil einer Gesellschaft oder als Teil der Menschheit, zu entscheiden, ob wir so weitermachen wie bisher und aus der Energiekrise heraus einen Energie-GAU riskieren. Eine solche Katastrophe würde zu einer weitgehenden Zerstörung der uns bekannten Zusammenhänge führen. Alternativ können wir noch das Ruder herumreißen und durch eine „milde" Energiekrise gehen, die in eine zukunftsfähige Energienutzung mündet.

Das menschliche Verhalten ist nicht mehr an den Lebensraum Erde angepaßt, wir nehmen zunehmend mehr Ressourcen in Anspruch, als das System Erde regenerieren kann. Fossile Brennstoffe werden, hauptsächlich in den Industrieländern, eine Million mal schneller aufgebraucht, als sie sich gebildet haben. Tropenwälder werden nicht schonend genutzt, sondern zur Gewinnung von Tropenhölzern und Ackerland unwiederbringlich vernichtet. Die dort gewonnenen Produkte werden vorwiegend von den Bewohnern

Rekapitulation: Die Fehlanpassung heutigen Verhaltens

der industrialisierten Länder genutzt. Die Fischbestände der Meere wurden mit immer perfekteren Fangmethoden dezimiert, wodurch einige Fischarten vom Markt nahezu verschwunden sind. Wir nehmen auf der anderen Seite Land, Wasser und Luft in Beschlag, um die Gifte und Klimagase, die wir bei unserer Lebensweise erzeugen, loszuwerden. Wir drehen damit an vielen Stellschrauben, und das nicht zu knapp.

Halten wir uns das Bild des Deutschen, der auf seiner eigenen „Landscheibe" wohnt und von dem, was sie hergibt, leben wollte, noch einmal vor Augen. Die 0.4 Hektar – oder etwa 65×65 Quadratmeter – müßten für die Versorgung mit Luft, Nahrung, Rohstoffen und Energie herhalten. Die Entsorgung seiner Abfälle und Emissionen müßte er ebenfalls in „seinem" Biotop bewerkstelligen. Innerhalb von 2 Jahren wäre die Kohlendioxid-Konzentration *doppelt* so hoch und damit das Klima seines Lebensraumes deutlich verändert – nur die weltweite Verdünnung seiner Emissionen verhindert einen drastischen Klimawandel innerhalb von 2 oder 5 Jahren und verlangsamt ihn auf 50, 100 oder 500 Jahre.

Aber dieser Verdünnungseffekt hilft uns nicht auf lange Sicht. Wir haben in unserem Land mehr als 80 Millionen Mitbewerber um die Ressourcen aller Art und profitieren noch von dem Import von Rohstoffen und dem Export von Emissionen – weltweit haben wir derzeit über 6000 Millionen Mitbewerber um die weltweiten Ressourcen und deren Zahl wird die nächsten Jahrzehnte weiter steigen (siehe Bildtafel 1, S. 172). Selbst in der globalen Perspektive ist die jedem Menschen im Schnitt zustehende Landfläche viel zu klein, um den heutigen Lebensstil industrialisierter Länder zu „tragen" (siehe Bildtafel 1, S. 172).

„Die Grenzen des Wachstums" sind schon jetzt ausgelotet. Das seinerzeit viel beachtete und ernst genommene Werk gleichen Titels von Dennis Meadows wird derzeit gerne als eine viel zu drastische Schilderung einer Zukunft, die so nicht eingetreten ist, abgetan. Die Vorhersage war in einer Hinsicht falsch: Daß es zur Jahrhundertwende, also im Jahr 2000, schon schlecht aussähe. Viele dieser Vorhersagen werden aber vielleicht im Jahr 2010, 2020 oder 2030 eintreten.

Die Situation sieht an vielen Stellen besser aus, als sie ist: In Deutschland gibt es fast keine qualmenden und rußenden Industrieanlagen oder Autos mehr. Kohlendioxid und Feinstaub werden aber immer noch unsichtbar in die Atmosphäre geblasen. Wir kaufen zunehmend Produkte, die in anderen Ländern unter viel Energieaufwand und bei schlechteren Umweltstandards erzeugt wurden, ohne daß wir die dort freigesetzten Emissionen sehen. Wir ruhen uns auf ein paar Prozentpunkten erneuerbarer Energien im Stromsektor aus, ohne jedoch den Blick auf bestehende und neue Probleme zu wenden, die sich in der Welt und vor unserer Haustüre ankündigen.

Die vielen Möglichkeiten, Energie zu notwendigen und angenehmen Zwecken einzusetzen, hat besonders in den letzten 100 Jahren zu einem massiven Anstieg des Energiebedarfs geführt. Der weitaus größte Anteil dieses Bedarfs wird durch eine Energieversorgung gedeckt, deren Funktionsprinzipien auf dem Stand des ausgehenden 19. Jahrhunderts stehengeblieben sind: Otto-Motoren, Öl- und Gasheizungen, Dampfturbinen, Gasturbinen, Wasser- und Windkraftwerke. Bei 1 Milliarde Menschen mit den eingeschränkten Möglichkeiten, Energie zu verbrauchen, war dies um 1900 kein globales Problem.

Bei den Primärenergie-Versorgung sieht es ähnlich aus. Die heutige Energieversorgung basiert weltweit zu 85 Prozent auf Kohle, Erdöl und Erdgas. Sie ist daher eine veraltete und alternde fossil befeuerte Monokultur, die viele Nebenwirkungen besitzt, aber auch Risiken birgt.

Viele Nebenwirkungen werden durch zusätzliche Technik verringert, indem Schadstoffe mit aufwendigen Filtersystemen wie Rauchgasreinigungsanlagen oder Feinpartikel-Filtern zurückgehalten werden. Der elegantere Weg, die Schadstoffe erst gar nicht entstehen zu lassen, wird nicht eingeschlagen. Die Komponenten unserer Energieversorgung, von dem Großkraftwerk über den Windpark bis hin zur kleinen Gasheizung werden jeweils für sich optimiert, nicht aber die Gesamtheit dies Komponenten als übergeordnetes System. Energie wird dementsprechend in relativ ineffizienten Ketten genutzt und nicht in Nutzungsnetzen, die weitaus höhere Gesamtwirkungsgrade erlauben würden. Noch effizientere Nutzungskreisläufe spielen in der heutigen Energieversorgung sogar nur eine verschwindend kleine Rolle.

Führt der Treibhauseffekt zu einer starken Veränderung des weltweiten Klimas, kann es passieren, daß besonders die erneuerbaren Energien betroffen sind. Ohne Wind erzeugen Windräder keinen Strom, bei zu starken Stürmen nehmen sie Schaden; ohne den steten Zustrom an Wasser liegt jedes Wasserkraftwerk auf dem Trockenen. Erneuerbare Energien würden wahrscheinlich durch fossile Energieträger ersetzt und die Treibhausgas-Emissionen weiter verstärkt.

Wenn wir auf der Versorgungsseite mit unserer heutigen Technik weitermachen, werden wir das System Erde in 20, 50 oder 150 Jahren soweit verändert haben, daß nur noch wenige Menschen dort leben können. Entweder finden sie noch Plätze, an denen es sich gut leben läßt oder sie können sich eine Umgebung schaffen, die durch den Einsatz großer Mengen an Energie das Überleben ermöglicht: Für diejenigen, die Kontrolle über Ressourcen wie Energie, Land oder Geld haben.

Die anderen Menschen werden ein karges, hartes Leben fristen. Oder an Wetterkatastrophen, Giften und radioaktiver Strahlung sterben, durch Energiemangel erfrieren, verhungern, verdursten.

Rekapitulation:
Die Fehlanpassung heutiger Energietechnik

Prognose: Der Energie-GAU, wenn wir nicht handeln

Dieses Bild ist düster, aber nach allem, was wir heute wissen, auch realistisch. Natürlich ist der Energie-GAU, der größte anzunehmende Unfall unseres Umgangs mit Energie, nur eine abstrakte Gefahr. Wir kennen weder das genaue Ausmaß noch den Zeitpunkt, an dem ein solcher Energie-GAU eintreten könnte. Dennoch stehen die Zeichen auf Sturm:

- Die ultimative globale Bedrohung der Menschheit ist der Klima-GAU, der sich in einer dramatischen Änderung des Weltklimas äußern würde. Die auf mindestens 1–2 Jahrzehnte absehbar steigende atmosphärische Kohlendioxid-Konzentration wird das Weltklima definitiv ändern. Über die genauen Zusammenhänge der einzelnen Komponenten des Klimasystems der Erde wissen wir nur wenig, auch wenn das Wissen über viele einzelne Komponenten für sich genommen sehr gut ist. Die diffizilen Abhängigkeiten, z. B. zwischen den arktischen Temperaturen, den Temperaturen des Golfs von Mexiko und weiteren Kenngrößen, die zum Erhalt des Golfstrom notwendig sind, können leicht gestört werden. Dies würde zu einer Neuorientierung oder einem Wegbleiben dieser Meeresströmung führen – mit katastrophalen Folgen für die gesamte nördliche Halbkugel, vielleicht auch für den gesamten Planeten.

- Die Umweltkrise scheint an vielen Stellen gebannt, bei einer genaueren Betrachtung zeigt sich jedoch, daß viele Komponenten der Umweltkrise in andere Länder exportiert werden: China wird gerne als Werkstatt der Welt bezeichnet. Wo gehobelt wird, fallen Späne – wo produziert wird, werden giftige Schadstoffe und Klimagase emittiert. Diese Emissionen sind in den hoch industrialisierten Ländern nicht sichtbar. Der Export von Emissionen, eine Folge der totalen Globalisierung des Güter- und Informationsaustauschs, hat die Entwicklung neuer Technologien zur Energieerzeugung, die Pflicht der hochindustrialisierten Länder sein muß, verzögert. Die schnelle Entwicklung Chinas und anderer Staaten, die sich auf den Weg zu materiell wohlhabenden hochindustrialisierten Staaten gemacht haben, führt im globalen Bild auf mindestens einige Jahrzehnte zu einem Anstieg der Emissionen von giftigen Schadstoffen und Treibhausgasen, die Schäden im System Erde verursachen und einen Klima-GAU wahrscheinlicher machen.

- Die Versorgungskrise wird eher von politisch und wirtschaftlich motivierten Engpässen geprägt sein als von einer realen Nicht-Verfügbarkeit von Energieträgern. Konventionelles Erdöl wird durch Roh- und Kraftstoffe aus Ölsanden ersetzt, Kraftstoffe können auch aus Erdgas oder Kohle hergestellt werden, alles Entwicklungen, die heute, 5–15 Jahre vor dem voraussichtlichen Maximum der konventionellen Ölförderung, aufgenommen werden und rechtzeitig kommen, die abnehmende Förderung konventionellen Erdöls zu kompensieren. Die absehbar längerfristige Verfügbarkeit fossiler Energieträger „befeuert" die Klima- und Umweltkrise, und reduziert den Druck, Alternativen zu finden.

Wenn wir jetzt handeln und die Energieversorgung der Zukunft aktiv gestalten, haben wir noch eine Chance, große Verwerfungen, die unseren Lebensraum Erde, aber auch unser Lebensumfeld Gesellschaft zerstören können, zu vermeiden. Es wird darauf ankommen, unsere Energieversorgung grundlegend umzugestalten. Es ist nicht damit getan, hier und da ein paar Prozent Energiebedarf einzusparen, an der einen oder anderen Stelle ein paar Promille Strombedarf mit Photovoltaik zu decken oder Wasserstofftechnologie und Brennstoffzellen für Handys einzuführen. Diese, was die Energiemenge angeht, unbedeutenden Maßnahmen haben durchaus eine wichtige Funktion: Wir probieren Alternativen unter Realbedingungen aus. Aber sie haben auch eine gefährliche Placebo-Wirkung, weil sie durch ein allzu positives Image dieser Technologien die Menschen beruhigen: „Wir brauchen doch nur auf die Einführung dieser Technologien zu warten, bis dahin machen wir einfach so weiter!"

Prognose: Die Energiekrise, wenn wir jetzt handeln

Dort, wo wir mit wenig Aufwand eine Menge sparen können, sollten wir es schleunigst tun. In Deutschland kann ein typisches Einfamilienhaus, welches um 1970 herum gebaut wurde, mit etwa 30 000 Euro energetisch saniert werden. Der Heizenergiebedarf sinkt auf ein Drittel, ohne daß die Bewohner ihr Verhalten beim Heizen auch nur im geringsten ändern müssen. Sie profitieren von den stark reduzierten Heizkosten und von dem durch die wärmeren Wände verbesserten Raumklima. Aber in den Bereichen der Strom- und Kraftstoffversorgung fehlen wirkliche Alternativen, die einerseits kaum in das System Erde eingreifen, andererseits gesellschaftlich akzeptiert werden.

Eine zukunftsfähige Energieversorgung muß jetzt aktiv gestaltet werden. Dies erfordert die Schaffung des Wissens um Alternativen aber auch den sorgfältigen Einsatz der existierenden Infrastruktur sowie die weitsichtige und in gleichem Maße zügige Einführung neuer Technologien. Die Aufklärung zum Themenkreis Energie muß mit aller Kraft gefördert werden, denn nur so können ideologische Debatten, die das konkrete Handeln hinauszögern, erfolgreich vermieden werden. Es ist schließlich nicht nur eine Frage, ob und wie gehandelt wird, sondern ganz wesentlich eine Frage, *wie schnell* gehandelt wird!

Eine zukunftsfähige Energieversorgung gestalten

Um die Gestaltung einer zukunftsfähigen Energieversorgung überhaupt angehen zu können, muß man

- Ziele definieren, die man erreichen möchte,
- Grundlagen zur Entscheidungsfindung berücksichtigen,
- von Einzellösungen zu integrierten Lösungen gelangen,
- die Energiekrise als Gesellschaftskrise anpacken,
- die Probleme aufgrund der akuten Lage schnell lösen und
- . . . vor allem Handeln.

Ziele definieren

Gute Entscheidungen setzen eine klare Bestimmung von Zielen voraus, die über einen ensprechenden Lösungsweg erreicht werden sollen. Dabei werden wir uns mit der Frage auseinandersetzen müssen, wieviel Technik wir brauchen, wieviel Technik wir wollen und wieviel Technik wir zulassen. Die zunehmende Technisierung führt dazu, daß wir uns immer weiter von den ursprünglichen Lebenweisen entfernen. Daraus resultiert für viele Menschen in den industrialisierten Ländern ein hohes Maß an Unzufriedenheit. Auf der anderen Seite kann Technik die Folgen unseres Eingreifens in das System Erde korrigieren und durch neue Methoden der Energienutzung zu einer zukunftsfähigen Energieversorgung, die das System Erde nur sehr gering beeinflußt, beitragen.

Eine weitere Frage besteht darin, wer die Ziele bestimmt und wer festlegt, wie sie erreicht werden sollen. Dahinter stehen natürlich Menschen, mit all ihren „problematischen" Eigenschaften. Entscheidungen von einer Tragweite, wie sie die Gestaltung einer zukunftsfähigen Energieversorgung darstellt, müssen daher von Menschen getroffen werden, die keine direkten oder indirekten materiellen Vorteile von der Richtung ihrer Entscheidungen haben. Das Arbeitsumfeld dieser Entscheidungträger muß so gestaltet sein, daß sie ihre Entscheidungen in diesem Sinne optimal treffen können.

Grundlagen der Entscheidungs-findung

Entscheidungen, die auch langfristig gut bleiben sollen, erfordern neben dem notwendigen Sachwissen ein hohes Maß an Fachwissen bei den Akteuren. Genauso muß das Umfeld stimmen; dazu gehört die Unabhängigkeit von vorgefaßten Meinungen, Vorurteilen oder gar ideologischer Fixierung. Persönliche Vorteile der Entscheider aus dem Ergebnis, die materieller Natur sind, müssen auch hier ausgeschlossen werden. Nur so kann eine sehr wichtige grundlegende Forderung erfüllt werden: Die Gleichberechtigung aller Optionen.

Ziele und Lösungswege müssen aneinander angeglichen werden. Dazu ist es notwendig, die Lösungswege ganzheitlich zu betrachten. Neben den gewünschten Wirkungen müssen die zwangsläufig auftretenden Risiken und Nebenwirkungen minimiert und mit den verschiedenen Optionen in Beziehung gesetzt werden. Lösungen sind nicht schlagartig, sondern gestuft oder kontinuierlich einzuführen, so daß Brüche, die Gesellschaften und Menschen belasten, vermieden werden. Lösungen sind unter Einbindung aller Beteiligten zu gestalten, damit die Akzeptanz möglichst hoch ist, sie damit schnell eingeführt werden können.

Entscheidungen brauchen Zeit, aber sie brauchen noch mehr Muße, also das persönliche Gefühl, einen Gedanken reifen lassen zu können. Diese muß denen, die die Entscheidungen fällen oder auf vielfältige Wege mitgestalten, gegeben werden. Wenn Entscheidungen zügig, gleichzeitig aber auch sehr zuverlässig gefällt werden müssen, kann dies nur ohne äußeren Druck gelingen. Think Tanks, in denen Mitarbeiter frei denken dürfen und dadurch zu vollkommen neuen Perspektiven und Lösungen gelangen, können eine solche Atmosphäre bieten.

Lösungen werden an vielen Stellen für sich optimiert. Gerade bei einer zukunftsfähigen Energieversorgung muß das Nebeneinander verschiedener Systeme und die Abfolge einfacher Wirkungsketten durch ein Wirkungsgefüge aus Nutzungskreisläufen und Nutzungsnetzen ersetzt werden. Integrierte Lösungen erlauben eine höhere Ressourceneffizienz als zusammengewürfelte Einzellösungen, die jeweils nur für sich genommen optimiert werden.

Von Einzellösungen zu integrierten Lösungen

Die Optimierung integrierter Lösungen profitiert von einer angemessenen Verteilung von Macht, besser Gestaltungsmacht auf die verschiedenen Ebenen, in denen die Lösung wirken soll. Eine Stromversorgung, die ausschließlich auf Photovoltaik basiert, könnte heute nur in einem globalen Verbundnetz etabliert werden. Eine Wärmeversorgung, die ausschließlich mit Sonnenwärme betrieben wird, kann nur durch lokale Versorgungssysteme, die eine Ausdehnung von einem halben Kilometer haben, effizient gelöst werden. Gestaltungsmacht – Befugnisse, Kapital und andere Ressourcen – muß auf die Ebene delegiert werden, die sie optimal einsetzen kann.

Integrierte Lösungen erfordern den ganzheitlichen Ansatz *innerhalb* eines Unternehmens oder eines Ministeriums und fördern dabei eine hohe Identifikation der Gestalter mit solchen Lösungen. Auf der einen Seite tragen sie dann die Gesamtverantwortung, die nicht, wie heute üblich, schnell zwischen vielen Stellen hin und hergeschoben wird. Auf der anderen Seite können sich die Gestalter viel besser mit der Lösung identifizieren, was die Motivation für das Auffinden guter Lösungen steigert.

Integrierte Lösungen setzen das Verständnis eines verallgemeinerten Ressourcenbegriffs voraus, der *alle* Arten von Ressourcen, aber auch ihre Konvertierbarkeit untereinander berücksichtigt. Die Grafik zeigt, wie man verschiedene Ressourcen klassifizieren und miteinander in Beziehung setzen kann:

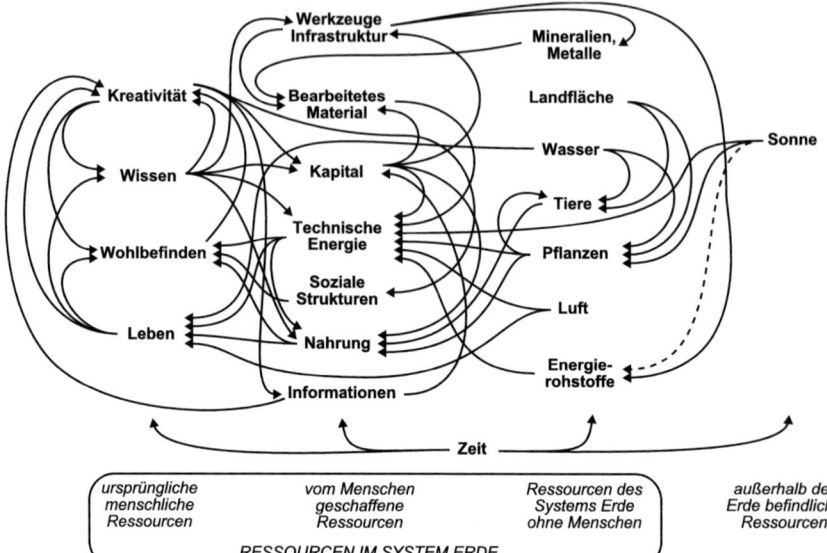

Raumwärme kann aus fossilen Brennstoffen, aus Biomasse oder direkt aus der Sonne gewonnen werden. Ressourcen können aber auch mehreren Zwecken dienen, so dienen Pflanzen zur Nahrungsversorgung oder können als Energieträger genutzt werden. Ressourcen sind damit austauschbar. Dies gilt auch für die nicht-materiellen Ressourcen. Ein geringeres Wissen kann durch Kreativität wettgemacht werden, Kreativität kann aber auch eingesetzt werden, um materielle Ressourcen effizienter zu nutzen. Die spezielle Düse eines Wasserhahns kann den gleichen Reinigungseffekt mit der halben Wassermenge erzielen, eine optimierte Einkaufsfahrt zu 5 Geschäften den Fahrtweg und die dabei eingesetzten Ressourcen an Kraftstoff und Zeit auf ein Drittel reduzieren.

Bewältigung der Energiekrise als Gesellschaftskrise

Die Verringerung der Arbeitslosigkeit hängt in heutigen Industriegesellschaften wesentlich von einem bestimmten Wirtschaftswachstum ab: Die Produktion muß immer weiter steigen, um die Arbeitsplatzverluste durch die Rationalisierung in den Arbeitsstätten auszugleichen. Rationalisierung ist praktisch immer mit einem Ersatz menschlicher Arbeitkraft durch energiebetriebene Maschinen verbunden. Der Nutzenergiebedarf steigt, der Primärenergiebedarf steigt ebenfalls, wenn keine Verbesserung der Energieeffizienz diese Entwicklung auffängt. Entweder mehr Arbeitslosigkeit oder mehr Energiebedarf, mit den entsprechenden sozialen und gesundheitlichen Folgen.

Entweder wir verteilen Arbeit gerechter, schränken also unsere Arbeitszeit ein und verzichten auf Gehalt. Oder wir kümmern uns um eine neue Energieversorgung, die das System Erde so gering belastet und so gut in die Gesellschaft eingebettet ist, daß sie auf lange Sicht einen steigenden Bedarf an

Energie decken kann. Auf kurze Sicht kann wohl nur die Einführung einer solchen zukunftsfähigen Energieversorgung helfen.

Das heutige Wirtschaftssystem verabhängigt den Bürger sehr weitgehend. Er ist inzwischen zu einer logistischen Größe degradiert worden, die in dem Wirtschaftssystem funktionieren muß. Hier besteht ein dringender Handlungsbedarf, der dem Bürger mehr Information und mehr Motivation zur Gestaltung seines Lebensraumes zurückgibt. Dies bedeutet eine Umgestaltung heutiger industrialisierter Gesellschaften, in denen der Bürger wieder mehr Geltung, mehr Gestaltungsmacht erhält. Ein aufgeklärter Bürger, der seine Belange in die Hand nimmt, ist aus der kurzfristigen Perspektive kein profitabler Kunde, dafür aber ein zufriedener Mensch und somit ein stabilisierendes Element in einer Gesellschaft. Er wird auf diese Weise zu einem zuverlässigen Kunden, der auch einem Wirtschaftsunternehmen einen langfristigeren Bestand gewährleisten kann. So könnten Bürger und Wirtschaftsunternehmen auf lange Sicht von einer solchen Konstruktion profitieren.

Die ersten Jahre des 21. Jahrhunderts läuten allem Anschein nach einen Wendepunkt ein. Energie wird knapper und damit immer teurer. Die Schäden durch unseren massiven Einsatz von Energie, besonders fossiler Energien, werden immer deutlicher. Gerade der derzeit in vollem Gang befindliche Klimawandel, der zumindest zu einem großen Anteil vom Menschen verursacht wird, könnte sich durch die vielen positiven Rückkopplungen und das Überschreiten von Schwellen zu einer globalen Klimakatastrophe ausweiten. Eine solches Umkippen des Klimas kann schnell stattfinden, etwa innerhalb eines oder zweier Jahrzehnte. Wenn wir so weitermachen wie bisher, werden wir das System Erde in 50 oder 100 Jahren mit Sicherheit so stark verändern, daß wir es aus unserer heutigen Perspektive kaum wiedererkennen könnten. Mit einem Klima-GAU riskieren wir eine Katastrophe globalen Ausmaßes, aus der es kein Entrinnen gibt. Die Folgen dürften eine Dimension haben, die weit über unser Vorstellungsvermögen hinausgeht. Es wird nicht um 50 000 oder 500 000 Menschen gehen, sondern um 500 000 000 oder mehr.

Es ist ein Irrglaube, daß einige Firmen nur ein paar Schubladen öffnen müßten, um saubere Autos, Nullenergiehäuser oder grundlastfähige Solarkraftwerke „aus dem Hut" zu zaubern. Selbst dann, wenn sie es technisch realisieren könnten, ist es mehr als zweifelhaft, ob die Ressourcen an Kapital, Rohstoffen, Arbeitskraft und selbst an Energie ausreichen würden, diese Systeme in ausreichender Zahl bereitzustellen. Viele dieser prinzipiell funktionierenden Systeme, sei es ein Brennstoffzellenauto oder eine Photovoltaikanlage, lassen uns schnell glauben, daß wir „könnten, wenn wir wollten". Der Atomkonsens lindert die Angst vieler Menschen vor Kernkraftwerken, verhindert aber gleichzeitig auch die Diskussion darüber, wie

Die Zeit drängt – Probleme schnell lösen

eine zukunftsfähige Energieversorgung aussehen könnte. Entscheidungen werden aufgeschoben und das System Erde immer weiter dejustiert.

Dabei würde gerade die schnell und substantiell vorangetriebene Vermeidung von Emissionen helfen, kalkulierbare Folgen zu mindern und die Gefahr katastrophaler Folgen, die durch das Überschreiten eines Point-of-no-Return auftreten könnten, von vornherein deutlich zu verringern. Die Vermeidungsstrategie ist die Variante des Handelns, die mit Ressourcen effizienter umgeht. Einmal, weil sie eine viel stärkere Konfrontation mit der aktuellen Situation erfordert, um Probleme im Vorfeld zu erkennen und zu vermeiden. Auf der anderen Seite, weil sie Schäden vermeidet und eine ressourcenintensive Anpassung an die Folgen überflüssig macht.

...und vor allem Handeln!

Unser System Erde ist unser Lebenserhaltungssystem, sowohl in körperlicher als auch in geistiger Hinsicht. So klein der Mensch auch als Einzelwesen ist, so mächtig ist er in der Menge, potenziert mit dem Werkzeug Technik. Er kann das System Erde beeinflussen, und er tut es seit 50 Jahren in dramatischer und dramatisch zunehmender Weise. Das System Erde ist ein delikates System mit vielen Mechanismen, die es stabilisieren, aber durch den massiven Einfluß des Menschen ist es verwundbar geworden.

Auch wenn es viele Menschen nicht direkt trifft, oder besser, nicht spürbar trifft, so gibt es einige Menschen, etwa die Inuit[1], die in der Arktis leben und für die das Leben aus den Fugen gerät. Fehlendes Eis macht die Jagd nach Robben unmöglich. Der auftauende Permafrostboden läßt Häuser zusammenfallen. Immer stärkere Stürme, wegfallende oder extreme Niederschläge betreffen Abermillionen von Menschen, deren Nahrungsversorgung und kulturelles Leben in akuter Gefahr ist. Es ist eine Frage der Schmerzen und der Schmerzschwelle, wann es *uns* wehtut. Die Hauptverursacher des Klimawandels und vieler anderer Folgen sitzen jedoch in geographischen Regionen, wo der Klimawandel heute noch kaum sichtbare Folgen zeigt. Oder diese Folgen können durch den Einsatz von Energie, Technik und Verhaltensweisen *noch* kompensiert werden.

Jede unserer heutigen Handlungen hat Auswirkungen auf die nächsten 10, 20 oder 100 Jahre, weil das System Erde und die Menschheit viele Trägheiten besitzen. Wir müssen daher Entscheidungen zügig und trotzdem zuverlässig treffen, wenn wir eine zukunftsfähige Energieversorgung erfolgreich gestalten wollen. Ein langes Abwägen können wir uns also nicht leisten. Dabei ist es oft besser, überhaupt eine Entscheidung zu treffen, aber gleichzeitig „Abbruchbedingungen" zu etablieren, an denen die Entscheidung rückgängig gemacht oder modifiziert werden kann.

---

[1]Bezeichnet die arktischen Völker, die auch unter dem Namen Eskimos bekannt sind

Institutionalisierung von Energie

Was nutzt ein hohes Umweltbewußtsein und das Aufstellen von Handlungs-maximen, wenn sie nicht umgesetzt werden? Instanzen müssen geschaffen werden, die sich um das konkrete Handeln kümmern, indem Sie Wissen schaffen. Dieses Wissen muß gebündelt und organisiert werden, damit Ent-scheidungen getroffen werden können. Die Kommunikation zu allen Ak-teuren ist der nächste Schritt, der eine entsprechende Aufbereitung des Wis-sens voraussetzt. Jedes Handeln führt zu Nebeneffekten, die den ursprüng-lichen Absichten entgegenstehen – wir müssen unsere Ziele stets im Auge behalten, und bereit sein, unser Handeln zu ändern, um diese Ziele auch zu erreichen. Die Institutionalisierung des Themenkreises Energie soll dazu dienen, Ziele zu definieren und unser Handeln daran auszurichten.

Das Thema Energie wird heute an vielen Stellen behandelt, allerdings fehlt ganz offensichtlich eine Koordination zwischen den verschiedenen Bemü-hungen, diesen Themenkomplex zu bearbeiten. Auf dem Weg zu einer auch auf lange Sicht funktionierenden Energieversorgung müssen verschiedene Interessen abgeglichen und die Anstrengungen, Lösungen zu finden, *ge-bündelt* werden.

Warum Energie institutionalisie-ren?

Die Komplexität, die mengenmäßige Dimension und die Dringlichkeit die-ses Themenfeldes übersteigen die Möglichkeiten der Selbstorganisation in einer Gesellschaft, in der einzelne Institute unmotivierte Alleinstellungs-merkmale suchen müssen, um in der Forschungslandschaft bestehen zu können. In der Grundlagenforschung mag dies noch tolerierbar sein, in Be-reichen der angewandten Energieforschung, deren Ergebnisse für das kon-krete Überleben einer Gesellschaft und der gesamten Menschheit von Be-deutung sind, ist dies viel zu riskant.

Ein weiteres Problem ist die *Langfristigkeit* des Unterfangens, eine funk-tionierende Energieversorgung aufzubauen, unabhängig von Legislaturpe-rioden und ideologisch motivierten Modeerscheinungen. Es ist nicht damit getan, in fünf Jahren einen Plan zu entwickeln, der dann für 50 Jahre die Ziele vorgibt. Der Umstieg auf eine nachhaltige Energieversorgung wird vielmehr 50 oder 100 Jahre in Anspruch nehmen und ein steter Prozeß von Planung, Ausführung und Bewertung sein. So viel Freiheit den einzelnen Kräften – Bürgern, Politikern, Wirtschaft und Forschung – auch gegeben werden soll, eine konsequente und konsistente aber dennoch flexible Struk-tur von Institutionen muß etabliert werden, die die Schaffung einer nach-haltigen Energieversorgung *gestalten* kann.

Ein großes Manko ist das oftmals bescheidene Wissen über Grundlagen aus der Physik und der Technik der Energienutzung. Außerdem fehlt uns jeg-licher Instinkt für den Einfluß, den wir durch unseren zügellosen Umgang mit Energie auf uns selbst und das System Erde ausüben. In allen Berei-

Energiethemen in Erziehung, Bildung, Ausbildung

chen, in denen Menschen Chancen zur Bildung erfahren, also Erziehung, Schulbildung und Berufsausbildung, muß das Thema Energie viel stärker als bisher vermittelt werden.

Die Kenntnis, wo wir Energie einsparen können, ohne uns selbst zu kasteien, kann im Kindesalter spielerisch erlernt werden. Eine Erziehung der Kinder im sorgfältigen Umgang mit Energie und stofflichen Ressourcen ist damit die einfachste Art, nachhaltig einen schonenden Umgang mit Ressourcen und unserem Lebensraum zu trainieren. Weniger Energie- und Stoffdurchsatz bedeuten nicht unbedingt den Verlust von Wohlstand und Komfort, sondern, zwanglos betrieben, eine Steigerung des Wohlbefindens durch das Gefühl, in sinnvollem Maße zu konsumieren. Die Familie ist hier die richtige Institution, diese Erziehung zu befördern: Tätigkeiten wie das Heizen, Autofahren, Urlaub machen, Produkte kaufen, finden in der Familie statt, wo könnte man direktere Berührungspunkte mit der Thematik finden?

Die Schulbildung sollte das Sach- und Fachwissen rund um das Thema Energie fördern, den Schülerinnen und Schülern Grundlagen der Physik und der Energietechnik nahebringen. Das Wort „nahebringen" ist mit Bedacht gewählt, es muß ein Unterricht sein, der Begrifflichkeiten des Themenkreises Energie über Experimente und Beispiele begreifbar macht. Dieses Wissen zum Thema Energie kann bisher nicht verstandene Verhaltensweisen erklären, kann aber auch zu neuen ressourcenschonenden Verhaltensweisen animieren. Die Institution Schule kann einen wesentlichen Beitrag dazu leisten, daß praktisches Wissen in Sachen Energie in eine Gesellschaft gebracht wird – durch eine weiter zunehmende Aufnahme entsprechender Lehrinhalte in die Lehrpläne *aller* relevanten Fächer kann dies erreicht werden.

In der Berufsausbildung ist der Umgang mit Energie ein heute schon verankertes Thema. Die genaue Bilanzierung von Energie- und Materialströmen, die mit Kosten genau beziffert werden, führt dazu, daß Energieeinsparungen in Unternehmen zu geringeren Produktionskosten und damit zu einer verbesserten Konkurrenzfähigkeit führen. Betriebe, sei es der kleine Schreinereibetrieb oder ein großer Stahlerzeuger, sind die richtige Institution, den berufsbezogenen Umgang mit Energie zu vermitteln.

Die Aufgabe, eine zukunftsfähige Energieversorgung zu konstruieren und zu realisieren, braucht zudem Menschen mit speziellem Wissen, welches sie sich in geeigneten Ausbildungs- und Studiengängen aneignen können. In den Bereichen der eigentlichen Energietechnik müssen auch heute aus der Mode gekommene Bereiche wie die Kernenergie wiederbelebt werden – Kernenergie wird wahrscheinlich bald wieder eine Rolle spielen, die Lösung der Endlagerungsproblematik radioaktiver Materialien aus Kernkraftwerken muß dann aber viel intensiver betrieben werden. Innovationen in der Energietechnik werden nur dann möglich sein, wenn wir auch in den Bereichen Materialwissenschaften, Biotechnologie oder Nanotechnologie wenigstens ein Grundlagenwissen zu Energiethemen vermitteln und umgekehrt Studierende der Energietechnik diese neuen Technologien kennenlernen.

Wissen, welches vermittelt werden und uns bereichern kann, muß erst geschaffen werden. Dazu sind Aktivitäten im Bereich der Forschung und Entwicklung unerläßlich. Gerade im Hinblick auf die Gestaltung einer zukunftsfähigen Energieversorgung ist unser energietechnisches Repertoire eher als dürftig einzustufen. Dabei sind alle dazu aufgerufen, sich für diesen Bereich zu engagieren: Bürger, die ihre Zeit und ihr Geld beisteuern, aber auch Politiker und Unternehmen, die das Geld sinnvoll einsetzen. Forschung und Entwicklung brauchen viel Zeit, um von einer Grundidee zu einer fundierten Erkenntnis oder einem ausgereiften Produkt zu gelangen. Besonders dann, wenn Risiken und Nebenwirkungen im Vorfeld vermieden werden sollen, müssen viele Aspekte berücksichtigt werden, die Grundlagenwissen und eine sorgfältige Bewertung eines Produktes voraussetzen. Im Hinblick auf die Energieversorgung der Zukunft bedeutet dies, daß wir schnelle *und* gute Ergebnisse vorweisen müssen. Geld ist eine wichtige Ressource, um Forschung in Universitäten oder Entwicklungsarbeiten in Unternehmen vorantreiben zu können. Es muß also die Aufgabe von Gesellschaft und Politik bzw. von Unternehmen sein, Geld in diese Bereiche zu stecken. Die staatlichen Ausgaben Deutschlands für Energieforschung, die aus Steuergeldern finanziert werden, beliefen sich im Jahr 2003 auf etwa 400 Millionen Euro, das sind gerade einmal 5 Euro pro Bürger und Jahr oder 0.02 Prozent des Bruttoinlandsproduktes! In anderen Ländern sind die Ausgaben zwar deutlich höher, aber dennoch nicht angemessen: In den USA werden 7.50 Euro, in Japan sogar über 20 Euro pro Kopf und Jahr aufgewendet ([BMWI2006, CIAW2006]).

Forschung und Entwicklung

Der freie Markt wird gerne als Instrument zur Findung optimaler Lösungen zitiert. Aber wie frei ist der Energiemarkt wirklich? Wie gerecht ist die Bewertbarkeit von Energiedienstleistungen? Ziel eines Unternehmens ist, Gewinne zu machen, allerdings unter Berücksichtigung der per Gesetz bestimmten Regeln. Dazu kommt, daß der Bürger durch die Art, wie er Energiedienstleistungen in Anspruch nimmt, eine bedeutende Entscheidung darüber trifft, welches Unternehmen wie gut von ihm unterstützt wird. Der einzelne Bürger kann durch seine Kaufentscheidung keinen Großkonzern in den Bankrott treiben, aber viele Einzelne bestimmen den Markt und können Unternehmen dahingehend beeinflussen, neue Produkte zu gestalten und auf den Markt zu bringen. Gesetze, beispielsweise Steuergesetze, führen allerdings zu starken Verzerrungen in einem Markt. Zunächst gibt es keinen Grund, Kerosin für Flug-

Energiewirtschaft und Energiepolitik

zeuge, Dieselkraftstoff für Autos und Heizöl unterschiedlich zu besteuern. Schließlich werden sie bei allen diesen Anwendungen verbrannt und setzen pro verbranntem Liter ähnliche Mengen an Schadstoffen und die gleiche Menge an klimarelevanten Gasen frei. In einem gerechten Markt müßten die drei Energieträger gleich besteuert werden, weil sie sich pro Mengeneinheit in vergleichbarer Weise schädigend auf das System Erde auswirken. Die derzeitige Praxis der unterschiedlichen Besteuerung rechtfertig bei den Kraftstoffen die hohen Steuern mit dem Argument, daß damit die Straßennutzung abgegolten wird. Es wäre aber viel intelligenter, die Straßennutzung über den tatsächlichen „Verbrauch" abzurechnen, wozu sich das Mautsystem in Deutschland gut eignen würde. Diese streckenbezogenen Gebühren könnten nach der Schadstoffklasse des Motors, den Lärmwerten und dem Fahrzeuggewicht bemessen werden. Damit würde die fahrzeugspezifische Umweltauswirkung und die Straßenabnutzung gerecht bewertet. Die Schaffung solcher Regeln ist eine nationale Aufgabe, aber bei jeglichem grenzübergreifenden Verkehr auch eine internationale Aufgabe. Flugzeuge und Schiffe verkehren weltweit, eine einheitliche Besteuerung von Kerosin ist damit sogar eine globale Aufgabe. Gerechte und verständliche Regeln, die als *Rahmen* für eine in den Einzelentscheidung weitgehend freie Wirtschaft dienen, können daher nur von zentralen Institutionen festgelegt werden.

Verantwortung für Energiethemen in politischen Ämtern manifestieren

Politik legt die Regeln für den Umgang mit Energie fest, sei es die Besteuerung von Energieträgern oder die Zulassung von Energiewandlern. In einer sozialen Marktwirtschaft ist es die Pflicht der Politik, der Wirtschaft einen Rahmen vorzugeben, der in Gesetze gegossen wird. Dieser Rahmen muß dabei helfen, die Interessen der Bürger zu wahren, aber gleichzeitig den Unternehmen eine Möglichkeit geben, sinnvoll wirtschaften zu können.
Die Verantwortungsbereiche der Bundesminister sind derzeit so verteilt, daß Schwerpunkte der Energiethemen in drei Ministerien angesiedelt sind:

- Bundeswirtschaftsministerium: Versorgungssicherheit und Wirtschaftlichkeit von Energie
- Bundesumweltministerium: Minimierung der Schadwirkungen der Energieversorgung
- Bundesministerium für Bildung und Forschung: Förderung und Steuerung von Forschung und Entwicklung

Diese drei Bereiche könnten in *einem* Ministerium, dem Energieministerium, zusammengebracht werden, wie es in vielen Staaten üblich ist. Die Anzahl der Ministerien würde um ein Ressort steigen, es sei denn, das Umweltministerium würde mit den Ministerien für Gesundheit und Verbraucherschutz zusammengelegt. Jede Verbesserung unseres Lebensumfeldes ist ein Dienst am Bürger und diese Aspekte wären so unter einem Dach vereint.

Eine vergleichbare Aufteilung der ministeriellen Zuständigkeiten in den Bundesländern wäre ebenfalls sinnvoll. Schließlich hat jedes Bundesland eine andere Zusammensetzung von Energieressourcen und muß seinen eigenen Energiemix optimieren:

- Bayern profitiert von Bergen und Gebirgen, die ausreichende Höhenunterschiede für eine effiziente Nutzung der Wasserkraft bieten.
- Die flachen Länder Schleswig-Holstein, Niedersachsen oder Mecklenburg-Vorpommern profitieren von hohen Windgeschwindigkeiten, die eine ertragreiche Windenergienutzung erlauben.
- Das Ruhrgebiet und Sachsen-Anhalt beherbergen Kohlevorkommen, bieten aber auch landwirtschaftliche Nutzflächen, die für die Biomassenutzung eine Rolle spielen können.

Kommunale Entscheidungen spielen besonders bei dezentralen Formen der Energieversorgung eine entscheidende Rolle: Ob es Informationsblätter und -veranstaltungen zur Energiesanierung von Gebäuden oder der Bau von Siedlungen mit Niedrigenergiehäusern sind, hier besteht ein großes Potential, sorgsamer mit Energie umzugehen.

Bisher wurde über die Nutzung oder die Anpassung bestehender Institutionen gesprochen. Es geht um das Vermitteln von Wissen sowie die Schaffung von Informationen, welche die Entscheidungen in allen Bereichen des gesellschaftlichen Lebens und der Politik verbessern oder gar erst ermöglichen sollen.

Ein nationales Zentrum für Energieforschung etablieren

- Wer definiert die Ziele einer zukünftigen Energieversorgung?
- Wer bündelt die Bemühungen, diese Ziele zu erreichen?
- Wer bewahrt die Kontinuität, die Ziele auf lange Sicht zu erreichen?
- Wer bewahrt die Flexibilität, auf eine veränderte Lage einzugehen?

Diese vier Aufgabenbereiche können nur in einer zentralen Institution wirksam bearbeitet werden: einem Forschungszentrum, dessen Aufgaben weit über die rein naturwissenschaftlich-technischen Aspekte hinausgehen müssen. Die folgenden Eckpunkte zeigen auf, wie ein solches Forschungszentrum gestaltet werden kann:

- Sehr gute personelle und instrumentelle Ausstattung in natur- und sozialwissenschaftlichen sowie technischen Disziplinen.
- Breiter Ansatz im Sinne der Durchführung und Koordination von Detailprojekten unterschiedlichster Ausrichtung im Zusammenhang mit dem Themenkreis Energie.
- Breiter Ansatz im Sinne der Schaffung neuer übergreifender Projektgruppen, die die Detailgruppen effizient verbinden können. Nur so können ganzheitliche Ansätze verfolgt werden, die auch die Auswir-

kungen der Einführung einer neuen Technologie in Bezug auf das System Erde und die Gesellschaft im Vorfeld zuverlässig abschätzen.

- Schaffung eines Multi- und interdisziplinären Charakters einer neuen Qualität: *Explizit* interdisziplinär arbeitende Wissenschaftler mit Standbeinen in zwei oder drei Forschungsgebieten bilden eine „Kittmasse" zwischen den Spezialisten der klassischen Disziplinen.

- Intensive Kommunikation mit den Fachministern des Bundes sowie den entsprechenden Fachministern der Länder.

- Intensive Kommunikation mit Fachministern anderer Nationen und global operierenden Organisationen, z. B. den Vereinten Nationen.

- Intensive Kommunikation mit Forschungseinrichtungen und Unternehmen auf nationaler und internationaler Ebene.

- Verwertung eigener Forschungsergebnisse zur Finanzierung des Forschungszentrums – ein Anreiz für gutes Arbeiten und eine Verringerung der Abhängigkeit von öffentlichen Geldern.

- Transferstelle für die kommerzielle Verwertung von Ergebnissen aus der Energieforschung verschiedenster wissenschaftlicher Einrichtungen und den Entwicklungsabteilungen von Unternehmen.

- Konsolidierung des Wissens um das Thema Energie. Erst eine einheitliche Datenbank erlaubt das Auffinden von Querverbindungen, die vollkommen neue Sichtweisen und Chancen eröffnen.

Wie ein solches nationales Forschungszentrum aussehen könnte, zeigt das folgende Schema:

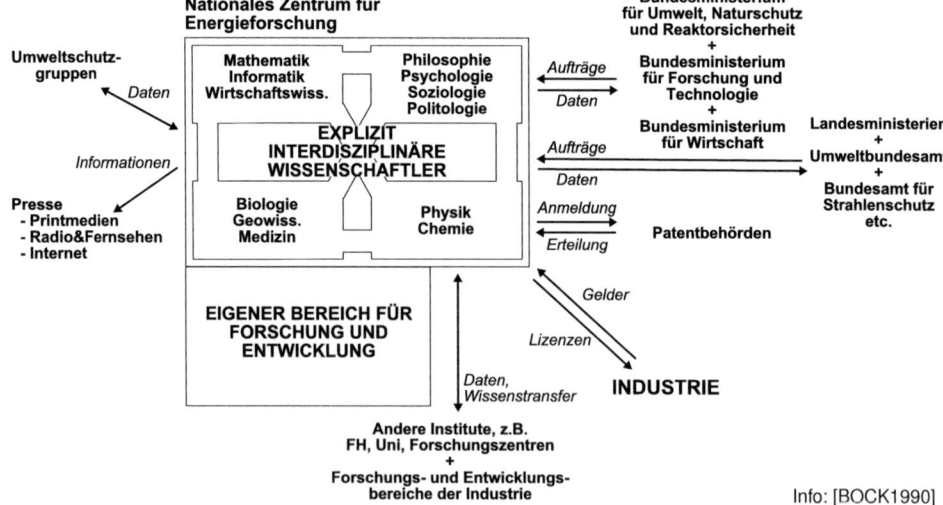

Info: [BOCK1990]

Der zentrale Charakter einer solchen Institution erlaubt eine klare Festlegung der Eckpunkte einer zukünftigen Energieversorgung, die Bündelung der Bemühungen, die Vorgaben zu erreichen und die Bündelung der Mittel, um unnötige Parallelarbeiten zu minimieren. Eine ausreichende Größe und langfristig gesicherte Mittel sind notwendig, eine solche Institution über Jahrzehnte „lebensfähig" zu halten, um die geforderte Kontinuität zu erreichen. Die Einbettung einer zentralen nationalen Institution in die heterogene, dezentrale Forschungslandschaft und in die politische Landschaft führt zu einer Ankopplung an aktuelle Entwicklungen in Wissenschaft und Gesellschaft und erhält die Flexibilität, darauf zu reagieren.

Eine solche Institution muß mit größter Sorgfalt geplant werden, in einer Abwägung zwischen zentraler Gestaltungs- und Entscheidungsmacht und demokratisierender Einbettung in ihr Umfeld. Interne Struktur, Kriterien für die Mitarbeiterauswahl, Finanzierung und ein Statut müssen eine sachorientierte Arbeitsweise unterstützen, fernab von persönlichen Neigungen einzelner Personen, ohne jedoch richtungslos zu werden. Eine sehr knifflige Aufgabe, die aber angegangen werden sollte, um das drängende Problem, unsere Energieversorgung umzugestalten, zügig und mit möglichst wenigen Fehlern umzusetzen.

Die Energieversorgung ist nicht nur das Thema eines Haushaltes, einer Stadt oder eines Landes. Die Gestaltung einer zukunftsfähigen Energieversorgung ist eine *Menschheitsaufgabe*.

Energie als Menschheitsaufgabe

Einzelne Länder müssen sich zunehmend mit ihren Nachbarn zusammentun, um Energie sinnvoll zu beschaffen. Dabei müssen auch neue Allianzen gebildet werden, in denen Industrieländer beispielsweise Solarenergietechnik an gering industrialisierte Länder in sonnigen Regionen Nordafrikas abgeben, dafür eine „Energiegutschrift" erhalten, die sie bei Bedarf einlösen können. Politische Spannungen und Unklarheiten lassen solche langfristigen Investitionsprojekte heute zu Recht als zu riskant erscheinen. Diese Situation zeigt jedoch, daß es sinnvoll ist, auch an diesen Voraussetzungen zu arbeiten, obwohl sie nicht unmittelbar mit Energiethemen in Verbindung stehen. Es ist an der Zeit, die positiven Effekte der Globalisierung, also den globalen Transport von Ressourcen *aller* Art, besser zu nutzen: Ein globaler Handel, bei dem Informationsressourcen gegen Energieressourcen ausgetauscht werden, hat ein hohes Zukunftspotential.

Auf der anderen Seite müssen wir die Auswirkungen unserer bisherigen und wohl noch andauerenden nebenwirkungsreichen Energienutzung aus der globalen Perspektive betrachten. Jeder Deutsche trägt zum Klimawandel bei, der heute schon bei Extremwetter-Ereignissen in allen Teilen der Welt Todesopfer fordert. *Wir* müssen dafür Verantwortung übernehmen, mindestens in der Weise, daß wir unsere negativen Auswirkungen auf das System Erde entscheidend verringern – den Fingerzeig auf andere sollten wir tunlichst unterlassen. Ein positiver Ansatz, in dem wir zeigen, wie wir es machen und uns dabei wohlfühlen, könnte andere Staaten dazu animieren, es uns gleichzutun – die derzeitige Entwicklung läuft jedoch darauf hinaus, daß wir in 10 Jahren staunend über den Teich blicken werden, wie die USA oder Japan ihre Energieversorgung und ihren Umgang mit Energie in Richtung nachhaltige Energienutzung verändert haben!

Nachwort – Haben wir überhaupt eine Zukunft?

Eine lebenswerte Zukunft können wir dann und nur dann gestalten, wenn wir *sofort*, *richtig* und *konsequent* handeln. Die Aufgabe der Gestaltung unserer Zukunft ist so mächtig wie die Probleme der Versorgung und der Destabilisierung des Systems Erde, bedingt durch giftige Emissionen oder den Klimawandel. Die Einflüsse sind bereits erkennbar und werden, wenn wir weitermachen wie bisher, noch deutlich stärker werden. Trotzdem bewegen wir uns weiterhin sehenden Auges mit Vollgas in die Energiekrise, beschleunigen noch immer, mehren dabei unseren Energiebedarf und die damit verbundenen schädlichen Auswirkungen auf das System Erde. Wenn wir so weitermachen, haben wir Menschen keine lange Zukunft mehr in einer Welt, wie wir sie heute kennen. Die Zukunft wird nur einem Teil der Menschen überhaupt erhalten bleiben, nämlich denjenigen, die sich eine das Überleben sichernde Infrastruktur aufbauen können, die wiederum viel Technik und viel Energie benötigt. Ob eine solche Zukunft in einer naturarmen und mit viel Aufwand kontrollierten Umgebung lebenswert ist, ist mehr als fraglich.

Auf dem Weg in eine neue, zukunftsfähige Energieversorgung hilft nicht der Fingerzeig auf andere, die es – oft nur vermeintlich – schlechter machen. Es kann auch nicht darum gehen, „die Wirtschaft" zu bekämpfen, weil sie so viel Energie verbraucht und so viele Emissionen freisetzt. Wirtschaftsmacht haben sich die Unternehmen genau so genommen, wie wir Bürger sie ihnen gegeben haben – schließlich sind *wir* diejenigen, die die Produkte und Dienstleistungen nutzen und in diesen Unternehmen arbeiten, um das Geld, welches wir zum Leben benötigen, zu verdienen. Bürger und Unternehmen sind damit Teil des *selben* Systems.
Wirtschaft und Gesellschaft *müssen* einen gemeinsamen Weg finden, wenn wir eine lebenswerte Zukunft gestalten wollen, vielmehr, wenn beide überhaupt eine Zukunft haben wollen. Die Diskussion um diesen gemeinsamen Weg muß geführt werden, und zwar ohne Vorurteile, ohne ideologische Debatten, ohne Grabenkämpfe. Die Wirtschaftsunternehmen vertreten ihre Standpunkte sehr professionell, nicht zuletzt durch Werbung und die darin einfließenden Informationen über das Kundenverhalten. Sie nutzen dafür die modernen Medien, etwa das Fernsehen und das World Wide Web, die heutzutage unsere wichtigsten, dabei aber hochgradig virtuellen Informationskanäle sind. Eine professionelle Vertretung, bestehend aus Mitgliedern der Politik und Gesellschaft, die gleichberechtigt mit „der Wirtschaft" kommunizieren, fehlt fast vollständig. Erst wenn diese geschaffen ist, kann auf *gleicher* Augenhöhe eine ganzheitliche Ressourceneffizienz unter Berücksichtigung *aller* Interessen und Interessengruppen erzielt werden, die eine verbesserte Ressourcengerechtigkeit zum Ziel haben muß.

Wohin geht die Reise? Der Themenkreis „Energie" ist gerade in den Jahren 2005 und 2006 deutlich stärker in den Fokus der Medien und der Bürger gerückt. Viele Aspekte der Energiekrise, die vor gerade einmal 2 oder 3 Jahren nur besonders interessierten Menschen aufgefallen und nahegegangen sind, werden immer mehr zum alltäglichen Thema in den Nachrichten. Was immer noch fehlt, ist der ausgeprägte Wille zum vorausschauenden und konkreten Handeln. Und das auf allen Ebenen, von Staatschefs bis hin zu jedem einzelnen Menschen. Die einzige Handlung, die den meisten von uns dabei offensichtlich in Fleisch und Blut übergegangen ist, ist das Geldsparen: Die hohen Energiepreise waren in den meisten Fällen der Auslöser von Nachrichten zum Thema Energie. Der zunehmende sparsame Umgang mit Energie dürfte bei den meisten Menschen hauptsächlich mit den gestiegenen Preisen zusammenhängen, weniger mit einem inneren Bedürfnis, die knappen Ressourcen unserer Erde schonend und effizient zu nutzen. Der sorgsame Umgang mit Ressourcen – sei es mit Energie, Stahl, frischem Wasser oder frischer Luft – muß das Ziel sein. Diese Einstellung muß aus einem tieferen Verständnis geboren werden, damit die Menschen vorausschauend sowie konkret *handeln* und nicht irgendwelchen kurzfristigen Entwicklungen hinterherlaufen. Damit wir nicht weiterhin mit Vollgas in die Energiekrise hineinrasen.

Energie kann helfen, Ressourcen effizient zu nutzen. Energie kann als Werkzeug dienen, mit dem Emissionen unschädlich gemacht werden können. Durch Energie können materielle Ressourcen in Kreisläufen mehrfach genutzt werden, was heute bei Aluminium, Stahl und Kunststoffen üblich ist. Energie unterstützt Kreativität und ermöglicht die Manipulation von Materie – alles zusammen kann vollkommen neue Möglichkeiten schaffen, zusätzliche Energiemengen verfügbar zu machen, Energie effizienter zu nutzen oder die Auswirkungen der Energienutzung drastisch zu reduzieren. Erst dann, wenn Energie allen Menschen in einer wenigstens ausreichenden Menge zur Verfügung steht, ist eine der Grundlagen für ein friedliches Zusammenleben gesichert. Verfügbare Energie sichert weiterhin Arbeitsplätze in industrialisierten Staaten.

Doch selbst dann, wenn alle Menschen der industrialisierten Staaten ein oder zwei Gänge zurückschalten sollten, werden wir dadurch kaum eine spürbare Entlastung des Systems Erde erreichen. Viele Menschen in gering industrialisierten Staaten und Schwellenländern wollen sich ebenfalls entwickeln und werden, das ist ihr gutes Recht, dabei ihren Energiebedarf steigern. Eine zukunftsfähige Energieversorgung wird uns daher vor die Aufgabe stellen, *mehr* nutzbare Energie bei *geringeren* Auswirkungen auf unser Lebensumfeld bereitzustellen, um den steigenden Energiehunger zu befriedigen und gleichzeitig den Druck auf das System Erde drastisch zu reduzieren.

Bei der Gestaltung einer zukunftsfähigen Energieversorgung ist es aus den genannten Gründen nicht mit einigen Korrekturen oder langsamen Anpassungsprozessen getan, sondern es geht um eine gigantische energetische Revolution! Dagegen wird die Industrielle Revolution des 19. Jahrhunderts als gemütlicher Spaziergang erscheinen. War die Industrielle Revolution noch von einem leichten, mittelfristig vorhersehbaren Aufstreben gekennzeichnet, also einem Mehr an Komfort, einem Mehr an Lebensqualität, so wird die energetische Revolution zu einer Überlebensfrage der Menschheit werden.

Die Revolution muß zunächst in unseren Köpfen stattfinden: Wir müssen die gesellschaftliche Dimension der aufkommenden Energiekrise verstehen, ihre Bedrohung für die soziale Stabilität innerhalb von Staaten und das friedliche Zusammenleben zwischen Staaten erkennen. Dieser, die wissenschaftlich-technischen Aspekte ergänzende Bereich der Energiekrise kann nur in einem systemischen Ansatz integriert werden, um die positiven Seiten der weit fortgeschrittenen Globalisierung vieler Prozesse auch im Hinblick auf eine ganzheitliche Ressourceneffizienz zu nutzen.

Der „energetische Werkzeugkasten", der uns *heute* zur Verfügung steht, reicht in Verbindung mit dem steigenden Energiebedarf keinesfalls aus, um eine zukunftsfähige Energieversorgung zu gestalten. Wir werden auch kaum damit auskommen, bestehende Technologien weiterzuentwickeln. Vielmehr ist auch eine Technologische Revolution notwendig, die sich mit hoher Wahrscheinlichkeit aus den Feldern Bio- und Nanotechnologie, noch stärker aber aus der Synthese dieser beiden Felder herauskristallisieren wird.

Die Schaffung einer zukunftsfähigen Energieversorgung ist *die Menschheitsaufgabe des 21. Jahrhunderts* schlechthin. Die Auffassung, daß „Energie als Menschheitsaufgabe" anzusehen ist, wirft die Frage auf, ob wir diese Aufgabe tatsächlich angehen werden, auf welche Weise wir dies tun und ob wir eine Chance haben, diese Aufgabe zu bewältigen.

Der Druck, neue Systeme zu finden, die zu der Gestaltung einer zukunftsfähigen Energieversorgung beitragen könnten, führt zu vielen Lösungsvorschlägen. Diese betreffen Änderungen des Verhaltens und den Einsatz neuer technischer Systeme, die Energie auf teilweise abenteuerlich scheinende Weise nutzbar machen sollen. Es ist wichtig, *alle* diese Optionen auf den Tisch zu legen und zu schauen, welche Maßnahme oder Technik zu welchem Zeitpunkt an welcher Stelle ihr Potential optimal entfaltet. Nur dann werden wir eine milde Energiekrise erleben, aus der wir gestärkt hervorgehen. Gelingt uns dies nicht, werden wir einen harten und gefährlichen Weg gehen, auf dem wir unsere Zukunft vielleicht verspielen.

A. Energie – Einführung in physikalische und technische Begriffe

Naturwissenschaften und Technik stellen uns ein Vokabular zur Verfügung, mit denen sich energetische Zustände und Prozesse beschreiben lassen. Diese Vokabular hilft uns, die nicht-materielle Energie überhaupt begreifen zu können.

Energie und Leistung müssen als physikalische Konzepte aufgefaßt werden. Der Umgang mit Energie, also Gewinnung, Speicherung, Transport und ihre Umwandlung, ist von technischen Begrifflichkeiten geprägt.

Die Gestaltung einer Energieversorgung erfordert Entscheidungen, etwa über die Frage, ob Strom mit einem Wasserkraftwerk oder mit Solarzellen hergestellt werden soll. Wirkungsgrad und Energieerntefaktor sind Größen, die energetische Eigenschaften eines Wasser- oder Solarkraftwerks beschreiben. Aber erst eine ganzheitliche Betrachtung in Form einer Lebenszyklus-Analyse für die genannten Kraftwerksanlagen bringt die ganze Wahrheit ans Licht, etwa den Landschaftsverbrauch oder gesellschaftliche Auswirkungen und Nebenkosten, die außerhalb der eigentlichen Anlagen entstehen.

Die heutige Energieversorgung fußt nahezu vollständig auf den fossilen Energieträgern, die beschränkt sind. Der technischen Begriffe der Reserven und der Ressourcen sind wesentlich zum Verständnis der heutigen Energieversorgung. Ihr Verständnis ist in gleichem Maße eine Voraussetzung für die Gestaltung einer zukunftsfähigen Energieversorgung.

Energie und Leistung

Energie und
Energiefluß

Energie und Leistung sind strikt voneinander zu trennen, Energie bezeichnet den *aktuellen energetischen Zustand*, etwa den chemischen Energiegehalt eines vollen Benzintanks. Leistung bezeichnet immer einen Energie*fluß*, also eine *Änderung* eines energetischen Zustandes. Sie entspricht dem Verbrennen des Benzins in einem Motor, während dieser in Betrieb ist und „seine Leistung" entfaltet.

Als ausführlicheres Beispiel wird ein Pkw betrachtet, dessen Motor eine Leistung von 75 Kilowatt besitzt. Bei einer gleichmäßigen Autobahnfahrt mit 100 Stundenkilometern muß der Motor nur 15 Kilowatt Leistung erzeugen. In einer Stunde erzeugt der Motor dementsprechend 15 Kilowatt*stunden* Energie, die er aus der Umwandlung des Benzins in mechanische Energie freisetzt. Nur ein Fünftel der im Benzin enthaltenen Energie wird in mechanische Energie umgesetzt, weshalb dem Motor 75 Kilowattstunden chemischer Energie in Form des Kraftstoffes zugeführt werden müssen. Diese Energiemenge ist in ungefähr 7.5 Litern Benzin enthalten. Die mechanische Leistung von 15 Kilowatt entspricht einem Benzinfluß von 7.5 Litern pro Stunde oder ca. 2 Millilitern pro Sekunde.

Energie- und
Leistungseinheiten

Einheiten dienen dazu, eine physikalische Größe zahlenmäßig zu erfassen. Sie sind per Konvention festgelegt und einer physikalischen Größe zugeordnet. Dadurch kann eine Messungen an einem anderen Ort bzw. zu einer anderen Zeit mit einer aktuellen Messung verglichen oder eine Tendenz ermittelt werden. Neben den offiziellen Einheiten Joule und Watt für Energie und Leistung gibt es viele praktische Einheiten, die sich an konkreten Energieträgern orientieren. Dazu gehören beispielsweise die Steinkohle- und die Öleinheit, die aus den klassischen fossilen Brennstoffen abgeleitet wurden; sie sind zwar mit den heute gültigen Energieeinheiten Joule oder Kilowattstunden nicht direkt vergleichbar, aber wesentlich anschaulicher. Über entsprechende Faktoren können Angaben zu Energie und Leistung jedoch in Zahlenwerte mit anderen Einheiten umgerechnet werden. So beschreibt die Angabe 1 Kilogramm Steinkohleeinheiten die gleiche Energiemenge wie die Angabe 8.14 Kilowattstunden oder 29.3 Megajoule. Umrechnungsfaktoren zwischen verschiedenen Einheiten sind in der Tabelle auf Seite 182 (oben) zusammengefaßt.

Die Spannweite von Energiemengen und Leistungen umfaßt eine Skala von zig Größenordnungen. Angefangen bei den kleinen Energien im atomaren Bereich bis hin zu den kosmischen Energieflüssen der Sonne. Dazu werden die Basiseinheiten, etwa das Joule oder das Watt, mit Vorsilben versehen, die sie um einen entsprechenden Faktor verkleinern oder vergrößern. Ein Nanojoule entspricht dem Milliardstel Teil eines Joules, ein Gigajoule einer Milliarde Joule. Die folgende Grafik zeigt die Skala verschiedener Energiemengen und Leistungen an Beispielen:

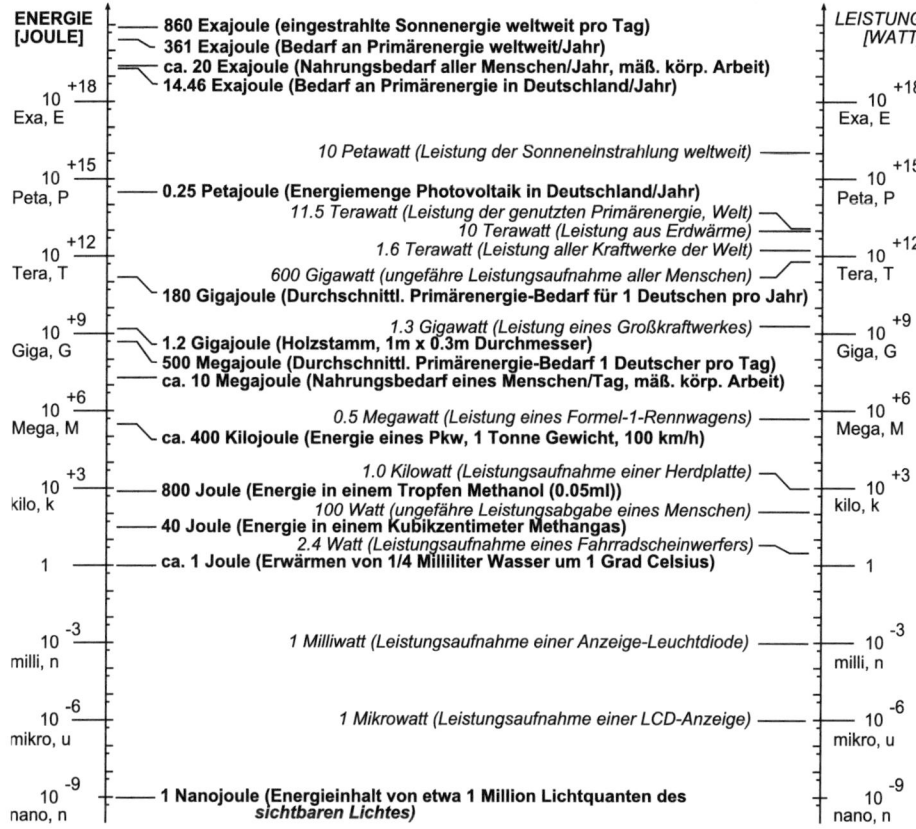

ENERGIE [JOULE] / **LEISTUNG [WATT]**

- 860 Exajoule (eingestrahlte Sonnenergie weltweit pro Tag)
- 361 Exajoule (Bedarf an Primärenergie weltweit/Jahr)
- ca. 20 Exajoule (Nahrungsbedarf aller Menschen/Jahr, mäß. körp. Arbeit)
- 14.46 Exajoule (Bedarf an Primärenergie in Deutschland/Jahr)

10^{+18} Exa, E

10 Petawatt (Leistung der Sonneneinstrahlung weltweit)

10^{+15} Peta, P

- 0.25 Petajoule (Energiemenge Photovoltaik in Deutschland/Jahr)
- *11.5 Terawatt (Leistung der genutzten Primärenergie, Welt)*
- *10 Terawatt (Leistung aus Erdwärme)*
- *1.6 Terawatt (Leistung aller Kraftwerke der Welt)*

10^{+12} Tera, T

- *600 Gigawatt (ungefähre Leistungsaufnahme aller Menschen)*
- 180 Gigajoule (Durchschnittl. Primärenergie-Bedarf für 1 Deutschen pro Jahr)
- *1.3 Gigawatt (Leistung eines Großkraftwerkes)*
- 1.2 Gigajoule (Holzstamm, 1m x 0.3m Durchmesser)
- 500 Megajoule (Durchschnittl. Primärenergie-Bedarf 1 Deutscher pro Tag)
- ca. 10 Megajoule (Nahrungsbedarf eines Menschen/Tag, mäß. körp. Arbeit)

10^{+9} Giga, G

- *0.5 Megawatt (Leistung eines Formel-1-Rennwagens)*
- ca. 400 Kilojoule (Energie eines Pkw, 1 Tonne Gewicht, 100 km/h)

10^{+6} Mega, M

- *1.0 Kilowatt (Leistungsaufnahme einer Herdplatte)*
- 800 Joule (Energie in einem Tropfen Methanol (0.05ml))
- *100 Watt (ungefähre Leistungsabgabe eines Menschen)*
- 40 Joule (Energie in einem Kubikzentimeter Methangas)
- *2.4 Watt (Leistungsaufnahme eines Fahrradscheinwerfers)*
- ca. 1 Joule (Erwärmen von 1/4 Milliliter Wasser um 1 Grad Celsius)

10^{+3} kilo, k

1

1 Milliwatt (Leistungsaufnahme einer Anzeige-Leuchtdiode)

10^{-3} milli, n

1 Mikrowatt (Leistungsaufnahme einer LCD-Anzeige)

10^{-6} mikro, u

- 1 Nanojoule (Energieinhalt von etwa 1 Million Lichtquanten des *sichtbaren Lichtes*)

10^{-9} nano, n

Energiearten, Umwandlungen und Wirkungsgrad

Das Verständnis der Vielfalt an Erscheinungsformen von Energie, von Energieverwertungsketten und der Umwandlung von Erscheinungsformen ineinander ist essentiell wichtig, wenn man die heutigen Probleme des Umgangs mit Energie verstehen will. Genauso wichtig ist diese Grundlage, wenn man zukünftige Lösungswege auffinden und verfolgen möchte.
Einerseits wird Energie in Verarbeitungsformen unterteilt, auf der anderen Seite in die verschiedenen Erscheinungsformen, die alle auf das *Konzept Energie* zurückzuführen sind. Sie können mit einer entsprechenden Effizienz ineinander umgewandelt werden, die als Wirkungsgrad bezeichnet wird. Eine grobe Einteilung zeigt das folgende Schema:

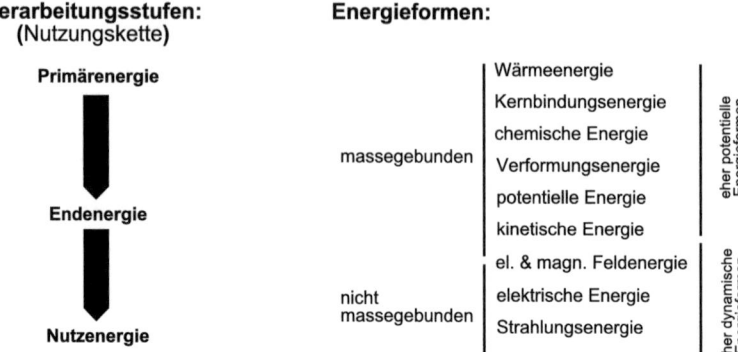

Verarbeitungsstufen: (Nutzungskette) — Energieformen:

Primärenergie → Endenergie → Nutzenergie

massegebunden: Wärmeenergie, Kernbindungsenergie, chemische Energie, Verformungsenergie, potentielle Energie, kinetische Energie (eher potentielle Energieformen)

nicht massegebunden: el. & magn. Feldenergie, elektrische Energie, Strahlungsenergie (eher dynamische Energieformen)

Verarbeitungsstufen von Energie

Die Nutzungskette von den primär vorzufindenden Energieträgern oder Energieformen in eine gewünschte Energieform, die einen bestimmten Nutzen für uns bringt, wird durch verschiedene Verarbeitungsstufen beschrieben.

Die Energie, die wir auf der Erde vorfinden, ist die sogenannte Primärenergie. Dazu gehören Kohle, Erdöl und Erdgas, Kernbrennstoffe aber auch die erneuerbaren Energien, also die direkte Nutzung der Sonne durch Photovoltaik oder Kollektoren und die indirekte Nutzung der Sonne durch Wind, Wasser und Biomasse.

Diese Energieträger sind oftmals nicht in ihrer Rohform nutzbar, sie müssen erst „bearbeitet" werden, damit man von ihnen Gebrauch machen kann. So werden in Raffinerien aus Rohöl die Kraftstoffe Benzin, Kerosin und Diesel gewonnen, die dann als Endenergie bezeichnet werden. Eine weitere Endenergieform ist der elektrische Strom, der aus den Primärenergien Kohle, Erdgas, Kernbrennstoffen und aus erneuerbaren Energien gewonnen wird.

Der direkte Nutzen ist aber mit den Endenergieträgern noch nicht verbunden. Was wir Menschen brauchen, sind Energien wie Licht, Wärme, mechanische Energie usw. Diese *für uns* konkret *nützliche* Energie wird als Nutzenergie bezeichnet. Eine Nutzenergieform ist beispielsweise das Licht, gleich, ob es in einer Glühbirne durch einen stromdurchflossenen Glühdraht oder in den Halbleiterschichten einer Leuchtdiode erzeugt wird. Weitere Nutzenergien sind die Wärme der Herdplatte und der Heizung oder die mechanische Energie, die ein Motor zur Verfügung stellt.

Erscheinungsformen von Energie

Die in vielfältiger Weise auftretenden Energieformen können auf *eine* Basis zurückgeführt werden, was vermuten läßt, daß Energie zwischen ihren Erscheinungsformen *umgewandelt* werden kann. Diese Umwandlungen sollen hier genauer betrachtet werden. Ein Beispiel für eine Umwandlungs*kette* ist die Umwandlung von Nahrungsenergie zu Licht, die an einem Fahrradfahrer, der mit Dynamobeleuchtung fährt, verdeutlicht wird:

Energiewandler	abgegebene Energieform
(Sonne)	(elektromagnetische Strahlungsenergie (Licht))
↓	↓
Nahrung	chemische Energie
↓	↓
ATP (Adenosintriphosphat)	chemische Energie
↓	↓
Muskelbewegung	mechanische Energie
↓	↓
Kurbel und Kette	mechanische Energie
↓	↓
Dynamo	elektrische Energie
↓	↓
Glühlampe	Wärmeenergie
↓	↓
Glühdraht	elektromagnetische Strahlungsenergie (Licht)

Energie wird in diesem Beispiel zwischen verschiedenen Formen, aber auch innerhalb der gleichen Form umgewandelt. So versorgt der Körper die Muskeln mit chemischer Energie in Form von Adenosintriphosphat, ATP, welches die Muskelkontraktionen auf bio-nanomotorischem Wege antreibt. Chemische Energie wird dabei in mechanische Energie umgewandelt. Die Muskelkontraktionen, eine sich wiederholende lineare Bewegung, werden über die Beine, die Kurbel und die Kette in eine Drehbewegung umgesetzt. Diese Umwandlung findet innerhalb einer Energieart statt.

Die Vollständigkeit der Energieumwandlung in die *gewünschte* Energieform liegt für das aufgeführte Beispiel zwischen ca. 2 Prozent für die Umwandlung des elektrischen Stroms in Licht bis hin zu weit über 90 Prozent für die Umwandlung der Muskelbewegung in die Drehbewegung des Rades. Diese Effizienz wird mit dem Begriff „Wirkungsgrad " beschrieben. Der Wirkungsgrad ist wie folgt definiert:

Wirkungsgrad von Umwandlungen

$$\text{Wirkungsgrad}(\eta) = \frac{\text{gewünschte Energie}}{\text{Energie-Input}} = \frac{\text{Exergie}}{\text{Exergie} + \text{Anergie}}$$

Exergie steht für den Anteil, der in der gewünschten Energieform auftritt, die Anergie ist der nicht nutzbare Anteil an Energie, der nach der Energieumwandlung anfällt. Bei der in einer Glühlampe stattfindenden Umwandlung elektrischer Energie in das gewünschte Licht fällt der weitaus größere Anteil von 95–98 Prozent als nicht erwünschte Wärmeenergie an, die dem Anteil der Anergie entspricht. Nur ungefähr 2–5 Prozent werden in das gewünschte Licht umgesetzt, welches für die Exergie steht.

Energie kann in zwei große Klassen unterteilt werden: Ungerichtete und gerichtete Energie. Wärme ist ungerichtete Energie, sie ist der Ausdruck atomarer und molekularer Bewegungen, die in einem Festkörper, einer Flüssigkeit oder einem Gas stattfinden. Diese Molekularbewegung hat keine

Physikalische Grenzen des Wirkungsgrades

Vorzugsrichtung. Will man diese Energie in die gerichtete Bewegung – etwa die eines Fahrzeuges – umwandeln, sind dem Wirkungsgrad *theoretische Grenzen* gesetzt. Dazu kommen Unvollkommenheiten der Umwandlung, die sich aus der verfügbaren *Technik* und dem Anwendungszweck ergeben.

Gerichtete Energieformen sind Bewegungsenergie oder elektrischer Strom, sie können *theoretisch verlustfrei* in alle anderen Energieformen umgewandelt werden.

Nutzungsketten und Systemwirkungsgrade

Bisher wurde der Wirkungsgrad nur als Maß für die Effizienz eines *einzelnen* Prozesses betrachtet. In natürlichen und technischen Prozessen der Energieumwandlung sind aber fast immer mehrere Schritte hintereinandergeschaltet oder die Energieflüsse verzweigen sich. Bis eine Glühlampe leuchtet, sind bei einem Fahrradfahrer mehrere natürliche und technische Umwandlungsschritte notwendig gewesen, um aus Sonnenenergie bis hin zu den Fahrradlampen wieder Licht zu erzeugen (s. Seite 157).

Der Wirkungsgrad jedes Umwandlungsschrittes muß miteinander multipliziert werden, um den Gesamtwirkungsgrad dieser Umwandlungskette zu berechnen:

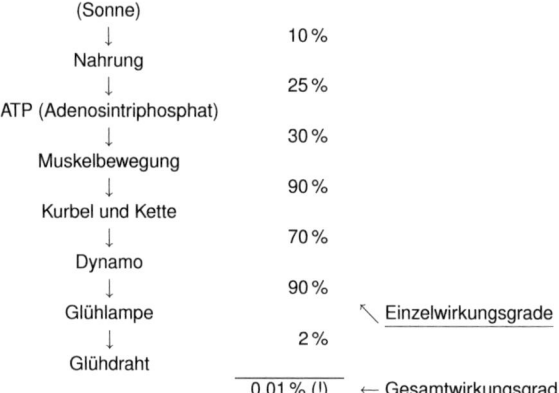

(Sonne)	
↓	10 %
Nahrung	
↓	25 %
ATP (Adenosintriphosphat)	
↓	30 %
Muskelbewegung	
↓	90 %
Kurbel und Kette	
↓	70 %
Dynamo	
↓	90 %
Glühlampe	↖ Einzelwirkungsgrade
↓	2 %
Glühdraht	
0.01 % (!)	← Gesamtwirkungsgrad

Obwohl die meisten Wirkungsgrade recht beachtlich sind, geht sehr viel Energie in dieser Umwandlungs*kette* für den eigentlichen Zweck, die Lichterzeugung, verloren. Trotz des bescheidenen Gesamtwirkungsgrades ist die Bedeutung dieser Energienutzungskette sehr hoch: Radfahrer können sich im Straßenverkehr sichtbar machen, ohne auf geladene Batterien angewiesen zu sein, und gewinnen dadurch ein hohes Maß an Verkehrssicherheit.

Die Berechnung des Wirkungsgrades eines Systems kann aber auch durch eine parallele Nutzung von Energie komplizierter werden: Ein normales Kohlekraftwerk moderner Bauart hat einen elektrischen Wirkungsgrad von ca. 45 Prozent. 55 Prozent der ursprünglich eingesetzten Energie gehen in

Form von Abwärme verloren. Diese Abwärme kann genutzt werden, wenn der elektrische Wirkungsgrad auf etwa 40 Prozent reduziert wird, um eine höhere Abwärmetemperatur zu erreichen. Weiterhin wird angenommen, daß durchschnittlich 30 Prozent der Abwärme in ein Fernwärmenetz eingespeist werden. Die Energieflüsse bei reiner Stromerzeugung bzw. Kraft-Wärme-Kopplung sehen dann im Vergleich so aus:

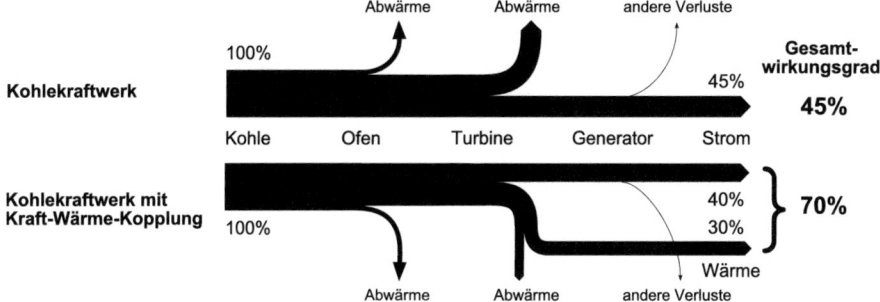

Energiespeicherung und -transport

Das Hauptaugenmerk nahezu aller Diskussionen um das Thema Energie wird auf die Energieträger und ihre Verwendung gerichtet. Die Schlüsselrolle für einen von Zeit und Ort unabhängigen Einsatz von Energie spielen aber Energie*speicherung* und Energie*transport*.
Gerade bei erneuerbaren Energien wie Wind- oder Sonnenenergie steht oder fällt deren Bedeutung mit der Verfügbarkeit von leistungsfähigen Strom- und Wärmespeichern sowie verlustarmen Verbundnetzen.

Die Begrifflichkeiten des Energiespeichers und des Energieträgers sind eng miteinander verwandt, allerdings mit dem Unterschied, daß ein Energiespeicher „wiederaufladbar" ist, während der Energieträger „vernichtet" wird, also nur einmal genutzt werden kann. Weil aber auch Energieträger gespeicherte Energie enthalten, ist der Begriff der Energiedichte auf beide gleichermaßen anwendbar. Die Angabe der Energiedichte ermöglicht es, den „Energiespeicher Bleiakku" mit dem „Energieträger Benzin" zu vergleichen. Ein Bleiakku von etwa 12 Litern Volumen und 50 Kilogramm Gewicht enthält eine Energiemenge von etwa 0.7 Kilowattstunden, wenn er voll geladen ist. Die gleiche Energiemenge ist in einem Plastikfläschchen mit 60 Millilitern Benzin enthalten, die mit Inhalt 70 Gramm wiegt. Oder aus der Perspektive des Kraftstofftanks eines Autos: Der Tank enthält bei 40 Liter Volumen, ungefähr 32 Kilogramm entsprechend, etwa 400 Kilowattstunden Energie und ein Blei-Akku mit gleichem Energieinhalt würde ca. 600 Kilogramm wiegen.

Energiespeicherung

Der Energieträger Holz kann ebenfalls als Energiespeicher aufgefaßt werden. Sonnenlicht wird von Bäumen in energiereiches Holz umgewandelt, welches dann bei Bedarf in einer modernen Heizanlage genutzt werden kann. Das dabei freigesetzte Kohlendioxid wird von Pflanzen wiederum unter dem „Antrieb" des Sonnenlichts zum Wachstum von Bäumen verwendet. An diesem Beispiel erkennt man, daß Energieträger in Nutzungs*kreisläufen* auftreten können, die insgesamt eine Speicherung von Energie ermöglichen. Bei den Energieträgern muß demnach zwischen fossilen, nur *einmal* nutzbaren, und den regenerativen Energieträgern, die, wie der Name sagt, *erneuerbar* sind, deutlich unterschieden werden:

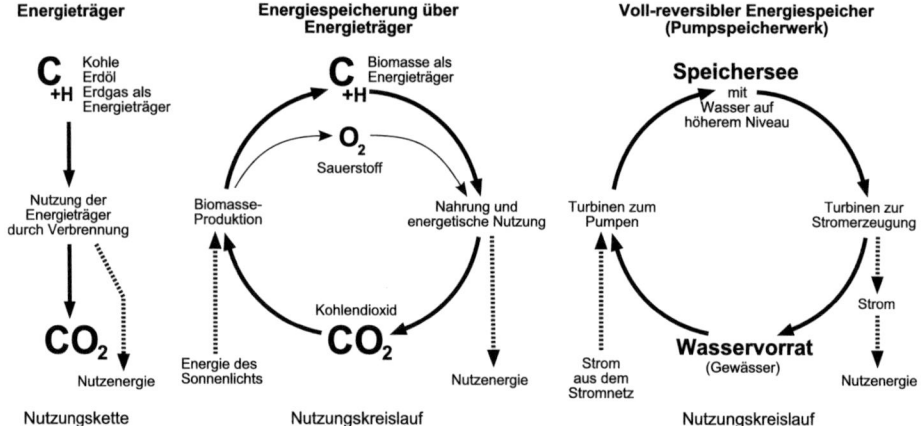

Um eine zu einem sehr hohem Anteil auf erneuerbaren Energien beruhenden Energieversorgung zu etablieren, sind im Bereich der Wärmeenergie Energiespeicher für große Wärmemengen zwar technisch verfügbar, doch sind diese derzeit noch unwirtschaftlich.

Im Bereich der Stromspeicherung gibt es kaum einmal Ansätze, wie man gigantische Mengen elektrischer Energie über Tage oder gar Monate speichern könnte. Die erneuerbaren Energien Wind und Sonne, deren Energieangebot stark variiert, können aber erst dann einen bedeutenden Anteil des Energiebedarfs decken, wenn z. B. solche Stromspeicher verfügbar sind.

Vergleich typischer Energiespeicher und -träger

Benötigt man einen Energiespeicher oder -träger für einen bestimmten Zweck, kann man anhand verschiedener Kriterien den bestgeeigneten auswählen.

Es ist zu entscheiden, ob ein echter Energiespeicher benötigt wird, der reversibel ist und daher eine bestimmte Energieart aufnehmen und wieder abgeben kann, oder ob ein Energieträger besser geeignet ist. Ein weiteres Kriterium ist die Stromtauglichkeit, also die Antwort auf die Frage, ob elektrischer Strom gespeichert werden kann und ob dies in direkter Weise oder in indirekter Weise stattfindet, also per Batterie oder in einem Pumpspeicherwerk. Das dritte Kriterium ist die Verfügbarkeit eines Speichersystems: Kann es prinzipiell und zu wirtschaftlichen Kosten gebaut werden? Die Energiedichte ist, wie bereits erwähnt, ein wesentliches Kriterium für die Qualität von Energiespeichern. Die Energiedichte entscheidet damit, für welche Zwecke ein Speicher eingesetzt werden kann. Soll ein Energiespeicher möglichst leicht sein, ist die massebezogene Energiedichte von Bedeutung, soll er möglichst kompakt sein, ist die volumenbezogene Energiedichte von vorrangiger Bedeutung.

Die folgende Tabelle stellt die verschiedenen Speichersysteme und Energieträger in den Einheiten Kilowattstunden pro Kilogramm bzw. Kilowattstunden pro Liter gegenüber:

Energieart	Speicherung	R	S	V	Energiedichte $\left[\dfrac{\text{Kilowattstd.}}{\text{Kilogramm}}\right]$	$\left[\dfrac{\text{Kilowattstd.}}{\text{Liter}}\right]$
Nuklear:	Uran-235			o	28 000 000	520 000 000
	Deuterium/Tritium (Fusion)			o	95 000 000	8 500 000
Chemisch:	Kohle			X	5–10	5–10
	Erdöl			X	ca. 11	ca. 9
	Erdgas (gasförmig)			X	ca. 13	ca. 0.01
	Wasserstoff	o		o	33	0.5–1.5
	Methanol	o		o	5.6	4.4
	Ethanol	o		o	7.4	5.8
	Biomasse	o		o	1–5	1–5
	Trockenes Holz	o		X	4–5	4–5
	Synfuel	o		o	12	10
Elektrisch:	Primärbatterie				max. 0.5	max. 0.5
	wiederaufl. Batt. (Akku)	X	X	o	0.02-0.3	0.04-0.2
	Kondensator	X	X		0.001–0.003	0.002–0.006
Mechanisch/pot.:	Druckspeicher	X			–	ca. 0.0013
	Schwungrad	X	X	o	ca. 0.1	ca. 0.05
	Pumpspeicherwerk *(1)*	X	X	X	0.0003	0.0003
Magnetisch:	Supraleit. Spule	X	X			0.015
Thermisch:	Wasserspeicher *(2)*	X	o		0.07	0.07
	Eutektikum *(4)*	X	o		0.4	1.0
	Gebäudemauern *(3)*	X	X		0.06	0.12

(1) 100 m Höhendifferenz   R = Reversibilität
(2) 60°C Temperaturdifferenz   S = Stromtauglichkeit
(3) Vollziegel, 20°C Temperaturdifferenz   V = techn. und wirtsch. Verfügbarkeit   o = bedingt
(4) Speicherung von Energie durch Wechsel des Zustandes (z. B. flüssig → fest   X = voll/gut

Die Tabelle verdeutlicht, daß die fossilen Brennstoffe vergleichsweise hohe Energiedichten haben, an die einzig synthetische Kraftstoffe aus Biomasse und trockenes Holz als Brennstoff herankommen. Darauf folgen Batterien: Wiederaufladbare Batterien erreichen dabei für die Stromspeicherung die besten Energiedichten, es hapert aber an ihrer Verfügbarkeit, weil Batterien teuer, die benötigten Rohstoffe begrenzt verfügbar und die Verarbeitungsverfahren aufwendig sind. Ein Pumpspeicherwerk, welches nur eine bescheidene Energiedichte besitzt, ist in der Gesamtbilanz günstiger und damit kommerziell verfügbar. Alle genannten Wärmespeicher sind heute technisch verfügbar, weil sie bei mäßigen spezifischen Materialkosten brauchbare Energiedichten erreichen; ihre schiere Größe und die damit verbunden Kosten für Erdarbeiten und der Flächenbedarf lassen sie (noch) unwirtschaftlich erscheinen. Es ist also verständlich, warum fossile Energieträger so erfolgreich waren und immer noch mit Abstand die Spitzenreiter sind (siehe dazu Bildtafel 1, S. 172).

Energietransport – Methoden im Vergleich

Es gibt verschiedenste Methoden, Energieträger zu transportieren, die in der folgenden Tabelle mit ihren Daten zur Transporteffizienz zusammengestellt sind:

Transportart	Verluste auf 1000 km	Reichweite bei 10 % Verlust
Lkw mit Tankaufleger	3 %	3300 km
Pkw (nur zum Vergleich)	20 %	500 km
Zug mit Tankwaggons (Treibstoffe)	0.2 %	50 000 km
Öltanker (Binnenschiff)	0.4 %	25 000 km
Großes Tankschiff	0.1 %	100 000 km
Erdölpipeline	0.25 %	40 000 km
Erdgaspipeline	0.25 %	40 000 km
Hochspannungsleitung, Wechselstr., 720 000 Volt	6 %	1600 km
Hochgespannte Gleichgerichtete Übertragung (HGÜ, 1 Mio. Volt)	3.3 %	3000 km
Fernwärmenetz	–	ca. 30 km
Fernwärme per Tank-Lkw	–	ca. 40 km

Quellen: [DIEK1997, HEIN2003], eigene Abschätzungen

Chemische Energieträger werden in Fahrzeugen mit Transportbehältern für feste bzw. in Tankwagen oder -schiffen für flüssige und gasförmige Güter transportiert. Alternativ können Energieträger in Rohrleitungen, also per Pipeline befördert werden. Feste Stoffe, etwa gemahlene Kohle, werden dazu mit einer geeigneten Flüssigkeit, hier Wasser, aufgeschwemmt.

Strom wird über elektrische Leitungen, im einfachsten Fall ein zweiadriges Kabel, geleitet. Große Strecken von hunderten oder tausenden Kilometern werden mit Hochspannungsleitungen überbrückt, um die ohmschen Verluste zu minimieren. Vor Ort wird die Hochspannung in mehreren Stufen auf gebräuchliche Werte, etwa 240 Volt im Haushalt, heruntertransformiert.

Wärmeenergie läßt sich in sogenannten Fernwärmenetzen, die heißes Wasser in gut isolierten Rohren zum Verbraucher führen, verteilen. Die Erwärmung findet in einem Heizwerk oder Heiz*kraft*werk statt.

Die Transporteffizienz ist als der Anteil der zum Transport eingesetzten Energie in Bezug auf die gesamte beförderte Energiemenge definiert. Am

Beispiel eines Tankwagens für Kraftstoff sei dies erläutert: Der Kraftstoffverbrauch des Lkw für z. B. 1000 Kilometer Strecke wird durch den Energieinhalt des mitgeführten Kraftstoffes geteilt.

Die Definition der Transporteffizienz ermöglicht ihren Vergleich zwischen verschiedenen aufgeführten Energiearten und den Transportwegen.

Ein verlustarmer Energietransport ist schon alleine deshalb wünschenswert, weil die Energiebilanz des Gesamtprozesses – Förderung, Verarbeitung, Transport, Umwandlung – eben auch den Transport beinhaltet. Ein Energietransport mit geringen Verlusten kann aber auch vollkommen neue Möglichkeiten für eine Energieversorgung eröffnen, wie der nächste Abschnitt zeigt.

Strom*speicher* können die *zeitliche* Varianz ausgleichen, indem sie Energie in Zeiten eines großen Angebotes aufnehmen und in Zeiten eines geringen Angebotes abgeben. Nur dann haben die erneuerbaren Energien Sonne oder Wind eine Chance, beträchtliche Anteile der Stromversorgung zu übernehmen, besonders im Bereich der Grundlastversorgung.

Austauschbarkeit von Energiespeicherung und -transport

Ein globales Strom*netz* kann Stromspeicher überflüssig machen und den erneuerbaren Energien ebenfalls zum Durchbruch verhelfen. Ein weltumspannendes Netzwerk von Solar- und Windkraftwerken könnte die zeitlichen Schwankungen der Stromproduktion aus den einzelnen Kraftwerken ausgleichen, indem es über die *geographischen* Orte, an denen diese Energien verfügbar sind, „mittelt". Irgendwo scheint die Sonne oder weht der Wind immer in ausreichender Stärke. Die heutigen Verfahren der Stromübertragung sind dafür noch nicht effizient genug. Bei zu überbrückenden Entfernungen von ca. 15 000 Kilometern käme gerade einmal die Hälfte des erzeugten Stromes beim Verbraucher an, und das mithilfe einer sehr kostenintensiven Infrastruktur! Dazu kommt, daß die derzeitige weltpolitische Lage mit ihrer selten mehr als 10 oder 20 Jahre währenden Stabilität ein solches Projekt verhindern würde, weil es sich erst über eine Laufzeit von 50 oder 100 Jahren rechnen würde.

Ganzheitliche Energie- und Ressourcenbilanzen

Nachdem die physikalisch-technischen Grundlagen zum Umgang mit Energie beschrieben wurden, widmet sich dieser Abschnitt der ganzheitlichen Bewertung von Energiesystemen. Der bereits beschriebene Wirkungsgrad von Energiewandlern berücksichtigt nur die Effizienz der tatsächlichen Umwandlung, läßt aber zum Beispiel den Aufwand für die Bereitstellung der Systeme außer Acht. So ist ein supraleitendes Stromkabel an sich verlustfrei, aber für die Herstellung der Komponenten sowie die permanent notwendige Kühlung auf extrem tiefe Temperaturen muß viel Energie aufgewendet werden.

Die deutlich weitergehende Kennzahl des Energieerntefaktors läßt einen aussagekräftigen Vergleich der Gesamtbilanz von Energiewandlern zu, sei es ein Kohlekraftwerk oder ein Mignon-Akku.

Eine Life Cycle Analysis – übersetzt „Lebenszyklus-Analyse" – berücksichtigt praktisch alle Auswirkungen eines Systems, also auch die Wechselwirkungen mit seiner Umgebung. Sie ist nicht nur auf Energiewandler oder eine Energieversorgung beschränkt, sondern kann auf jegliche Produkte und Dienstleistungen angewendet werden.

Energieerntefaktor Der Energieerntefaktor für einen Wandler ist als folgender Quotient definiert:

$$\frac{\text{Energie-Output während der Wandlerlebensdauer}}{\text{Energie-Input für (Herstellung \& Bau + Betrieb + Entsorgung)}}$$

Die Primärenergie, die in Form von Energieträgern in den Wandler hineingesteckt wird, erscheint *nicht* in der Bilanz. Je größer der Energieerntefaktor ist, desto mehr Energie wird pro eingesetzter Energiemenge verfügbar gemacht. Ein Energieerntefaktor von 1 bedeutet, daß Netto keine Energie durch den Wandler verfügbar gemacht wurde. Liegt der Wert unter 1, wird mehr Energie für Herstellung/Bau, Betrieb und Entsorgung verwendet, als der Energiewandler während seiner Lebensdauer verfügbar macht. Die Tabelle auf Seite 182 (unten) enthält die Zusammenstellung der Energieerntefaktoren verschiedener Kraftwerke.

Eine ähnliche Betrachtung kann man für Energiespeicher anstellen:

$$\frac{\text{Energie-Output während der Speicherlebensdauer}}{\text{Energie-Input für (Herstellung und Bau + Betrieb + Entsorgung)}}$$

Ein 1000-Liter-Öltank aus Kunststoff benötigt für seine Herstellung und seinen Betrieb etwa 4000 Kilowattstunden Primärenergie, speichert aber im Laufe von 30 Jahren bei jährlicher Befüllung mit 1000 Litern Heizöl 300 000 Kilowattstunden, also das 75-fache an Energie.

Warmwasserspeicher für eine Solarwärmeanlage bieten Werte, die deutlich über 1 liegen. Sie sind zu geringen Kosten und mit geringem Energieaufwand herzustellen, haben eine sehr hohe Zyklen-Zahl, eine hohe Lebensdauer und speichern während ihrer Nutzungsphase nennenswerte Energiemengen.

Ein Energiespeicher, der während seiner Lebensdauer mehr Energie verbraucht, als er speichern kann, ist für viele Anwendungen unbrauchbar. Schließlich könnte man die Energie direkt für den angestrebten Zweck nutzen, anstatt sie zwischenzuspeichern. Bei Akkumulatoren liegt der Energieerntefaktor meist unter 1. Der Einsatz von Akkumulatoren kann bei genauerer Betrachtung trotzdem energetisch sinnvoll sein: Die Stromversorgung eines mit Solarzellen und Bleiakku betriebenen Parkscheinautomaten besitzt einen Energieerntefaktor von deutlich unter 1. Aber die Gesamtbilanz ist wesentlich günstiger als die der Alternative „Anschluß an das

Stromnetz": Dafür wären aufwendige Erdarbeiten notwendig, um ein teures Erdkabel zu verlegen und der Verkehr würde während der Bauarbeiten zeitweise behindert. Solche Nebeneffekte müssen für gute Entscheidungen mit einem ganzheitlichen Ansatz ebenfalls berücksichtigt werden.

Der Energieerntefaktor beschreibt noch nicht das vollständige Bild, was das soeben beschriebene Beispiel des Parkscheinautomaten eindrucksvoll zeigt. Will man eine umfassende und vergleichbare Beurteilung von Alternativen durchführen, muß man weitergehen, etwa mit einer Lebenszyklus-Analyse oder – in englischer Sprache – Life Cycle Analysis bzw. Life Cycle Assessment (LCA). Die LCA berücksichtigt möglichst breit die Energie-, Stoff- und Emissionsflüsse, also auch die verdeckten Ressourcenströme. Sie kann auf *alle* Produkte und Dienstleistungen angewendet werden, nicht nur auf solche, die direkt mit Energie zu tun haben. In modernen Produkten, etwa dem schon angesprochenen photovoltaisch versorgten Parkscheinautomaten, fließen hunderte verschiedene Materialien ein, die über Verarbeitungsketten mit einigen bis zu hunderten Prozeßschritten zur Herstellung der Komponenten eines solchen Systems eingesetzt werden. Eine graphische Abbildung dieser Zusammenhänge wäre so unbegreifbar wie die Stränge und Knoten eines dreidimensionalen feinen Spinnennetzes. Eine vereinfachte Darstellung der Ergebnisse einer solchen LCA für einen Mittelklassewagen (VW Golf A4, [VWSG2001]) zeigt die Energieaufwendungen für die beiden „Lebensabschnitte" Herstellung und Nutzung des Produktes:

Life Cycle
Analysis (LCA)

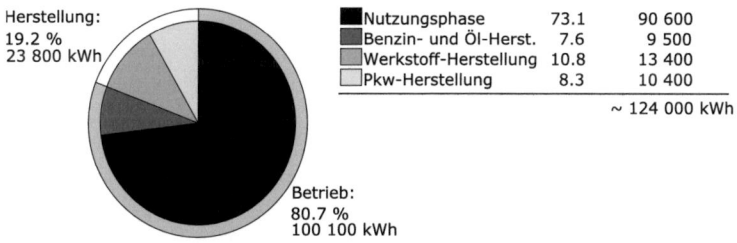

Zum Verständnis hilft der Begriff „Graue Energie", der die in Produkten unsichtbar enthaltene Energie beschreibt ([SPRE1995]). Ein moderner Mittelklassewagen braucht, wie in dem obigen Diagramm gezeigt, während seiner Lebensdauer Energie in Form von Kraftstoff. Zu seiner Herstellung wurde zusätzlich eine Energiemenge aufgewendet, die ungefähr einem Fünftel des Kraftstoffverbrauchs während der Lebensdauer entspricht. Ein Auto enthält demnach einen nennenswerten Anteil an Grauer Energie.
Die Daten der in speziellen Produkten enthaltenen Grauen Energie werden nur selten erhoben, weil diese Analyse sehr aufwendig ist. Man kann aber die Graue Energie, die aus der Perspektive einer Volkswirtschaft *im Durchschnitt* in Produkten und Dienstleistungen enthalten ist, abschätzen, indem

Graue Energie

man den gesamten Primärenergiebedarf Deutschlands durch das Bruttoinlandsprodukt teilt:

$$\frac{4010 \text{ Milliarden Kilowattstunden Primärenergie in 2004}}{2178 \text{ Milliarden Euro Bruttoinlandsprodukt in 2004}} = 1.84 \text{ kWh pro Euro}$$

Diese Größe wird auch als *Energieintensität* bezeichnet und gibt die Antwort auf die Frage „Wieviel Energie steckt in einem Produkt, daß ich für
100 Euro kaufe?" – es sind etwa 184 Kilowattstunden.
Für verschiedene Produkte und Dienstleistungen weicht die genaue Zahl
natürlich von diesem gemittelten Wert ab, sie ist aber ein guter Richt-
wert. Für reine Energiedienstleistungen versagt allerdings diese Betrachtung vollkommen: Ein Liter Benzin enthält etwa 10 Kilowattstunden Primärenergie, kostet aber ca. 1.30 Euro (Anfang 2006), die Energie-Preis-
Relation hat dann einen Wert von 8 Kilowattstunden pro Euro. Elektrischer Strom kostet für einen Privathaushalt etwa 0.20 Euro pro Kilowattstunde. Unter Berücksichtigung des Wirkungsgrades des deutschen Kraftwerksparks fallen damit ca. 0.07 Euro pro Kilowattstunde Primärenergie
an. Die Energie-Preis-Relation liegt daher sogar bei ungefähr 14 Kilowattstunden pro Euro.

Externe Kosten

Wird ein Produkt nicht mehr genutzt, kann es entweder entsorgt, also „ver-
buddelt" werden oder man sortiert es nach seinen Komponenten und Materialien, die dann wieder in einen Stoffkreislauf eingeschleust oder als
Energierohstoff in Müllverwertungsanlagen eingesetzt werden. Auch diese „Auflösung" des Produktes wird in eine vollständige LCA einbezogen.
Ziel der LCA ist es, alle Kosten eines Produktes – sei es ein materielles
Produkt oder eine Dienstleistung – zu internalisieren. Die meisten Kosten-
rechnungen werden unter Vernachlässigung dieser sogenannten externen
Kosten durchgeführt. Vergleicht man die Einnahmen aus Kraftfahrzeug-
steuer und Kraftstoffsteuer mit den Ausgaben für den Erhalt der Straßen,
so werden diese beiden Posten etwa gleiche Höhe haben. Dennoch ist die
Straßennutzung weitaus teurer, denn sie verursacht Nebenwirkungen wie

* Verkehrsunfall-Opfer – Todesfälle und zunehmend Schwerverletzte,
* Unwohlsein und Krankheiten durch Lärmemissionen,
* gesundheitliche Folgen durch Schadgas- und Schadpartikel-Emissio-
  nen,
* Kohlendioxid-Emissionen, die zum Treibhauseffekt beitragen.

Diese Folgen werden *nicht* aus den genannten Steuereinnahmen bezahlt,
sondern durch Versicherungen, Krankenkassenbeiträge sowie persönlichen
Einsatz, etwa für die Pflege Schwerstbehinderter durch ihre Familienmit-
glieder, getragen.

Wird die Zahl von etwa 20 000 Toten pro Jahr ([WHOL1999]), die alleine durch die Emissionen aus dem Straßenverkehr verursacht werden, bestätigt, stellt diese Tatsache einen volkswirtschaftlichen Schaden – so zynisch diese Betrachtung auch sein mag – von etwa 70 Milliarden Euro dar. Ein Todesfall ist aber weit mehr als ein volkswirtschaftlicher Schaden. Hinterbliebene leiden, ein guter Mitarbeiter fällt aus und seine Firma geht dadurch zugrunde; 10 Menschen müssen in die Arbeitslosigkeit entlassen werden, und so weiter.

Eine ganzheitliche Betrachtung von Produkten und Dienstleistungen muß den Menschen in den Vordergrund stellen. Als Person, als Familienmitglied, als Bürger eines Staates und als einen Teil der gesamten Menschheit. Kriterien für solche Bewertungen sind schwer zu finden, aber die Optimierung sollte sich nicht auf das rein ökonomische und schon gar nicht auf das rein profitorientierte Denken reduzieren.

Abseits vom Meßbaren

Was nutzt alle Energieeffizienz und Stromlinienförmigkeit, wenn Menschen sich unwohl fühlen, Produkte nicht mehr nutzen wollen, weil sie kompliziert oder unbrauchbar sind? Es läuft darauf hinaus, daß wir Menschen uns darüber im klaren sein müssen, in welcher Form wir uns materiellen und besonders *immateriellen* Wohlstand wünschen – diese Frage geht weit über die rein physikalisch-technische Aspekte hinaus (siehe dazu auch Abschnitt 3.1, S. 88).

Reserven, Ressourcen und kumulativer Verbrauch

Bisher stand die Seite des Energiebedarfs und seiner Bewertung für Energiesysteme im Vordergrund.

Wenn es um die Versorgung eines Landes oder der Welt mit Energie geht, kommen die Begriffe Reserven und Ressourcen ins Spiel.

Reserven bezeichnen die Menge eines Energieträgers, oder allgemeiner eines Rohstoffes, die bei derzeitigem Stand und derzeitiger ökonomischer Situation wirtschaftlich gewonnen werden kann.

Reserven und Ressourcen

Ressourcen geben die Menge eines Rohstoffes an, die nach dem derzeitigen Kenntnisstand auf der Erde vorhanden ist, in absehbarer Zeit technisch erschlossen werden kann sowie aufgrund von Indizien wahrscheinlich ist.

Der kumulative Verbrauch bezeichnet die in der Gesamtheit bisher durch den Menschen genutzten Menge eines Energieträgers oder eines anderen Rohstoffs. Die folgende Grafik zeigt, wie Reserven, Ressourcen und kumulativer Verbrauch miteinander in Beziehung stehen:

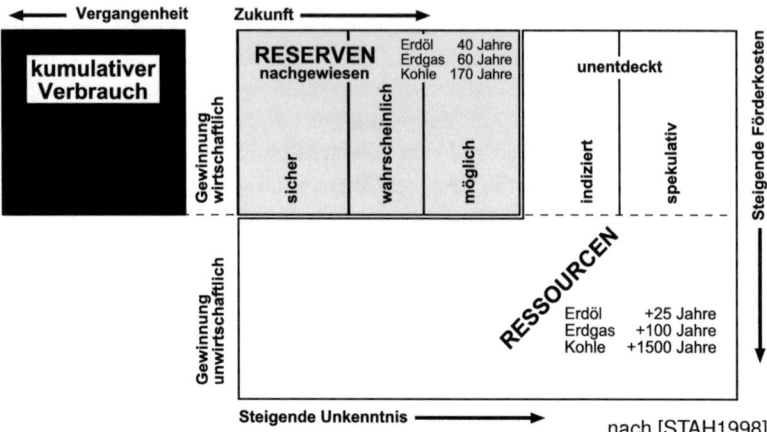

nach [STAH1998]

Dynamik von Reserven und Ressourcen

Die Dynamik wird wesentlich von der stets vorangetriebenen Exploration neuer Rohstoffvorkommen bestimmt. Das abgedeckte Gebiet, welches nach Rohstoffen abgesucht wird, wird immer größer und die Meßmethoden werden immer feiner, so daß man stets tiefer in die Erde hineinschauen kann. Damit werden zunehmend neue Vorkommen eines Rohstoffes auf unserem Planeten nachgewiesen und die Ressourcen zumindest vorübergehend vergrößert.

Technischer Fortschritt ermöglicht die wirtschaftliche Ausbeutung bisher wenig interessanter Lagerstätten. Moderne Bohrtechnik und Fernüberwachung ermöglicht die Erdgas- und Erdölförderung auf dem Meeresgrund in etwa 1000 Metern Wassertiefe. Neue Förder- und Verarbeitungstechniken vermehren dementsprechend die Reserven eines Rohstoffes.

Die Verknappung eines Rohstoffes führt, solange er gleichermaßen attraktiv bleibt, zu einem Anstieg des Preises. Gerade Erdöl zeigt, wie schnell und wie stark die Preise infolge knapper Förder- und Raffineriekapazitäten und variierender Nachfrage schwanken können. Hohe Preise können die Nachfrage dämpfen, den Verbrauch senken und damit die Ressourcen schonen.

Diese Freiheitsgrade lassen alle Zahlen für Reserven und Ressourcen in einer eher unscharfen Weise erscheinen. Die Abschätzung der Reichweite eines Rohstoffes erscheint praktisch unmöglich.

Statische und dynamische Reichweiten

Dennoch kann man sinnvolle Prognosen für die zeitliche Reichweite der Reserven und Ressourcen eines Rohstoffes durchführen. Die einfachste Abschätzung resultiert in der statische Reichweite, die angibt, wie lange ein Rohstoff verfügbar ist, sofern

- keine neuen Rohstoffvorkommen gefunden werden,
- gleiche Fördermethoden genutzt werden und
- der Verbrauch gleich bleibt.

Für viele Rohstoffe ist die Wachstumsrate seines Bedarfs aus der bisherigen Entwicklung einigermaßen gut bekannt. Wird diese Wachstumsrate in die Verbrauchsentwicklung mit einbezogen, kann man die Reichweite schon genauer bestimmen. Unvorhergesehene Neufunde von Rohstoffvorkommen und Neuerungen bei Fördertechniken werden mit dieser Abschätzung naturgemäß nicht erfaßt.

Neben der absoluten Menge der Energiereserven und -ressourcen spielt auch die Verteilung der Rohstoffe auf unserem Planeten eine Rolle. Die Verteilung der Rohstoffe wirkt sich auf die Gewinnungsmethoden, den Transport und sehr stark auf politisch-wirtschaftliche Gegebenheiten aus. Eine Karte mit der Verteilung verschiedener Energierohstoffe ist auf der Bildtafel 7, S. 178 zu finden.

Aus der Menge der vorhandenen Rohstoffe läßt sich berechnen, wie lange die Reserven und Ressourcen unter bestimmten Änderungen des Verbrauchs nutzbar bleiben. Dabei sind die statischen Reichweiten, die von einem gleichbleibenden Verbrauch ausgehen, naturgemäß länger als die aus heutiger Sicht realistischen Reichweiten, die auf der Annahme verschiedener Wachstumsraten des Rohstoffbedarfs basieren. Bildtafel 2, S. 173 stellt den kumulativen Verbrauch sowie die statischen Reichweiten verschiedener Energieträger und Rohstoffe dar. Zum Vergleich sind die Reichweiten der fossilen Energieträger bei unterschiedlichen Annahmen für die Wachstumsraten ihres Bedarfs wiedergegeben.

B. Bildtafeln

Primärenergie in Deutschland nach Energieträgern

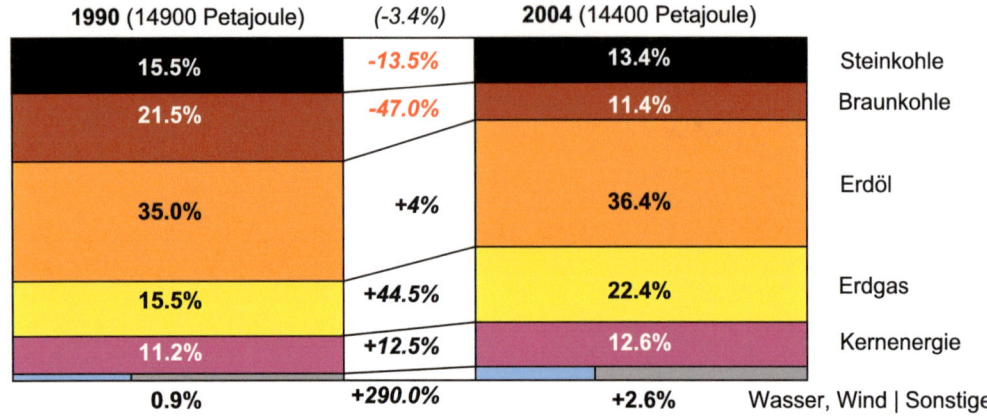

1990 (14900 Petajoule)   *(-3.4%)*   **2004** (14400 Petajoule)

15.5%	*-13.5%*	13.4% — Steinkohle
21.5%	*-47.0%*	11.4% — Braunkohle
35.0%	+4%	36.4% — Erdöl
15.5%	+44.5%	22.4% — Erdgas
11.2%	+12.5%	12.6% — Kernenergie
0.9%	+290.0%	+2.6% — Wasser, Wind	Sonstige

Schadstoff-Emissionen in Deutschland

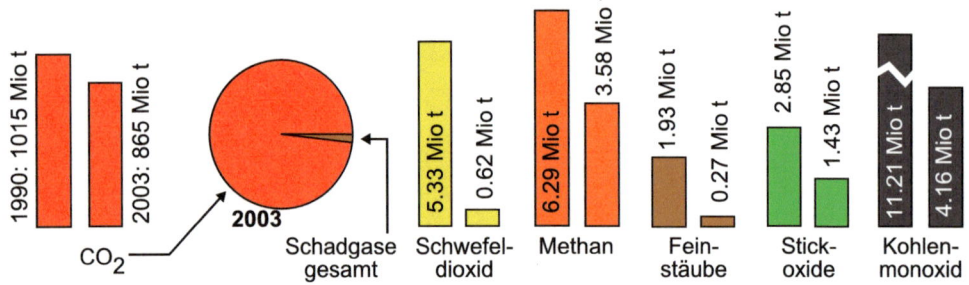

1990: 1015 Mio t   2003: 865 Mio t

CO$_2$ 2003

Schadgase gesamt | Schwefeldioxid (5.33 Mio t | 0.62 Mio t) | Methan (6.29 Mio t | 3.58 Mio t) | Feinstäube (1.93 Mio t | 0.27 Mio t) | Stickoxide (2.85 Mio t | 1.43 Mio t) | Kohlenmonoxid (11.21 Mio t | 4.16 Mio t)

Pro Kopf verfügbare Ressourcen im Welt-Durchschnitt

energetische Rohstoffe   materielle Rohstoffe   Land/Meeresflächen

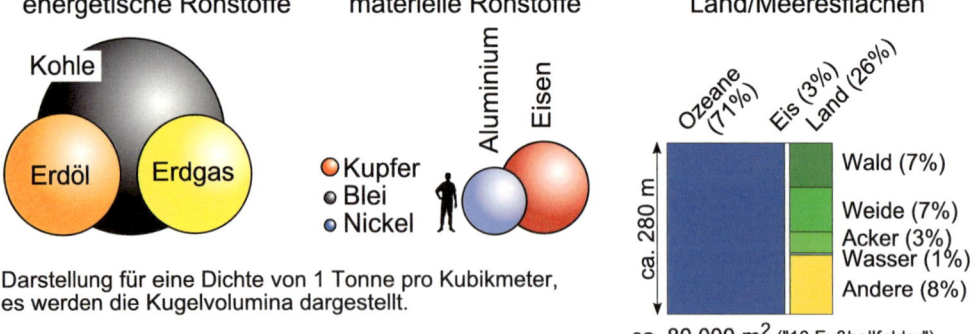

Kohle, Erdöl, Erdgas

Kupfer, Blei, Nickel — Aluminium, Eisen

Darstellung für eine Dichte von 1 Tonne pro Kubikmeter, es werden die Kugelvolumina dargestellt.

Ozeane (71%)   Eis (3%)   Land (26%)

ca. 280 m

Wald (7%)
Weide (7%)
Acker (3%)
Wasser (1%)
Andere (8%)

ca. 80 000 m^2 ("10 Fußballfelder")

Quellen: Zahlenwerte aus [BMWI2006, WRIE2006]

Reichweiten einiger Rohstoffe zum Vergleich

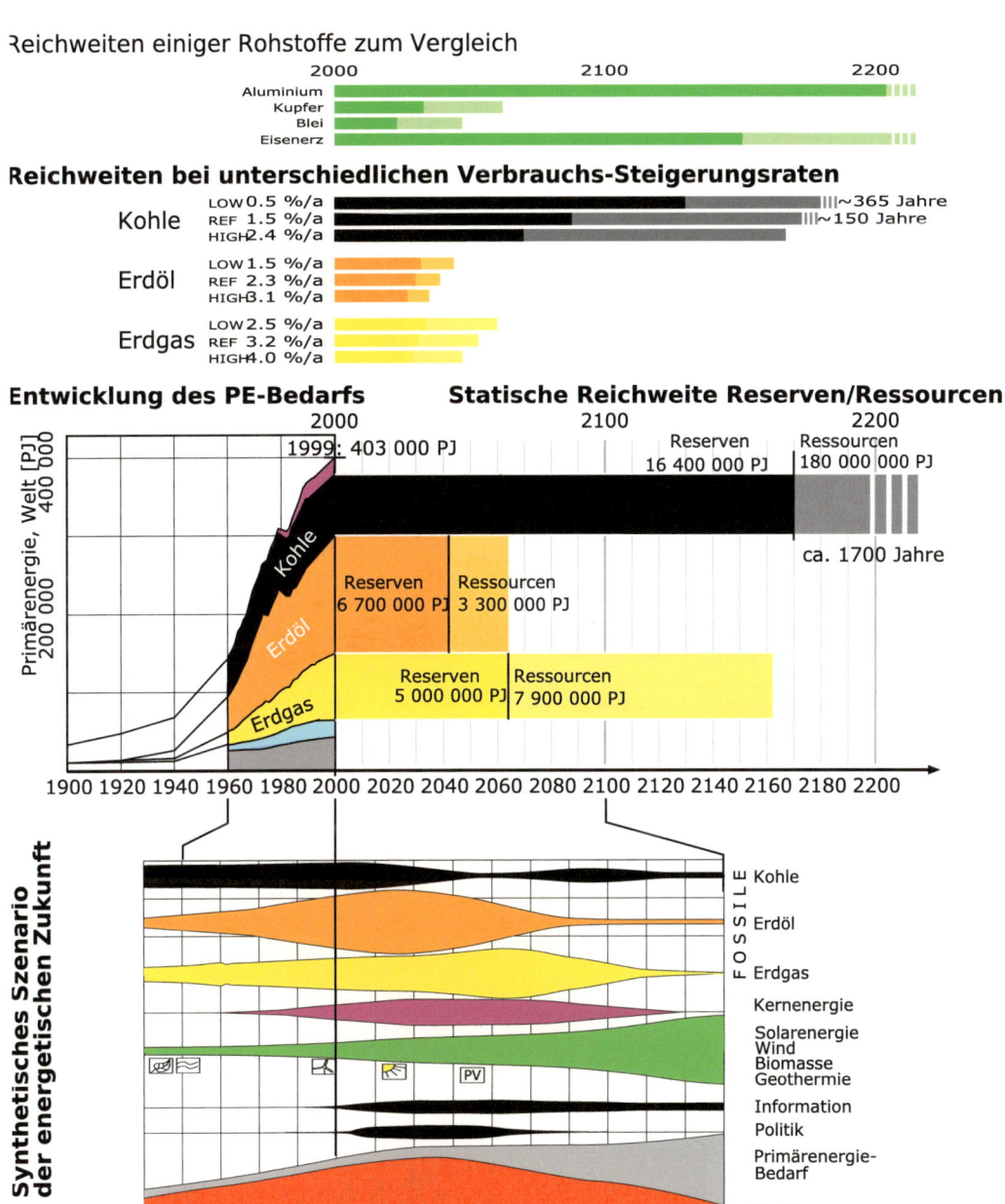

Reichweiten bei unterschiedlichen Verbrauchs-Steigerungsraten

Entwicklung des PE-Bedarfs

Statische Reichweite Reserven/Ressourcen

Synthetisches Szenario der energetischen Zukunft

Quellen: [BMWI2001, BOCK2002, EIAO2001, WRIR1997]

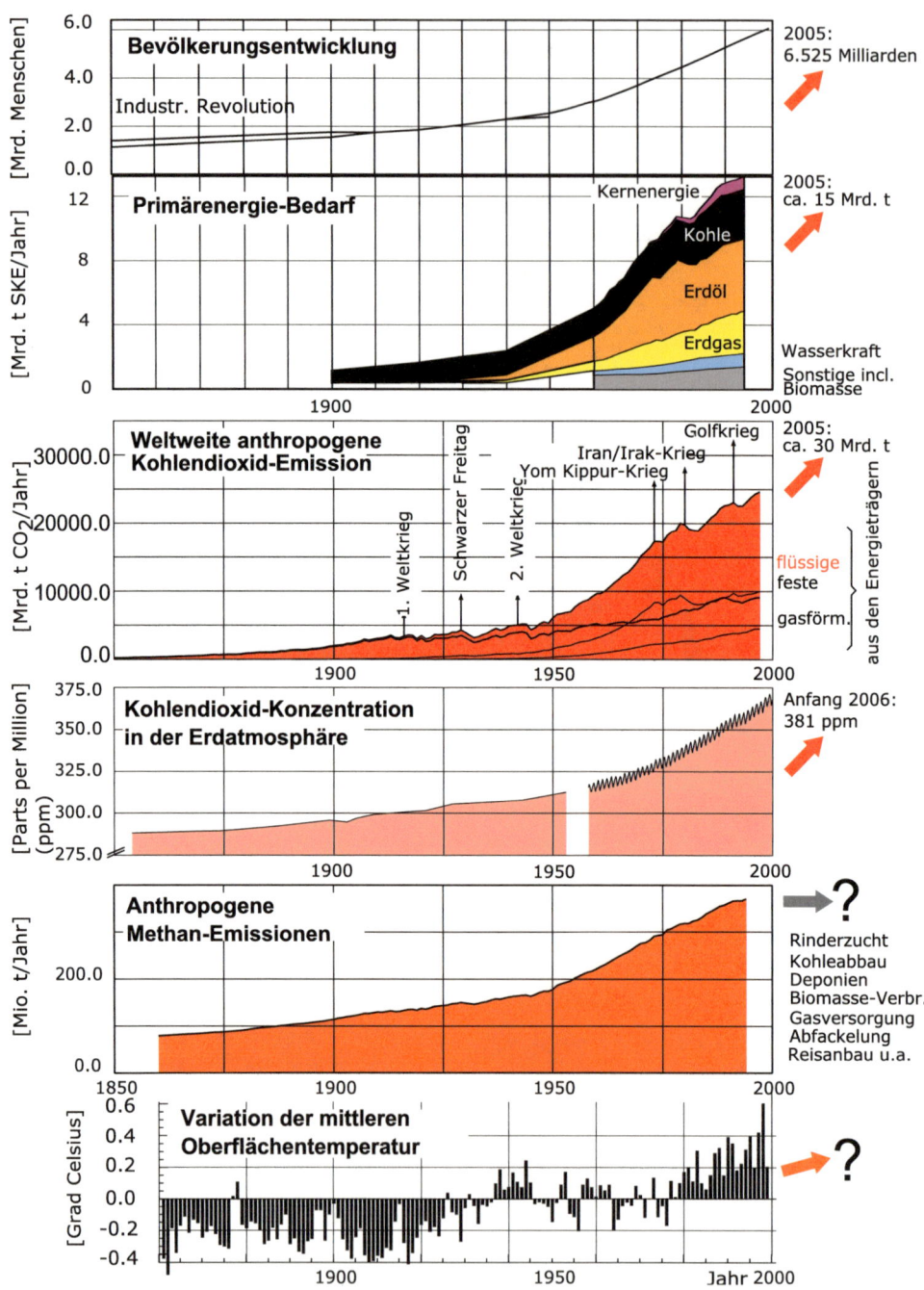

Quellen: [KEEL2001, MARL2000, NEFT1994, STER1998] u.a.

Klimawandel: Auswirkungen auf das System Erde

Strahlungsflüsse im System Erde

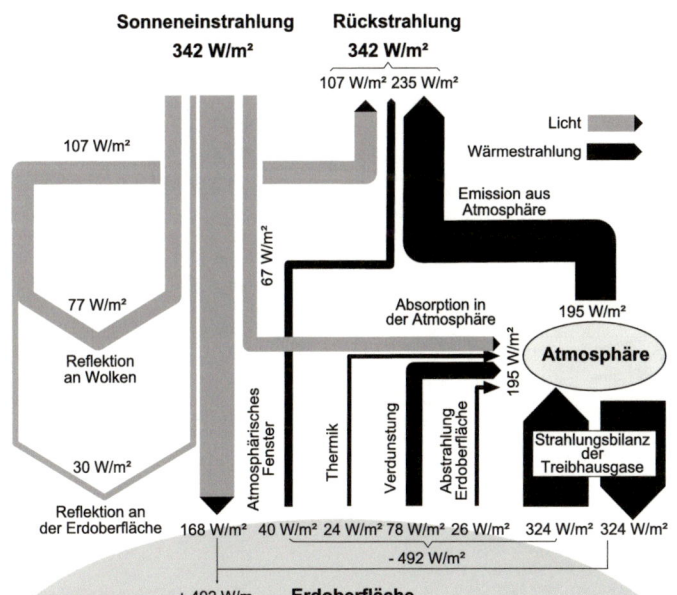

Weltkarte zum Klimawandel

Die heute bekannten und weitgehend bestätigten Effekte des Klimawandels sind zusammenfassend dargestellt und Regionen zugeordnet. Rote Texte weisen auf Effekte hin, die eine positive Rückkopplung erzeugen. Blaue Texte markieren eine negative Rückkopplung, also eine Dämpfung der globalen Erwärmung. Schwarze Texte weisen auf geringe oder unbestimmte Rückkopplungen hin.

Energieflußbild der Strahlung

In der Bilanz wird genauso viel Strahlung ausgesendet, wie eingestrahlt wird. Der Treibhauseffekt beruht auf den Treibhausgasen und deren Einfluß auf Strahlungshaushalt durch die Absorption und Re-emission von Infrarotstrahlung. Dies stellen die beiden massive Pfeile rechts unten dar. Die Folgen des Treibhauseffektes greifen aber an verschiedenen Stellen ein, etwa bei der Reflektion der Wolken durch eine Änderung des Bewölkungsgrades.

Bildtafel 5: Wirkungsgefüge der Energiekrise

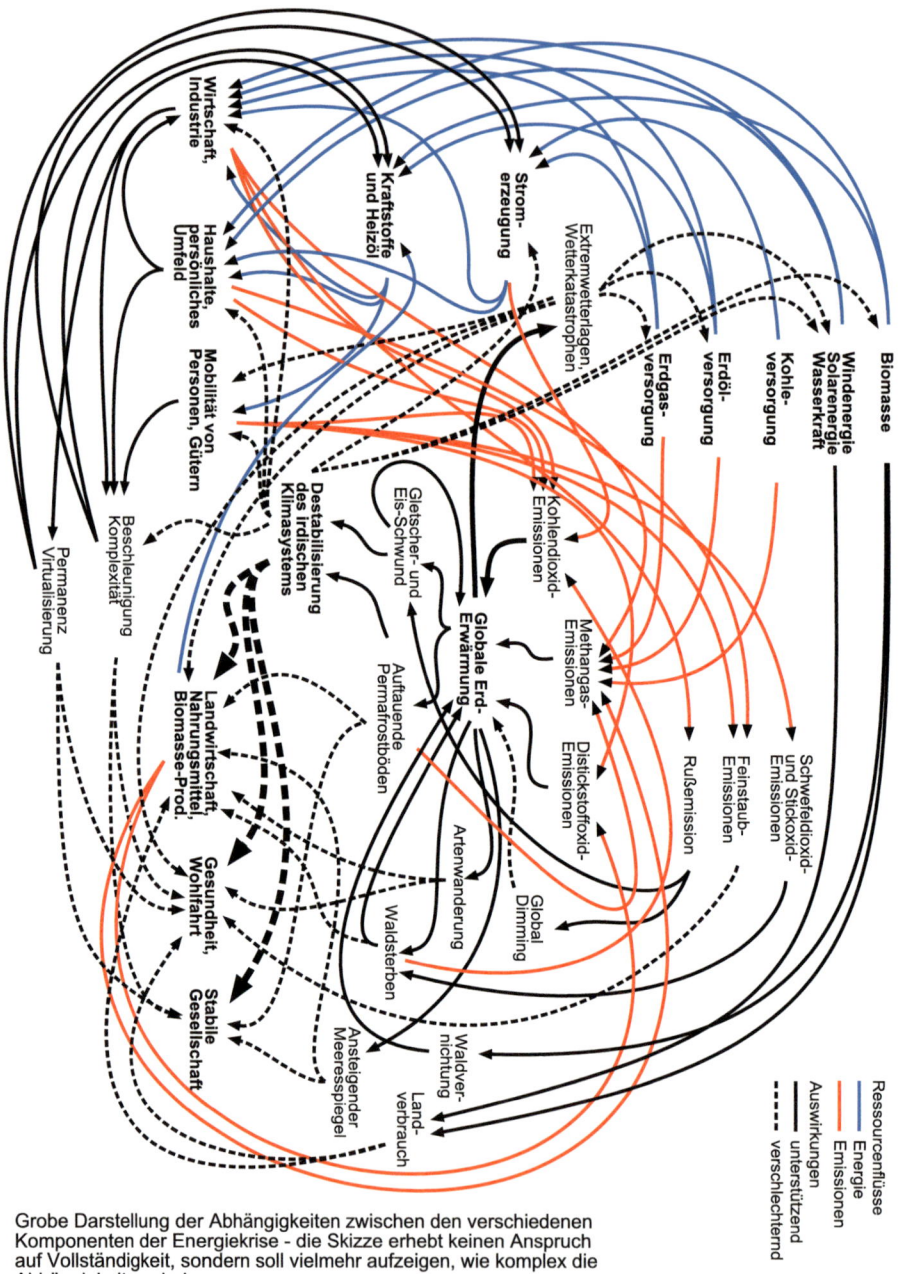

Grobe Darstellung der Abhängigkeiten zwischen den verschiedenen
Komponenten der Energiekrise - die Skizze erhebt keinen Anspruch
auf Vollständigkeit, sondern soll vielmehr aufzeigen, wie komplex die
Abhängigkeiten sind.

Bildtafel 6: Global verteilte Produktion/Versorgungsnetze in Deutschland

Stark vereinfachtes Beispiel eines globalisierten Produktionsablaufs (Autoteile, Bordcomputer, ähnliches)

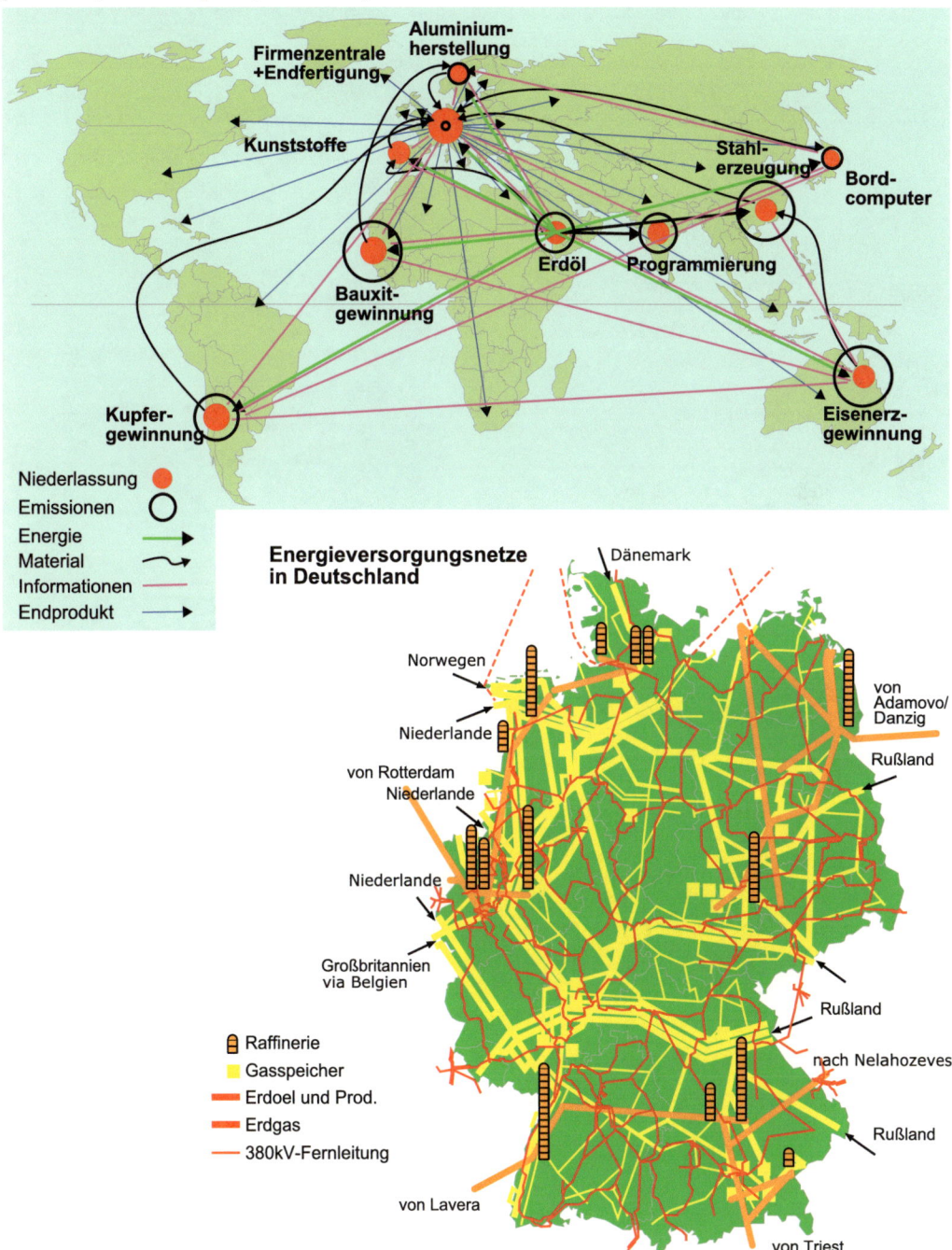

Quellen: unteres Bild nach [DVGH2001, MWVH2001, WEGH2001]

Weltkarte: Fossile Energieträger

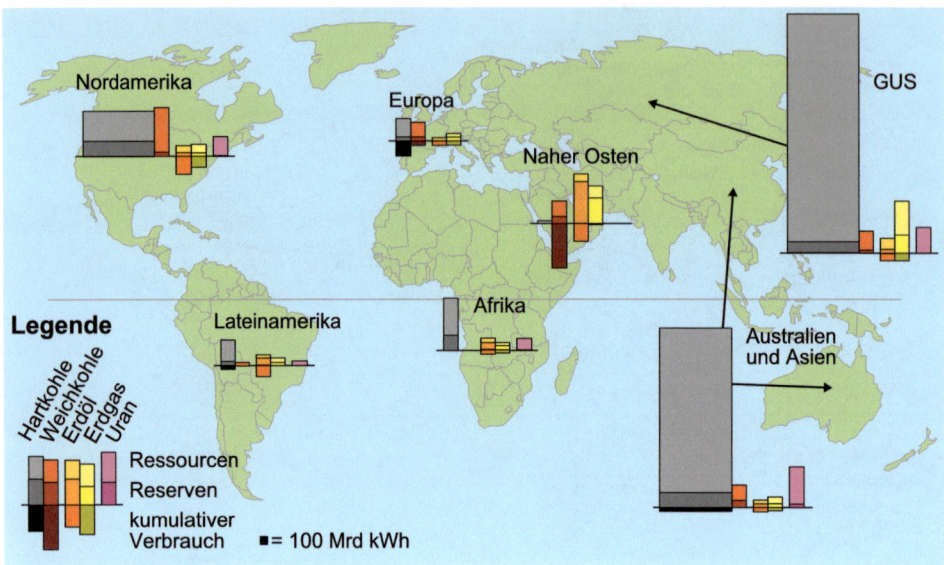

Weltkarte: Energiepotentiale

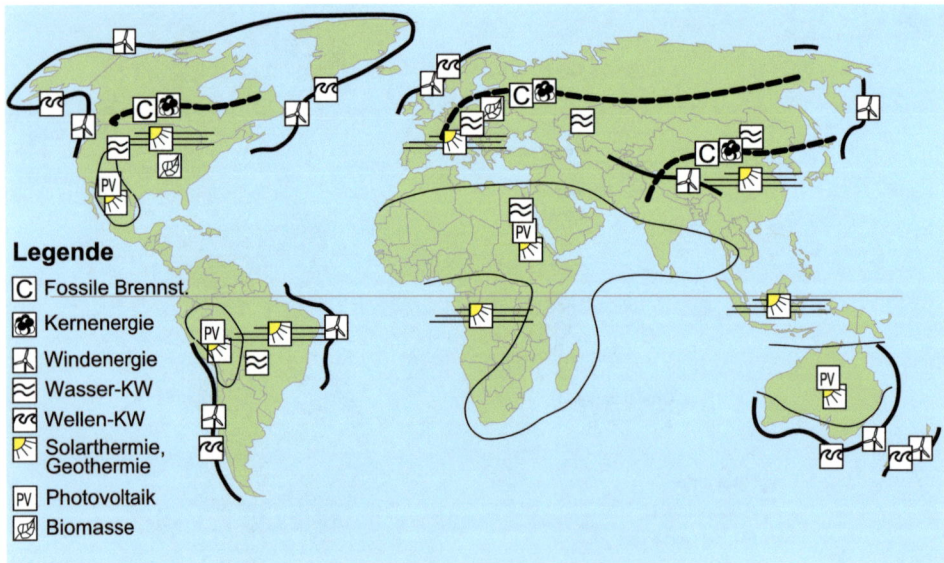

Quellen: Zahlenwerte zum oberen Bild aus [BGRD2004]

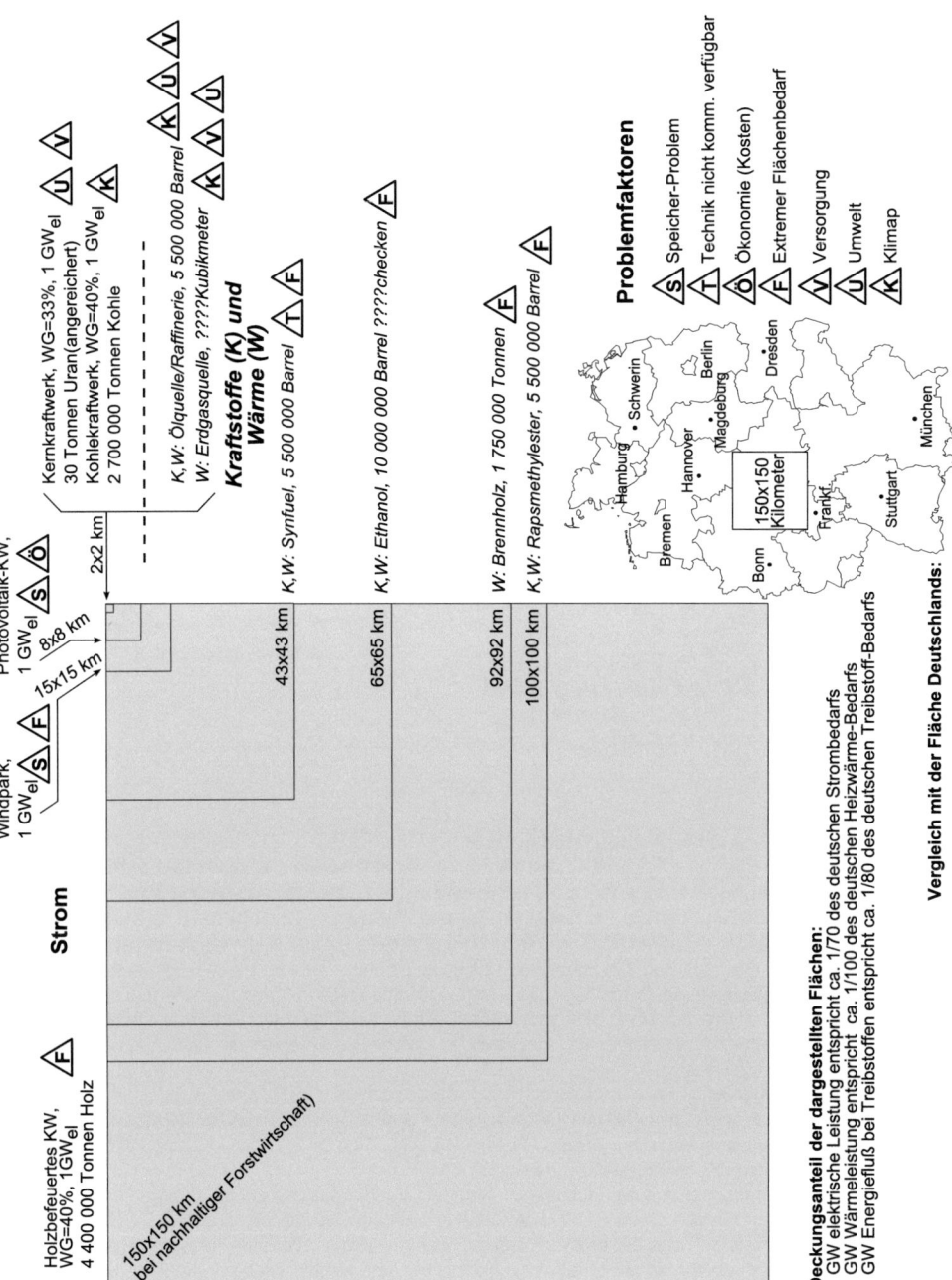

Quellen: [HEIN2003] und eigene Berechnungen

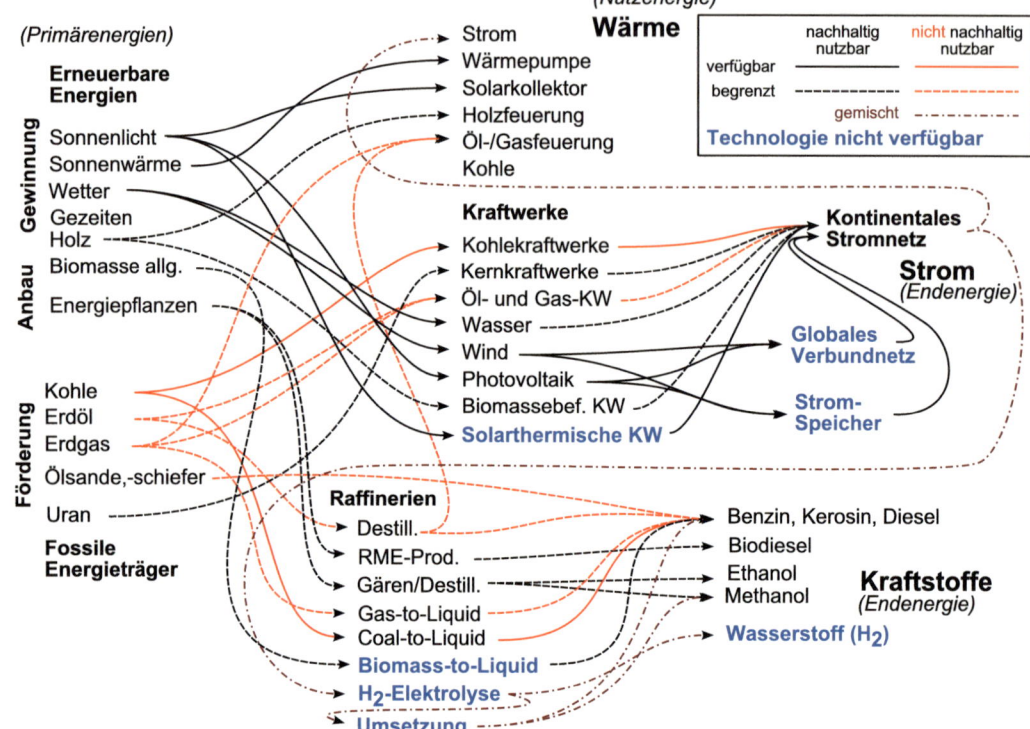

„Anleitung" zur Benutzung dieser Grafik:

Es gibt zwei Möglichkeiten, die Linien zu verfolgen: Entweder ausgehend von den Primärenergien, die uns zur zur Verfügung stehen oder ausgehend von der Nutzenergie Wärme bzw./ den
Endenergien Strom und Kraftstoffe. Die rote Färbung der Linien bedeutet, daß die entsprechenden Verfahren/Nutzungsweisen nicht nachhaltig nutzbar sind, weil sie das System Erde
zu stark belasten. Die schwarzen Linien kennzeichnen eine prinzipiell mögliche nachhaltige
Nutzungsweise. Gestrichelte Linien stehen für eine limitierte Nutzbarkeit der Verfahren/Wege,
die – etwa bei den fossilen Brennstoffen – aus einer begrenzten Gesamtmenge (= Energie)
oder – bei der Biomasse – aus durch die Erdoberfläche begrenzten Gesamtflüssen (= Leistung) resultiert.

Beispiele:

Verfolgt man den Weg des Sonnenlichtes zur direkten Wärmeerzeugung über Solarwärmekol-
lektoren, gelten schon bei absehbarer technischer Entwicklung keine wesentlichen Einschränkungen für die Raumwärmeerzeugung.

Schaut man sich die nachhaltigen Wege zur Stromerzeugung an, so gelangt man über die
Stromspeicher zu Wind und Photovoltaik und von dort indirekt oder direkt zur Sonne. Die Nutzung ist auf lange Zeit unlimitiert und nachhaltig möglich . . . aber diese Nutzungsweise scheitert
noch und wahrscheinlich auf lange Sicht an der Verfügbarkeit großtechnischer Stromspeicher.

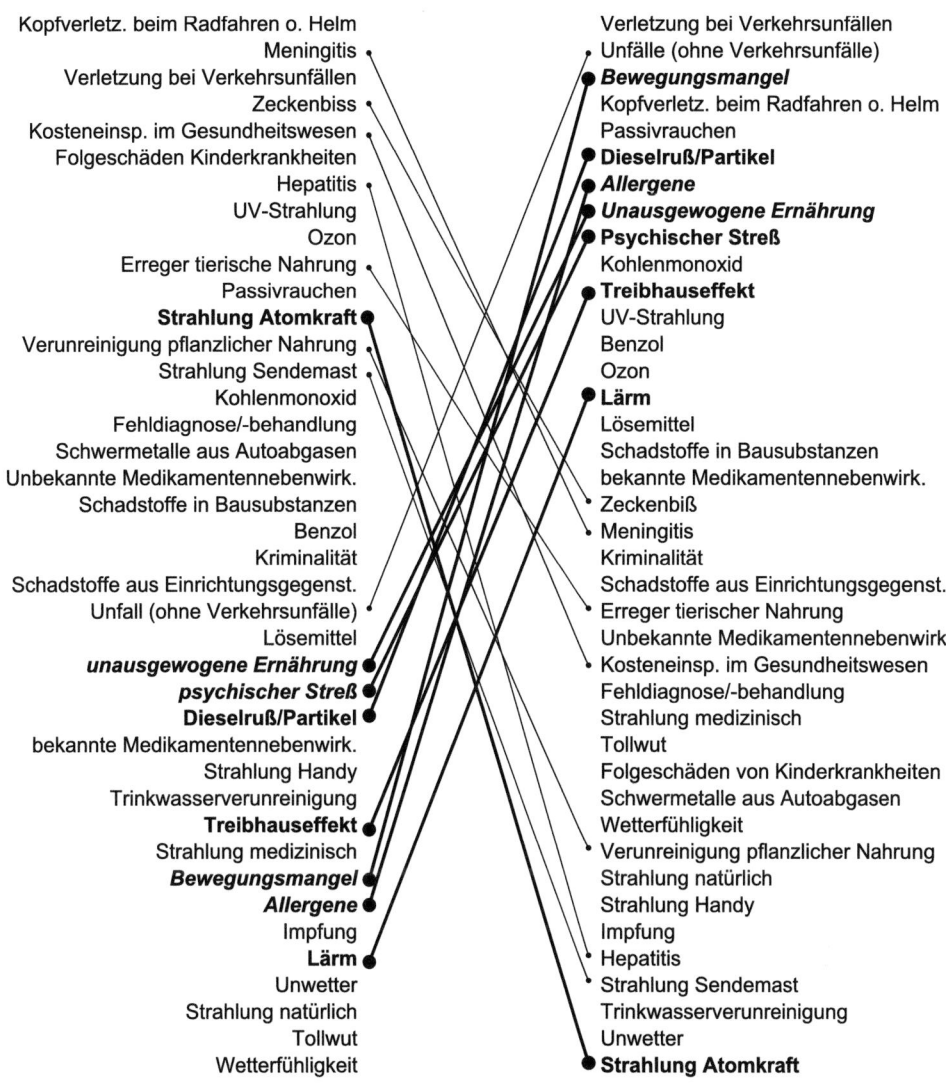

Links: Ranking auf der Basis von 8506 Fragebögen, die von Eltern mit einer Fragestellung des Typs „Wie schätzen Sie das Risiko ein, daß ihr Kind durch [die entsprechende Gefahr] geschädigt werden könnte?" ausgefüllt wurden.
Rechts: Ranking eines Expertenteams.
Die besonders unterschiedlich bewerteten Gefahren sind durch Linien markiert, wobei kräftige Linien energie- und verhaltensbezogene Gefahren bezeichnen, während dünne Linien andersartige Gefahren markieren. Auffallend ist die deutliche Unterschätzung vieler energie- und verhaltensbezogener Gefahren und die Überschätzung der Gefahren durch die Kernenergienutzung sowie durch Erreger/Krankheiten.
Quelle: Studie „Kind und Umwelt" ([LMUM2004])

von ↓	nach →						
	kJ	kWh	kg SKE	ÖE	kcal	Btu	MeV
1 kJ	1	$2.778 \cdot 10^{-4}$	$3.41 \cdot 10^{-5}$	$2.39 \cdot 10^{-5}$	$2.388 \cdot 10^{-1}$	$9.478 \cdot 10^{-1}$	$6.242 \cdot 10^{15}$
1 kWh	3600	1	0.123	0.086	859.845	3412.14	$2.247 \cdot 10^{19}$
1 kg SKE	29 300	8.14	1	0.700	6990	27 800	$1.83 \cdot 10^{20}$
1 kg ÖE	41 870	11.63	1.429	1	10 000	39 700	$2.61 \cdot 10^{20}$
1 kcal	4.1868	$1.163 \cdot 10^{-3}$	$1.43 \cdot 10^{-4}$	$1.00 \cdot 10^{-4}$	1	3.96832	$2.614 \cdot 10^{16}$
1 Btu	1.055	$2.931 \cdot 10^{-4}$	$3.60 \cdot 10^{-5}$	$2.52 \cdot 10^{-5}$	0.251996	1	$6.586 \cdot 10^{15}$
MeV	$1.602 \cdot 10^{-16}$	$4.45 \cdot 10^{-20}$	$5.47 \cdot 10^{-21}$	$3.83 \cdot 10^{-21}$	$3.82 \cdot 10^{-17}$	$1.519 \cdot 10^{-15}$	1

Beispiel einer Umrechnung:
von Kilogramm Öleinheiten *nach* Kilowattstunden:

Zahl	„von" Einheit	Multiplikation	Faktor	=	Zahl	„nach" Einheit
4	kg ÖE	×	11.63	=	46.5	kWh

Abkürzungen der Einheiten:
kJ = Kilojoule = 1000 Joule (Standard-Einheit) / kWh = Kilowattstunde / kg SKE = Kilogramm / kg ÖE = Kilogramm Öleinheit / kcal = Kilokalorie / Btu = British Thermal Unit / MeV = Megaelektronenvolt (Energieeinheit für nukleare Einzelprozesse)
Praktische Beispiele der Energiemengen:
1 Kilojoule = Getränkekasten (15 kg), der aus etwa 7 m Höhe fällt / 1 Kilowattstunde = 3 Minuten duschen per Durchlauferhitzer / 1 kg SKE = 20 Minuten duschen (Kohlebeheizt) / 1 kg ÖE = 30 Minuten duschen (Ölbeheizt) / 1 kcal = 1 Liter Wasser um 1 Grad Celsius erwärmen
Skalierungsfaktoren: Nano = 1/(1 Milliarde) / Mikro = 1/(1 Million) / Milli = 1/(1 Tausend) / Kilo = mal Tausend / Mega = mal Million / Giga = mal Milliarde / Tera = mal Billion (10^{12}) / Peta = mal Billiarde (10^{15}) / Exa = mal Trillionen (10^{18}). Achtung: Im US-englischen Sprachraum gilt Million = deutsche Million, Billion = deutsche Milliarde, Trillion = deutsche Billiarde!

	Leistung	ungef. spezif. Invest. [€/kW]	Energie-ernte-faktor (ε)	Wirk.-grad (η) [%]	Duty-cycle [%]	CO_2 pro kWh [g/kWh]
Kohlekraftwerk	1000 MW	1000	15–20	30–45	85	830
Kohle-KW, GUD-Typ	1000 MW	1000	15–20	ca. 50	85	720
GUD-Kraftwerk	350 MW	750	25–35	50–55	90	400
Gasturbinen-Kraftwerk	200 MW	500	25–35	30–35	90	540
Brennstoffzellen-KW	1 MW	1000	15–20	ca. 34	–	380
Leichtwasserreaktor	1300 MW	1500	13–20	ca. 32	90	5
Hochtemperaturreaktor	300 MW	2000	10–15	ca. 40	90	6
sehr kleines Wasser-KW	70 kW	9000	–	50–70	50	–
mittelgroßes Wasser-KW	1 MW	5000	7–10	60–80	50	32
großes Wasser-KW	1000 MW	3000	15–20	70–92	50	16
Windenergiekonverter	1 MW	4000	5–7	ca. 30	20–40	11
Photovoltaik, klein, D	0.25 kW	56 000	2–3	10–12	12	–
Photovoltaik (PV), groß, D	12.5 kW	40 000	2–3	10–12	12	90
PV , groß, Sahara	25 kW	20 000	4–5	10–12	25	45
PV, weltraumgest.	5000 MW	5000+x	–	12–15	96	–
Solarturm-KW	200 MW	10 000	5–7	ca. 30	25	8
Parabolrinnen-KW	200 MW	10 000	3–5	ca. 20	25	17
Biomasse-Kraftwerk	50 MW	1000	12–15	ca. 35	50	3
Geothermisches KW	50 MW	500	20–30	10–30	80	2
Müllverwertungsanl.	20 MW	15 000	–	ca. 0	80	1300

Wind: 25 % Verfügbarkeit (Mittelwert zwischen optimalen Festland- und Off-Shore-Standorten), 1000 €/kW$_{inst}$; Photovoltaik: 12.5 % Verfügbarkeit (D=Deutschland), 25 % Verfügbarkeit (Sahara), 96 % × 1.36 = 130 % Verfügbarkeit (Weltraum) im Vergleich zur Erde. Dutycycle meint den Anteil der zeitlichen Verfügbarkeit, der durch Wartungen, Nicht-Verfügbarkeit von Sonne/Wind usw. eingeschränkt wird. Die spezifischen Investitionskosten sind für alle Kraftwerks-Arten auf die Kosten *pro Kilowatt Dauerleistung* umgerechnet, damit die Kosten besser vergleichbar werden. Normalerweise werden für Solar- und Windanlagen die Investitionskosten pro Kilowatt Nenn- oder Spitzenleistung angegeben, die aber nicht mit den Kosten der anderen Kraftwerke vergleichbar sind. Nach [HEIN2003, STAI2000] und eigenen Abschätzungen.

Literaturverzeichnis

[BGRD2004]   Peter Gerling et.al. *Reserven, Ressourcen und Verfügbarkeit von Energierohstoffen 2004, Kurzzstudie.* Bundesanstalt für Geowissenschaften und Rohstoffe, 2004.

[BMWI2001]   NN. *Energieforschung – Investition in die Zukunft.* Bundesministerium für Wirtschaft und Technologie, 2001.

[BMWI2006]   NN. *Energiedaten 2005.* Bundesministerium für Wirtschaft, 2006. via www, http://www.bmwi.de.

[BOCK1990]   Michael Bockhorst. *Zentrum für Energetik und Umweltschutz – Ein Modell.* 1990. Dieses Schriftstück wurde an die zuständigen Ministerien gesandt und ist über http://www.energieinfo.de/energiekrise abrufbar.

[BOCK2002]   Michael Bockhorst. *ABC Energie: Eine Einführung mit Lexikon, Energieerzeugung und Energienutzung, Probleme und Lösungsansätze.* Selbstverlag, 2002.

[CALD2006]   Ken Caldeira. *Oceans may be soon more corrosive when dinosaurs died.* Carnegie Institution, 2006. News Release vom 20.02.2006, via WWW, http://carnegieinstitution.org/news_releases/news_0602_20.html.

[CIAW2006]   NN. *CIA World Fact Book 2005.* CIA, 2006. via WWW, http://www.cia.gov.

[CURR2003]   Ruth Curry et al. *A change in the freshwater balance of the Atlantic Ocean over the past four decades.* Nature, 2003. Vol. 426, p. 826.

[DIEK1997]   Bernd Diekmann, Klaus Heinloth. *Energie.* Verlag B.G. Teubner, Stuttgart, 1997.

[DVGH2001]   NN. *Karte: Deutsches Verbundnetz, Stand: Januar 2000.* Deutsche Verbundgesellschaft e.V., 2001.

[EIAO2001]   NN. *International Energy Outlook 2001, DOE/EIA-0484(2001).* Energy Information Administration, Office of Integrated Analysis and Forecast, U.S. Department of Energy, 2001.

[FAIR2003]   Peter Fairley. *Chemie gegen den Energieinfarkt.* Technology Review, 2003. Ausgabe 10/2003.

[HEIN2003]   K. Heinloth. *Die Energiefrage: Bedarf und Potentiale, Nutzung, Risiken und Kosten.* Verlag Vieweg, Braunschweig, Wiesbaden, 2003. 2. Aufl.

[KEEL2001]   C.D. Keeling, T.P. Whorf. *Atmospheric CO_2 concentrations (ppmv) derived from in situ air samples collected at Mauna Loa Observatory, Hawaii.* Scripps Institution of Oceanography (SIO), University of California, USA, 2001.

[KNIZ1992]   Klaus Knizia. *Kreativität, Energie und Entropie : Gedanken gegen den Zeitgeist.* ECON-Verlag, 1992.

[LMUM2004]   NN. *Studie „Kind und Umwelt"/Umwelt- und Gesundheitsgefahren für Kinder – Wahrnehmung und reale Gefahren*. Ludwig Maximilians Universität München, 2004.

[MARL2000]   Gregg Marland, Tom Boden. *Global CO_2 Emissions from Fossil-Fuel Burning, Cement Manufacture, and Gas Flaring: 1751-1997*. Carbon Dioxide Information Analysis Center, Oak Ridge National Laboratory, USA, 2000.

[MEAD1972]   Dennis Meadows. *Die Grenzen des Wachstums; Bericht des Club of Rome zur Lage der Menschheit*. Deutsche Verlagsanstalt GmbH, Stuttgart, 1972.

[MWVH2001]   NN. *Web-Site*. Mineralölwirtschaftsverband e.V., Hamburg, 2001. http://www.mwv.de.

[NEFT1994]   A. Neftel et al. *Historical CO_2 Record from the Siple Station Ice Core*. Physics Institute, University of Bern, Schweiz, 1994.

[SPRE1995]   Daniel Spreng. *Graue Energie, Energiebilanzen von Energiesystemen*. Hochschulverlag, Zürich/Verlag B. G. Teubner, Stuttgart., 1995.

[STAH1998]   Wolfgang Stahl. *Die weltweiten Reserven der Energierohstoffe: Mangel oder Überfluß*. Bundesanstalt für Geowissenschaften und Rohstoffe, Hannover, ca. 1998.

[STAI2000]   Frithjof Staiß. *Jahrbuch Erneuerbare Energien 2000*. Bieberstein, Radebeul, 2000.

[STER1998]   D.I. Stern and R.K. Kaufmann. *Global historical anthropogenic CH_4 emissions*. Center for Energy and Environmental Studies, Boston University, USA, 1998.

[TRAV2002]   Travis, D.J. et al. *Jet Contrails and Climate: Anomalous Increases in U.S. Diurnal Temperature Range for September 11-14*. Nature, 2002. Vol. 418, p. 601.

[VWSG2001]   Georg W. Schweimer. *Sachbilanz des Golf A4*. Forschung Umwelt und Verkehr, Volkswagen AG, Wolfsburg, 2001. http://www.volkswagen.de $\rightarrow$ *Unternehmen* $\rightarrow$ *Umwelt*.

[WEGH2001]   NN. *Web-Site*. Wirtschaftsverband Erdöl- und Erdgasgewinnung e.V., Hannover, 2001. http://www.erdoel-erdgas.de.

[WHOL1999]   NN. *Report der WHO Ministerial Conference on Environment and Health, London, 1999*. WHO, World Health Organization, 1999. http://www.who.dk/london99/.

[WILD2005]   Martin Wild et al. *From Dimming to Brightening: Decadal Changes in Solar Radiation at Earth's Surface*. Science, 2005. Vol. 308, no. 5723, pp. 847–850.

[WRIE2006]   NN. *EarthTrends: The Environmental Information Portal*. Washington DC: World Ressources Institute, 2006. Available at http://earthtrends.wri.org.

[WRIR1997]   NN. *World Resources 1996-1997, A Guide to the Global Environment*. World Resources Institute, 1997. http://www.wri.org.

Stichwortverzeichnis

Markierungen:
<u>A</u> = Abbildung,
<u>T</u> = Tabelle,
-E = Einführungstext Energie

Alkohole, **121**
    bio-nanotechnologisch, 122
    Mikroorganismen, 121
Anpassungsstrategie, **89**
Arbeit
    Globalisierung, 47
    und Energie, 77
Arbeitslosigkeit, 79
arktischer Eisschild, 67
Atomkonsens, 72, 104

Beschleunigung, 36
Bestandspflege-Gesellschaft, 91
Bevölkerungsentwicklung, <u>174B</u>
Bildung, 141
Biodiesel, 122
Biomass-to-Liquid (BTL), 123
Biomasse
    Flächenbedarf, <u>179B</u>
    Kreislauf, <u>160B</u>
    unspezifische, 123
Brennstoffzelle, 108

CO_2-Faktor, 11
Coal-to-Liquid (CTL), **52**, 119

Distickstoffoxid, **64**
Dringlichkeit, 76, 139
Durchsatz-Gesellschaft, 91

Emissionen
    Export, 34
    Feinstaub, 56
    Globalisierung, 46
    Lärm,Licht,Funk, **58**
    lokale Effekte, 54
    Schadgase Deutschland
        1990/2004, <u>172B</u>
    Treibhausgase, 64
Emissionszertifikate, 72
Endenergie, **156-E**
Endlagerung, 126
Energie, **154-E**
    Abhängigkeit, 21
    Allgegenwärtigkeit, 19
    Beispiele, <u>155B</u>
    Einheiten, **154-E**
    Industriegesellschaften, 4
    Institutionalisierung, 141
    Menschheitsaufgabe, 147
    naturgesetzl. Grenzen, 20
    Nebenkrisen, 74
    Terrorismus, 81
    und Überleben, 19
    und Arbeit, 77
    und Bildung, 141
    und Unzufriedenheit, 81
    Verarbeitungsstufen, **156-E**
    Werkzeug, 3
Energie-GAU, 133
Energie-Preis-Relation, **166-E**
Energiebedarf, **3**
    Dimensionen, 9
    Evolution, 18
    Faktoren, 38
    Fehlerquellen, 13
    Länder-Beispiele, <u>10T</u>
    und Arbeit, 78

Veranschaulichung, **10**
Energiebilanz, **163-E**
Energieerntefaktor, **164-E**, 182T
Energiefaktor, 15
Energiefluß, 154
Energieformen, **156-E**
Energieforschung, 143, 145
        national, 146
Energieintensität, **166-E**
Energiekrise, 135
        Wirkungsgefüge, 176B
Energiemix, 112
Energiepreise, 36B
        Wahrnehmung, 35
Energiespeicher, **159-E**, **160-E**
        Eigenschaften, 161T
        ideal, 106
        reversibel, 160B
Energieträger, **160-E**
        Eigenschaften, 161T
        ideal, 106
        Speichersysteme, 107
Energietransport, **162-E**
        Effizienz, 162T
        ideal, 107
Energieumwandlung, **156-E**
Energieversorgung
        Brennpunkte, 2
        Gestaltung, **136**
        ideal, 109
        in Organismen, 111
        Kapitalinvestitionen, 13
        Komponenten, 12B
        optimal, 112
        Rückkopplungen, 80
        Zentralisierungsgrad, 110
Energiewandler, ideal, 108
Entfremdung, 38, 42, 76
Erdöl
        als Energieträger, 5
        als materieller Rohstoff, 6, **52**
        Konvertierbarkeit, 6
Erdölvorkommen
        Fördermaximum, 52
        nicht-konventionell, 51, 53,
                118

Ethanol, 121
externalisierte Energienutzung, 3
externe Kosten, **166-E**

Fehlanpassungen, 131, 133
Fehlbewertungen, 31
Feinstaub, **56**
Flächenfaktor, 16
Flächennutzung, 59
        Deutschland, 14B
Flächenverbrauch
        Biomasse, 179B
        Kraftwerke, 179B
Forschungszentrum für Energie, 146

Gas-to-Liquid (GTL), 52, 119
GAU, 58
Gefahreneinstufung, 75, 181B
Gene, 18
Gesellschaftliche Akzeptanz, 104
Gletscherschmelze, 67, 76
Global Dimming, 56, 70
Globalisierung, **43**
        ambivalenz, 44
        Arbeit, 47
        Emissionen, 46, 82
        nicht-monetäre Effekte, 48
        Produktionsabläufe, 45, 99,
                177B
        Triebfedern, 45
Golfstrom, 68
Graue Energie, **165-E**
Grenzen, 100
        Verständnis, 24
        Wahrnehmung, 24

Hochtemperaturreaktor
        Industrieprozesse, 117
Hubbert's Peak, 52

Ich-zentrierte Perspektive, 30

Kernfusion, **126**
Klima
        Abhängigkeiten, 63
        Einfluß des Menschen, 65
Klima-GAU, 82, 83

Klimamodelle, 66
Klimawandel, **62**, 174B
    Auswirkungen, 175B
    Kombinierte Wirkungen, 71
    Mensch als Verursacher, 72
    Wahrnehmung, 72
    Wirkungen auf Organismen,
      71
Kohlendioxid, **64**, 174B
    Wirkungen, 56
Kohlendioxid-Sequestrierung, 126
Kohlenwasserstoff-Wirtschaft, 122
Komplexität, 37
Kondensstreifen, 70
Kraft-Wärme-Kopplung, 159B
Kraftstoffe
    heutige Optionen, 118
Kraftwerke
    Eigenschaften, 182T
    Flächenbedarf, 179B
kumulativer Verbrauch, **167-E**,
    173B, 178B

Lärm, 58
Lebenszyklus-Analyse, **165-E**
Leistung, **154-E**
    Beispiele, 155B
    Einheiten, 154
Life Cycle Analysis, **165-E**

Meme, 18
memetische Evolution, 19
Methan, **64**, 174B
Methan-Hydrate, 68
Methanol, 109
Methanolwirtschaft, **121**
Mobilität/Effizienz, 124

Nanopartikel, 56
negative Rückkopplung, 67
Niedrigenergiehaus, 32, 114
Nutzenergie, **156-E**
Nutzungskette, 157B
Nutzungskreislauf, 160, 160B
Nutzungsnetz, 158, 159B

Ölpreis, Bildung, 36B

Ölsande, 51, 118
Ölschiefer, 51, 118
Ozon, 55

Pandemien, 79
Peak Oil, 52
Permafrost-Böden, 68
Permafrostboden, 140
Permanenz, 39
Point of no Return, **84**
Politische Randbedingungen, 104
positive Rückkopplungen, **67**
Primärenergie, **156-E**
Primärenergiebedarf
    Deutschland 1990/2004, 172B
    weltweit, Entw., 174B
Problembewältigung, 97
Produktionsabläufe, 177B
Prozeßwärme
    heutige Optionen, 116
Pumpspeicherwerke, 8
    Kreislauf, 160B

Radioaktive Strahlung, **57**
Rapsmethylester (RME), 122
Raumwärme
    heutige Optionen, 114
Reichweite, **168-E**
Reichweiten, 173B
Reiseverhalten, 32, 44
Reserven, **167-E**, 168B
    räumliche Vert., 178B
    Reichweiten, 173B
Ressourcen, **167-E**, 168B
    Dynamik, 168
    Konkurrenz, **15**
    nicht-energetisch, **14**
    räumliche Vert., 178B
    Reichweiten, 173B
    verallgemeinert, **137**
Ressourcen-Konkurrenz, 50, 59, 122
Ressourcenbegriff
    verallgemeinert, 138B
Ressourcenbilanz, **163-E**
Rohstoffe
    Pro-Kopf-Werte 2006, 172B
    Reichweiten, 173B

Saurer Regen, 55
Schädlingsausbreitung, 79
selektive Wahrnehmung, 29
Solararchitektur, 116
spezifischer Verbrauch, 32
Stand-By-Verbrauch, 32, 42
statische Reichweite, **168-E**
Steinkohleeinheit, **154-E**
Strahlungshaushalt, 175B
Strömungsbatterien, 127
Strom
    Anwendungen, 7
    Bedeutung, 4
    heutige Optionen, 125
    Kapitalinvestitionen, 13
    Konvertierbarkeit, 7
    Speicherproblematik, 8, **163-E**
Subsidiaritätsprinzip, 48
Synthetisches Szenario, 112
    räumliche Dimension, 178B
    zeitliche Dimension, 173B
System Erde, 62
    Begrenzte Kenntnis, 75
    Grenzen, 100

Technik
    Gefahren, 95
    Grenzen, 102
    Werkzeug, 96
    Zukunft, 94
Terrorismus, 81
Three Mile Island, 58
Trägheit in Systemen, 83
Transmutation, 126
Transport-Entwicklung, 45
Treibhauseffekt, **62**
    anthropogen, 72
Treibhausgase, **64**
Tschernobyl, 58

Übersäuerung der Ozeane, 56
Umwandlungskette, 157B
Umwandlungsnetz, 158B
Umweltkrise, **54**
    Wahrnehmung, 60

Verabhängigung, 92

Vermeidungsstrategie, **89**, 110, 140
Versorgungskrise, **49**
    Wahrnehmung, 53
Versorgungsnetze D, 177B
Verständnis, **24**
    Durchdringungstiefe, 27
    Energie/-bedarf, 30
    Mengen, 26
    Parallelität, 28
    räumlich, 24
    zeitlich, 25
Verteilungsgerechtigkeit, 98
Virtualisierung, 40
    Gefahrenbewertung, 76
    von Arbeit, 78

Wachstum
    Grenzen, 48
Wahrnehmung
    Energie/-bedarf, **30**
    Klimawandel, 72
    Umweltkrise, **60**
    Versorgungskrise, **53**
Waldsterben, 55
Wasserdampf, 63
Wasserstoff-Wirtschaft, 53, 111, **119**
Wirkungsgefüge
    der Energiekrise, 176B
    global, 68
Wirkungsgrad, **157-E**, 158
    Aussagekraft, 157
    Kraftwerke, 182T
    System-, 158
wirtschaftliche Hemmnisse, 103
Wirtschaftswachstum
    und Energiebedarf, 79
Wohlstandsdefinition, 89
Wolken, 63

Zeitfaktor, 139
Zerstörung von Ökosystemen, 59